HARALD LESCH / JÖRN MÜLLER
Kosmologie für Fußgänger

Buch

Kosmologie für Fußgänger ist als Begleitbuch zur TV-Sendereihe *alpha-Centauri* konzipiert, in der Professor Harald Lesch von der Universitätssternwarte München die elementaren Vorgänge und Erscheinungen im Universum auf das Wesentliche reduziert erklärt und so dem interessierten Laien auch komplexe astrophysikalische Zusammenhänge anschaulich werden lässt.

Die hier ausgewählten Themen behandeln Fragen und Probleme aus dem gesamten Spektrum der Astronomie. In allgemein verständlicher, unterhaltsamer Form präsentiert sich dem Leser das Wissenswerte an Fakten und Zusammenhängen über unsere Erde, den Mond, die Sonne, unser Sonnensystem und die Sterne. Was es mit den mysteriösen Schwarzen Löchern auf sich hat, wird ausführlich dargestellt. Zwei Kapitel zur Kosmologie sowie über Verfahren zur astronomischen Entfernungsbestimmung runden schließlich den Themenkreis ab.

Autoren

Harald Lesch ist Professor für Theoretische Astrophysik am Institut für Astronomie und Astrophysik der Universität München, Fachgutachter für Astrophysik bei der DFG und Mitglied der Astronomischen Gesellschaft. Einer breiteren Öffentlichkeit ist er durch die im Bayerischen Fernsehen laufende Sendereihe *alpha-Centauri* bekannt.

Jörn Müller ist Physiker und hat am DESY auf dem Gebiet Festkörperphysik promoviert. Er arbeitete in Forschungs- und Entwicklungsabteilungen im Bereich Optik und Elektrofotografie und an der Entwicklung von Hochenergielasern. Nach einem zusätzlichen Studium der Astronomie ist er freiberuflich am Institut für Astronomie und Astrophysik der Universität München tätig.

Harald Lesch
Jörn Müller

Kosmologie für Fußgänger

Eine Reise durch das Universum

GOLDMANN

Originalausgabe

Umwelthinweis:
Alle bedruckten Materialien dieses Taschenbuches
sind chlorfrei und umweltschonend.

Der Goldmann Verlag ist ein Unternehmen
der Verlagsgruppe Random House.

5. Auflage
Originalausgabe Dezember 2001
© 2001 Wilhelm Goldmann Verlag, München,
in der Verlagsgruppe Random House GmbH
Umschlaggestaltung: Design Team München
(Umschlagfoto: © NASA/JPL/RPIF/DLR)
Satz: Uhl + Massopust, Aalen
Druck: GGP Media, Pößneck
Verlagsnummer: 15154
Redaktion: Dieter Löbbert
AM · Herstellung: Sebastian Strohmaier
Made in Germany
ISBN 3-442-15154-6
www.goldmann-verlag.de

Inhalt

Vorwort 7

Die Erde 11
Der Mond 39
Die Sonne 71
Das Sonnensystem 99
Was ist ein Stern? 133
Kosmologie für Fußgänger 147
Schwarze Löcher 179
Wie bestimmt man Entfernungen im Universum? 213

Danksagung 249
Register 251

Vorwort

Wer über die letzten Jahre hinweg einigermaßen regelmäßig eine Zeitung zur Hand genommen hat, dem ist nicht verborgen geblieben, dass das öffentliche Interesse an der Astronomie, jener Wissenschaft, welche die Objekte und Geschehnisse im Universum zu beschreiben versucht, stetig wächst. Woher kommt das? Ein Grund dafür könnte in den beeindruckenden Naturereignissen zu suchen sein, die wir in letzter Zeit miterleben durften: 1999 die Sonnenfinsternis, 2001 die Mondfinsternis und in den Jahren 1994, 1996 und 1997 die Kometen Shoemaker-Levy, Hyakutake und Hale-Bopp. Sicherlich war für die meisten die Sonnenfinsternis das gravierendste Erlebnis und für manche auch ein Anlass, sich fortan vermehrt über Astronomie zu informieren.

Ein anderer Grund könnte aber auch sein, dass die Vertreter der Astronomie, die Wissenschaftler, allmählich mehr und mehr die Tore ihres Elfenbeinturms öffnen und die Allgemeinheit an ihrer Forschung und den gewonnenen faszinierenden Erkenntnissen teilhaben lassen. Diese Entwicklung ist nicht verwunderlich, stoßen doch die Astronomen mit ihren Theorien und Weltmodellen immer häufiger auf ein zunehmend auch naturwissenschaftlich gebildetes Publikum, dem mittlerweile bewusst ist, dass der Mensch im Universum nicht isoliert dasteht, sondern ein, wenn auch winziger, Teil des Ganzen ist. Und zugegeben – wer wäre nicht stolz darauf, über sein erfolgreiches Wirken berichten zu können.

Nicht zuletzt hat diese vermehrte »Öffentlichkeitsarbeit« noch eine sehr profane Triebfeder. Bei dem gegenwärtig drastischen Studentenschwund muss die Werbetrommel schon mal kräftig gerührt werden. Und schließlich verschlingen die Forschungsprojekte immer mehr Geld, das ein informierter Steuerzahler eher bereit ist zu geben als einer, der Astronomie mit Astrologie verwechselt.

Mittlerweile haben sich daher viele Vertreter der astronomischen Zunft mit öffentlichen Vorträgen, allgemein verständlichen Artikeln in den Printmedien und offenen Institutstüren kräftig ins Zeug gelegt. Dieser neuen »astronomischen Aufklärung« hat sich auch das Medium Fernsehen bereitwillig, um nicht zu sagen gierig, angeschlossen. Erinnern wir uns an die Sendereihen, die aus Wissenschaft und Forschung berichten, oder an die ausführlichen Artikel zur Sonnenfinsternis. Nicht selten wird dabei der Zuschauer mit einer Überfülle an Daten konfrontiert, unterlegt mit knalligen Bildern und reißerischen Animationseffekten aus Astronomie und auch Raumfahrt. Dass dabei fast stets die Quote erfüllt, gelegentlich aber die Absicht, Information zu vermitteln verfehlt wird, darf nicht verwundern.

Geht es auch anders? Wer schon mal eine Folge der Sendereihe »alpha-Centauri« gesehen hat, die im Bildungsprogramm des Bayerischen Fernsehens beziehungsweise bei dessen Bildungskanal Alpha ausgestrahlt wird, der weiß, dass es nicht immer eines großen Spektakels bedarf, um sachlich zu informieren. Ganz allein vor einer grünen Tafel, in einem Klassenzimmer, wie es nur noch unsere Großeltern kennen, steht hier ein leibhaftiger Professor vom Institut für Astronomie und Astrophysik der Universität München, bewaffnet mit nichts anderem als nur einem Stückchen Kreide. Zur Einleitung seines Vortrags schreibt er höchstens fünf Wörter an die Tafel, den Rest bestreitet er mit ausladenden Gesten und einem um keinen Kalauer verlegenen Mundwerk. In jeweils einer Viertelstunde wird immer nur ein spezielles Thema aus dem Bereich der Astronomie behandelt, wobei auch komplexe astrophysikalische Zusammenhänge, auf das Wesentliche reduziert, ohne Fachchinesisch klar herausgestellt und jedem Laien verständlich erläutert werden. Dass dieses Konzept ankommt und dass auf diese Weise auch eine Menge astronomisches Wissen vermittelt werden kann, beweisen viele begeisterte Briefe einer stetig wachsenden »alpha-Centauri«-Fangemeinde.

Natürlich kann in einer Viertelstunde nicht immer allen Verästelungen des jeweiligen Themas nachgegangen werden. Oft schließt sich der Vorhang – und noch sind viele Fragen offen. Über einiges möchte mancher vielleicht noch ein bisschen mehr wissen, anderes würde man gerne nochmals erklärt bekommen, da es schon wieder aus dem Gedächtnis gerutscht ist. Um diesem Bedürfnis Rechnung zu tragen, haben wir uns entschlossen, parallel zur Sendung »alpha-Centauri« ein Buch zu veröffentlichen, das einige Themen dieser Sendereihe aufgreift und in etwas vertiefter und ausführlicherer Form nochmals behandelt. Der gewählte Titel *Kosmologie für Fußgänger* sagt auch schon, worauf unsere Texte abzielen. Weder wollen wir versuchen, den Kosmos in seiner ganzen Tiefe abzuhandeln, noch in der Sprache der Astronomen Hochschulweisheiten verbreiten. Es liegt uns vielmehr daran, dem an Astronomie interessierten Laien das Universum und einige seiner Objekte etwas näher zu bringen und eventuell nebulöse Vorstellungen über die Vorgänge im All zu konkretisieren. Dabei haben wir uns bemüht, auf Fachausdrücke und Formeln zu verzichten, und dort, wo sie dennoch unvermeidlich auftauchen, sogleich eine Erklärung mitzuliefern.

Da es der Umfang unseres Buchs nicht erlaubt, auf alle Disziplinen der Astronomie einzugehen, haben wir aus den in der Sendereihe behandelten Themen einige ausgewählt, die, wie wir meinen, für die meisten Leserinnen und Leser von Interesse sind. Insbesondere glauben wir, dass das unsere Erde sein könnte, unser nächster Nachbar, der Mond, natürlich ebenso unsere Sonne und das Sonnensystem, dem alle diese Objekte angehören. Aber auch die Sterne und so exotische Bereiche wie Schwarze Löcher, Big Bang und die nach wie vor ungeklärte räumliche Struktur des Universums kommen nicht zu kurz. Schließlich versuchen wir in einem eigenen Kapitel aufzuzeigen, wie Schritt für Schritt das Wissen in der Astronomie über die für unsere Vorstellung nahezu unendliche Ausdehnung des Universums gewachsen ist.

Ähnlich wie in der Sendereihe »alpha-Centauri« haben wir versucht, jedes Thema in einem geschlossenen Aufsatz abzuhandeln, sodass unsere Leserinnen und Leser frei sind in der Reihenfolge der Texte und je nach Interesse auch Kapitel überspringen können. Dies macht das Buch geeignet als Einstiegslektüre für an Astronomie interessierte Laien, als Kurzinformation zu bestimmten astronomischen Fragen und nicht zuletzt als »Gutenachtlektüre« für die letzte Viertelstunde des Tages.

Sollte sich zeigen, dass diese Art von Begleitbuch zur Sendung bei unseren Leserinnen und Lesern Anklang findet, so würden wir gerne in einem Folgewerk die *Kosmologie für Fußgänger* mit weiteren Themen aus der Astronomie und Astrophysik fortsetzen. Anregungen hierzu aus dem Kreis der Leserschaft sind immer willkommen. Zunächst jedoch möchten wir uns für das entgegengebrachte Interesse bedanken und wünschen viel Spaß beim Studium der Texte.

Hinweis: Hervorragendes astronomisches Bildmaterial ist unter http://antwrp.gsfc.nasa.gov/apod/archivepix.html zu finden.

Harald Lesch und Jörn Müller

Die Erde

*Gaia! Dich Allmutter werd ich besingen,
dich alte festgegründete Nährerin
aller irdischen Wesen.*

*Was die göttliche Erde begeht und was in den Meeren,
was in den Lüften sich regt,
genießen deine Fülle und Gnade.*

*Du hast Gewalt, den sterblichen Menschen zu geben und
zu nehmen.*

Homer

In der Geschichte unseres Planeten ist es weniger als ein Lidschlag her, dass der griechische Dichter Homer vor 2500 Jahren der Erde als Göttin huldigte. Gaia – die Erde, das war die allmächtige Mutter, die beschützt und ernährt. Aber Menschen erlebten und erleben noch heute die Erde auch als gewalttätig und erbarmungslos, wenn Naturkatastrophen wie Erdbeben, Vulkanausbrüche, Fluten und Stürme über sie hereinbrachen und hereinbrechen. Trotz jeglichen technischen Fortschritts – wenn der Urgrund aller Dinge sich auftut, der Boden unter unseren Füßen sich schüttelt oder der Himmel über uns seine Schleusen aufreißt, sind auch wir moderne Menschen den Naturgewalten hilflos ausgesetzt. Kaum eine Kultur hat deshalb die Erde nicht verehrt, gefürchtet und bewundert. Aber auch zu Dank sind wir ihr verpflichtet, noch heute feiern wir einmal im Jahr das Erntedankfest. In den Erdwissenschaften klingt der Name Gaia noch nach – in der Geologie, der Geografie und der Geophysik.

Wir verdanken diesem Materieklumpen, der mit über 100000 Kilometern pro Stunde um die Sonne rast, alles. Wir sind die Erde. Unsere Knochen sind gebildet aus den Mineralien ihrer Gesteine, wir atmen ihre Luft, und wir bestehen zu großen Teilen aus ihrem Wasser. Was für ein Planet, der eine solche Vielfalt an lebendigen Wesen hervorgebracht hat! Für uns Erdlinge ist diese Lebensvielfalt der Normalfall. Hin und wieder begeben sich einige von uns in eher lebensfeindliche Nischen unseres Planeten: auf Berge, die mehr als 8000 Meter hoch sind, in Wüsten mit Spitzentemperaturen von über 70 Grad Celsius oder in die Polarregionen, die Gebiete des ewigen Eises mit 50 Grad unter dem Gefrierpunkt. Selbst dort hat sich Lebendiges angesiedelt. Auf die Spitze aber treiben es die Organismen tief im Meer, in der unmittelbaren Nachbarschaft von Vulkanschloten, den so genannten »Black Smokers«, aus denen etliche hundert Grad heißes Material und Gas austreten. Die Einzeller dort leben ohne Licht und Sauerstoff. Das Leben ist überall auf unserer Erdkugel. Möglicherweise verdampft sie sogar Bakterien, die aus den höchsten Schichten der Atmosphäre in den Weltraum verschwinden – wer weiß?

Was wissen wir denn vom Boden, auf dem wir stehen, vom Wasser, das wir trinken, von der Luft, die wir atmen? Woher kommen die Bestandteile des Planeten? Wie begann er denn, unser Planet? War er denn schon immer so? Nein, er war nicht immer so! Er war vielmehr – also, eigentlich war er … Ach was, bevor wir uns hier zu kurz fassen, erzählen wir lieber die ganze Geschichte.

Die Geburt der Erde

Wie ist die Erde entstanden? Sie entstand zusammen mit dem Sonnensystem. Was können wir darüber »erzählen«?

Nach dem derzeitigen Stand der Forschung begann die Geschichte der Erde mit einer gewaltigen Explosion eines massereichen Sterns, einer Supernova. Woher man das weiß? Vom Studium der Meteoriten, die als Überreste bei der Entstehung des Sonnensystems übrig blieben. Eine große Bedeutung erhält hierbei die Untersuchung von Isotopen. Von was? Von Isotopen. Also gut, ab in die Kernphysik. Will man nämlich verstehen, was sich aus Steinen ablesen lässt, muss man wissen, wie Atomkerne aufgebaut sind und wie sie zerfallen.

Jedes Atom besteht aus einem Atomkern mit positiver elektrischer Ladung und negativ geladenen Elektronen, die den Kern umkreisen. Jedes chemische Element – zum Beispiel Sauerstoff, Kohlenstoff, Stickstoff, Eisen usw. – verfügt über eine bestimmte Anzahl von Elektronen. Da Atome elektrisch neutral sind, hat der Atomkern selbst eine positive Ladung, die der Summe der negativen Ladungen aller Elektronen im Atom entspricht. Der winzige Atomkern seinerseits besteht aus positiv geladenen Protonen und Neutronen ohne elektrische Ladung. Wäre das Münchener Olympiastadion das Atom, in dem die Elektronen herumsausen, dann wäre der Atomkern ein Reiskorn am Anstoßpunkt im Mittelkreis – so ein Atom ist also ziemlich leer.

Zurück zu den Elementen: Jedes Element besitzt eine genau festgelegte Zahl an Elektronen und Protonen. So hat Sauerstoff acht Elektronen in Umlaufbahnen und acht Protonen im Kern. Normalerweise sind auch acht Neutronen im Kern, die dem Atom zwar ein höheres Gewicht geben, aber an der elektrischen Ladung des Kerns nichts ändern. Ab und zu aber gibt es auch Sauerstoffkerne mit neun oder zehn Neutronen. Diese Abarten von chemisch völlig normal reagierendem Sauerstoff nennt man Isotope. Die Isotope von Elementen unterscheiden sich nur durch das Gesamtgewicht, nicht durch ihre chemischen Eigenschaften. Normaler Sauerstoff wird mit dem Symbol ^{16}O gekennzeichnet, die schwereren Isotope sind ^{17}O und ^{18}O.

Im Allgemeinen würde man auf 2600 ^{16}O-Atome je ein Atom ^{17}O und fünf Atome ^{18}O finden. Bei der Untersuchung von Meteoriten dagegen, bei denen man davon ausgeht, dass sie sich seit der Entstehung des Sonnensystems im Weltraum befunden haben, stellte sich heraus, dass kleine Metalleinschlüsse im Meteorit reines ^{16}O enthielten, also keine seltenen Isotope. Für dieses Ergebnis gibt es keine chemische Erklärung, weil, wie gesagt, alle Isotope das gleiche chemische Verhalten aufweisen. Erklären lässt sich das nur durch die Vorstellung, dass das ^{16}O seit der Entstehung des Sonnensystems in dem Meteoriten enthalten war. Nur in einer Supernova-Explosion bildet sich reines ^{16}O ohne die seltenen Isotope.

Da in unserer Milchstraße etwa alle 30 Jahre eine Supernova explodiert, ist das zunächst keine Überraschung; irgendein großer Stern, der irgendwann explodierte, war die Heimat des Meteoritenmaterials. Wir kennen zwar nicht den Stern, der für den Meteoritenstoff verantwortlich war, denn der Stern hinterlässt, wenn überhaupt, nur einen sehr kleinen, ungefähr zehn Kilometer großen Überrest, der nur für einige Millionen Jahre noch beobachtbar ist: einen so genannten Neutronenstern. Davon an anderer Stelle mehr. Aber wir wissen, wie lange vor der Entstehung des Sonnensystems dieser Stern explodiert sein muss: nur einige hunderttausend Jahre!

Woher wir das wissen? Ebenfalls von Isotopen, dem Verhältnis von Magnesium zu Aluminium. Magnesium hat normalerweise 12 Protonen und 12 Neutronen. Viel seltener ist das Isotop ^{26}Mg mit 14 Neutronen. In etlichen Meteoriten fand man mehr ^{26}Mg als erwartet. Das könnte vom radioaktiven Zerfall des Aluminiumisotops ^{26}Al herrühren. Die Zerfallszeit beträgt rund 750 000 Jahre, und da das ^{26}Mg sich in Mineralien in den Meteoriten befand, in denen man normalerweise mit dem Vorkommen von Aluminiumatomen rechnet, ergibt sich als theoretisches Modell folgendes Bild: Weniger als eine Million Jahre vor der Entstehung des Sonnensystems fand in der Nähe eine Supernova statt, bei der Staubteilchen, die ^{26}Al enthielten, in die Gaswolke hineingeschleudert wurden, die später das Sonnensystem hervorbrachte. Das Aluminium wurde eingeschlossen in die Minerale, die sich zu einem kleinen Asteroiden vereinigten. Während der langsame Prozess der Planetenbildung ablief, zerfiel das Aluminium in Magnesium. Irgendwann prallte dieser Asteroid mit einem zweiten zusammen und stürzte auf die Erde. 1969 fiel eines dieser Bruchstücke auf die Erde und damit den Wissenschaftlern in die Hände, die dieses Geheimnis aus dem außerirdischen Stein entschlüsseln konnten.

Tja, so ist das mit der Astrophysik – winzige Atomkerne können eine wirklich kosmische Geschichte erzählen, weil die Naturgesetze im Universum überall dieselben sind. Für einen Sauerstoff- oder Aluminiumkern gelten die Gesetze der Kernphysik überall in der gleichen Weise, und dabei ist es völlig egal, ob diese Elemente auf der Erde oder irgendwo im Universum vorkommen.

Zurück zu unserer Gaswolke, aus der einmal die Sonne mit ihren Begleitern, den Planeten, werden soll. Wir wissen also jetzt, dass die Druckwelle, die die Explosion ausschickte, an anderer Stelle nach weniger als einer Million Jahren eine riesige Gas- und Staubwolke zusammenballte. Die bis dahin weit verteilten Wasserstoff- und Heliumatome dieser Wolke durchmischten sich mit all den schwereren Elementen wie zum Beispiel den lebenswichtigen Kohlenstoff, Sauerstoff, Stickstoff und Eisen, die in der Supernova erbrütet und bei deren Explosion in den Weltraum hinausgeschleudert wurden. Gleichzeitig wurden alle Atome langsam zum Zentrum der Wolke getrieben. Dabei nahm die gegenseitige Anziehungskraft zu, sodass sich die Wolke langsam zusammenzog. Verwirbelungen innerhalb der Wolken sorgten für kleinere, rotierende Fragmente, die bald ganz losgelöst von der Umgebung anfingen, weiter zu kollabieren und dabei immer schnell zu rotieren begannen; wie ein Eiskunstläufer, der bei der Drehung um die eigene Achse seine Arme anzieht und sich dabei immer schneller dreht. Ein solches Fragment drehte sich schließlich nach etlichen Millionen Jahren mit einem solchen Tempo, dass es sich allmählich zu einer dünnen, rund 80 Milliarden Kilometer großen Scheibe verformte. Dies war der solare Urnebel, aus dem Sonne und Sonnensystem entstehen sollten.

Es vergingen wieder zehntausende von Jahren, in denen die schweren Elemente wie Eisen und Nickel zum Zentrum des solaren Urnebels sanken. Dieses Zentrum wurde beim Kollaps immer heißer, während der Rand der Scheibe sich zunehmend abkühlte. Dort stießen kleine Staubpartikel zusammen, wuchsen zu größeren Körnern und schließlich zu Gesteinsbrocken und so genannten Planetesimalen von einigen Kilometern Durchmesser. Um die sich im Zentrum bildende Ursonne prallten unzählige Planetesimale aufeinander und verschmolzen zu Protoplaneten. Diese ganz schweren Brocken von etlichen hundert bis tausend Kilometern Durchmesser zogen nun noch mehr Material aus der Umgebung an. Im Zentrum des Nebels hatte sich die Ursonne nun schon so weit verdichtet, dass sie fast die gesamte Masse des einstigen Fragments in sich vereinigte – sie fing an, im Innern zu brennen. Ihr thermonuklearer Reaktor sprang an, Wasserstoff wurde zu Helium verschmolzen, Energie wurde freigesetzt, und schließlich fing die Sonne an zu strahlen. Die Planeten waren aber noch nicht fertig. Auch die Erde hatte ihre endgültige Form noch nicht gefunden, und sie sollte noch einiges erleben, bis sie sich zum »Garten Eden« des Sonnensystems entwickelt hatte.

Zunächst sah sich unsere Urerde einem immer noch gewaltigen Bombardement durch Gesteinsbrocken ausgesetzt. Das junge Sonnensystem war durchsetzt von zahllosen Asteroiden, die auf chaotischen Bahnen die nahezu kreisförmigen Planetenbahnen durchkreuzten und oft genug einschlugen. Jeder Einschlag brachte Energie und neue kosmische Materie auf die Erde. Die Urerde war ziemlich heiß, ihre Oberfläche flüssig. Ihre Atmosphäre bestand zunächst fast nur aus Wasserstoff. Als die Sonne aber richtig zündete, entfachte sie auch einen Wind, den so genannten Sonnenwind, der mit bis zu 2000 Kilometern pro Sekunde seine geladenen Teilchen über die Planeten fegte. Die Erde war zu leicht, um ihre Atmosphäre vor diesem Sonnensturm zu schützen. Der Sonnenwind trieb das Gas aus dem Innern der Scheibe weit nach draußen. Dort entstanden die großen, gasförmigen Planeten.

Über viele Millionen Jahre gab es keinerlei wesentliche Entwicklung auf der Erde. Als ziemlich toter Gesteinsbrocken umrundete sie die Sonne. Ihre heiße und flüssige Oberfläche kühlte sich ab, verfestigte sich, platzte wieder auf und schrumpfte zusammen. Die Schrumpfung heizte das Erdinnere immer weiter auf, bis selbst Metalle anfingen zu schmelzen. Die Erde begann zu »leben« – zumindest geophysikalisch betrachtet.

Die äußerlich ruhige Erde verbarg allerdings unter einer sehr dünnen Kruste ein sehr aktives Innenleben, das immer mal wieder durch die abgekühlte Oberfläche brach. Eingeschlossen im zusammengewürfelten Material befanden sich auch sehr schwere chemische Elemente, die in weniger als ein, zwei Minuten während der Explosion der Supernova in den mit einigen zehntausend Kilometern pro Sekunde herausrasenden, mehrere Milliarden Grad heißen Sternhüllen erbrütet wurden: Thorium und Uran. Diese sehr großen Atomkerne mit mehr als 230 Kernbausteinen sind instabil, sie zerfallen radioaktiv. Dabei werden hochenergetische Teilchen und Gammastrahlung frei, die das Material um den zerfallenden Kern aufheizen. Die freigesetzte Energie war dermaßen hoch, dass das Erdinnere nicht nur durch den Druck von oben, sondern auch durch die verschiedenen radioaktiven Zerfallsprozesse so stark erhitzt wurde, dass es schmolz. Von außen prallten noch immer Meteoriten der unterschiedlichsten Größe mit einer Geschwindigkeit von bis zu elf Kilometer pro Sekunde auf die Kruste, durchschlugen sie und gaben ihre gewaltige Bewegungsenergie in Form von Wärme an das Erdinnere ab. Damit trugen auch die Meteoriten zum Aufheizen und Aufschmelzen des Erdmaterials bei. Diese Aufschmelzung führte zu einer Trennung der leichten und schweren Elemente. Die Schwerkraft der Erde zog das schwere Eisen und Nickel hin zum Zentrum. Diese beiden Elemente bildeten einen ersten einfachen Erdkern. Die immer noch sehr heiße, weiß glühende Schlacke aus dem weniger dichten, leichteren Material, das hauptsächlich aus Silikaten (das sind Siliziumverbindungen wie Quarz) bestand, strömte in Richtung Erdkruste und bildete eine Kugelschale aus flüssigem Gestein, den Erdmantel. Dieses Aufströmen transportierte auch radioaktive Elemente mit nach oben, die dort aufgrund ihres radioaktiven Zerfalls die Umgebung so sehr aufheizten, dass das Erdinnere selbst heute noch sehr heiß und flüssig ist.

Die zum Erdkern absinkenden schweren Elemente setzten Gravitationsenergie frei. Zusammen mit den radioaktiv zerfallenden schweren Atomkernen Uran und Thorium wurde damit genügend Wärme erzeugt, um auch das zum Zentrum hinsinkende Eisen aufzuschmelzen. Auf diese Weise entstand ein noch heute anhaltender Wärmeüberschuss im Erdinnern, der zu so genannten Konvektionsströmungen im geschmolzenen Gestein des Erdmantels führte. Wie ein Topf mit Tomatensauce auf einer heißen Herdplatte immer wieder aufkocht, so brach geschmolzenes Gestein unter dem Druck der inneren Strömungen an den dünnsten Stellen der Erdkruste durch die Oberfläche. Es entstanden gewaltige Vulkankegel und Seen aus geschmolzenem Gestein, die die ursprüngliche Kruste zuschütteten und einebneten.

Konvektionsströme aus flüssiger Materie kühlten die Erde langsam ab. Es bildete sich eine neue Erdkruste über dem Erdmantel. Tief im Erdinnern aber wurden die Bestandteile des Erdkerns weiter getrennt. Der zunehmende Druck ließ den zentralen Bereich wieder erstarren, dabei blieb das Eisen des äußeren Erdkerns flüssig. Die auf- und abfließenden Strömungen des flüssigen Eisens setzten einen gigantischen elektrischen Prozess in Gang. Es entstand ein »Dynamo«, eine Maschine, die, verursacht durch die Metallflüsse, gewaltige elektrische Ströme erzeugte, die ihrerseits ein Magnetfeld hervorriefen, das den ganzen Erdkörper durchdringt und sogar bis in den Weltraum hinaus reicht. Das Erdmagnetfeld hat die gleiche Form wie die eines Stabmagneten, dessen Feld sich ja auch weit über ihn hinaus erstreckt. Bei der Erde wirkt das Magnetfeld wie ein Schutzschild. Es schirmt die Erdoberfläche ab vor den energiereichen Teilchen, die die Sonne mit hoher Geschwindigkeit produziert.

Aber auch an der Erdoberfläche zeichneten sich Veränderungen ab. Aus der Oberfläche der heißen Lava wurden große Mengen an Gasen förmlich herausgekocht. Diese Gase, Wasserdampf, Kohlendioxid, Methan und Ammoniak, die aus dem heißen Erdinnern nach außen in die eiskalte Umgebung drangen, bildeten im Laufe der Zeit eine erste Atmosphäre um den jungen Planeten.

Wir haben soeben ein gängiges Wort so einfach hingeschrieben: Wasserdampf. Das Wasser nämlich, das im Gestein des Erdmantels eingeschlossen war, drang als Dampf aus den glühenden Vulkanschloten empor. Aber wie kam das Wasser auf die Erde? War es schon da, als sich die Erde bildete? Entstand es durch chemische Reaktionen auf der Planetenoberfläche, oder haben Meteoriten die ungeheure Menge an Wasser auf die Erde getragen?

Wasser ist die häufigste chemische Verbindung auf der Erdoberfläche. Heute bedeckt es ungefähr 71 Prozent der Oberfläche unseres Planeten. Insgesamt wird der Wasserbestand auf 1,3 Milliarden Kubikkilometer Salzwasser und nur 4,2 Millionen Kubikkilometer Süßwasser geschätzt. Wo hatte es seinen Ursprung?

Wenn wir einmal davon ausgehen, dass Wasserstoff und Sauerstoff als Elemente existiert haben, dann ist es kein Problem, daraus Wasser zu machen. Ein Blitz, ein erster Funke würde eine solche Atmosphäre in Form einer Knallgasreaktion in Wasser umwandeln. Bei den in der Erdfrühzeit herrschenden hohen Temperaturen entstand Wasser aber auch aus chemischen Reaktionen zwischen Kohlenwasserstoffverbindungen und dem Sauerstoff, der in den Silikatgesteinen und Eisenoxiden eingeschlossen war. Der Wasserdampf kondensierte zu Wasser. Die Erde hielt den kondensierenden Wasserdampf durch ihre Schwerkraft fest, und es begann zu regnen. So weit, so gut – aber war es wirklich so?

Neueste Tiefbohrungen lassen eine ganz andere Möglichkeit, eine sehr interessante, als die viel wahrscheinlichere erscheinen: Die Erde hat ihr Wasser durch den Aufprall von kosmischen Eistrümmern erhalten! Die Tiefbohrungen brachten nämlich ein Fluid zu Tage, das aus mehreren tausend Metern emporgepumpt wurde. Dieses sehr zähe Gemisch aus Wasser, Salzen und Gasen enthielt eine Substanz, die niemals irdischen Ursprungs sein kann: Helium-3, ein Isotop von Helium. Es kann nur aus dem Kosmos auf die Erde gelangt sein. In der Regel geschieht das durch Einschluss in Meteoriten. Möglicherweise hat das Fluid Helium-3 als einen Überrest von den Gesteinsbrocken aus der Frühzeit des Sonnensystems bewahrt, die das Wasser zur Erde gebracht haben könnten. Aus dem Ozean ist dieses Element längst wieder verschwunden. Aber wenige Kilometer unter unseren Füßen gibt es diesen kosmischen Stoff noch in großer Menge. Also spricht alles dafür, dass das Wasser auf der Erde zum größten Teil aus dem Weltall kommt und nicht hier auf der Erde entstanden ist.

Zurück zu unserer Urerde: Es regnete und regnete und regnete. Es goss in Strömen, Tag und Nacht. Das Wasser sammelte sich in Vertiefungen und ebnete die Kraterränder ein, die vom anfänglichen Bombardement der Meteoriten übrig geblieben waren. Das Wasser begann die Erdoberfläche zu formen; es glich Höhenunterschiede aus, löste Salze aus den Gesteinen heraus, und die salzigen Ozeane entstanden.

Noch während der Regen das Gesicht der Erde veränderte und formte, tauchte, wie oben erwähnt, ein weiteres Produkt der Kohlenwasserstoffreaktionen auf: Kohlendioxid. Da Kohlendioxid für das ankommende Sonnenlicht durchlässig ist, die längerwellige Wärmestrahlung des Planeten dagegen zurückhält, nahm dieses Gas innerhalb der Erdatmosphäre und der Erdkruste einen entscheidenden Einfluss auf die Entwicklung des Planeten.

Ein dritter wesentlicher Bestandteil der Erdatmosphäre ist der Stickstoff, dessen Anwesenheit höchstwahrscheinlich aus einer kosmischen Verwechslung resultiert. Während der Entstehung der Erde wurden Ammoniakmoleküle, die aus Stickstoff- und Wasserstoffatomen bestehen, gelegentlich an Stelle der ähnlich großen Kaliumatome in die Struktur der die Erdkruste aufbauenden Silikatgesteine eingebaut. Bei der Entstehung der Planeten wurde dann nahezu der gesamte Stickstoff wieder freigesetzt und zum Hauptbestandteil der Erdatmosphäre.

Unter den regenschweren Wolken wuchsen also einzelne Gewässer zu einem globalen Ozean zusammen. Nach zwei Milliarden Jahren hatte sich im Sonnensystem ein einzigartiger Wasserplanet gebildet. Umgeben war diese Wasserwelt von einer dünnen Atmosphäre, die im Wesentlichen aus Kohlendioxid bestand. Der Regen allerdings wusch viel vom Kohlendioxid aus, es wurde zunehmend von den oberen Schichten des Meeres absorbiert und mittels geologischer Prozesse in kalzium- und magnesiumhaltigen Karbonatgesteinen chemisch gebunden und damit der Atmosphäre entzogen.

Die feste Erdkruste veränderte sich ebenfalls. Sie kühlte aus, wurde dicker und brach schließlich in ein riesiges Mosaik unterschiedlicher Platten auf. Und nun begann der für unsere Augen scheinbar unendlich langsame Tanz der verschiedenen Platten. Innere, heiße Strömungen, vom heißen Erdkern angetrieben, in dem Energie durch radioaktiven Zerfall freigesetzt wird, durchkneten den Erdkörper und bringen Bewegung in die Platten. Die Platten schwimmen wie Schiffe auf dem Ozean der heißen, flüssigen Erdmaterie. An manchen Stellen prallen sie aufeinander, anderswo öffnen sich Spalten, durch die frisches Magma aus den Tiefen aufsteigt und zu einer neuen Kruste erstarrt.

Während sich die Kontinente bildeten, wurde offenbar der Ozean zum Ursprung des Lebens. Irgendwie entwickelten bestimmte kohlenstoffhaltige Moleküle immer differenziertere Formen und Strukturen, die sich irgendwann selbst reproduzieren konnten. Es wurde eine Grenze überschritten, der Planet vollzog einen Phasensprung, als zum ersten Mal Lebewesen in seinen Meeren auftauchten.

Wir wollen nun aber wieder ins Erdinnere abtauchen und dem langen Tanz der Erdmaterie nachgehen: dem Kreislauf der Gesteine, der sich seit Jahrmilliarden vollzieht, der die Oberfläche des Planeten ständig verändert und letztlich für den Charakter unseres Heimatplaneten verantwortlich ist.

Der lebendige Felsen oder: Der Tanz der Platten

Was wir hier eben so nebenbei in wenigen Sätzen als Kreislauf der Erdmaterie beschrieben haben, die Bewegungen von Platten, angetrieben von Konvektionsströmungen im Erdinnern, ist das Ergebnis einer wissenschaftlichen Auseinandersetzung, die sich über mehrere Jahrhunderte hinzog und deren – man kann sagen, geniale – Auflösung, die Plattentektonik, erst seit wenigen Jahrzehnten allgemein anerkannt wird.

Angefangen hat der Streit um das Innere der Erde bereits vor mehr als 200 Jahren. Der Schotte James Hutton brachte 1795 das Buch *Theory of Earth* heraus. Durch den beginnenden Bergbau war einiges über das unmittelbar unter der Oberfläche liegende Erdreich bekannt geworden. Es wird heißer, je tiefer man kommt. Gesteinschichtungen wurden entdeckt, mit unterschiedlichen Zusammensetzungen, deren Erze und Mineralien sich direkt kommerziell nutzen ließen: Man denke nur an die verschiedenen Kohle- und Edelmetallbergwerke. Hutton hatte als Erster versucht, ein systematisches Bild der Erdgeschichte zu zeichnen. Er beschrieb die Erdoberfläche als das Resultat unendlich langsamer Vorgänge. Er vermutete eine Art Fließgleichgewicht, bestehend aus langsamer Erosion von Stein und Erde durch Wind und Wasser, allmähliche Klimaveränderungen und das gelegentliche Entstehen und Verschwinden von Bergen. Er erkannte mit großer Weitsicht in gewöhnlichen Steinen die Spuren von Äonen: »Die Ruinen einer älteren Welt sind in der jetzigen Struktur der Welt sichtbar«, schrieb er. Es gibt eine berühmte Schnittzeichnung von Hutton, auf der über der Erde eine liebliche englische Landschaft zu sehen ist, eine geschlossene, von zwei Pferden gezogene Kutsche steht an einem Zaun im Wald, während sich darunter ein Fries von unterschiedlichen Gesteinsschichten erstreckt und wiederum darunter durchgeschmolzenes, das heißt metamorphes Gestein, durcheinander und verdreht – ein Stillleben einer sich langsam, aber stetig verändernden Welt.

Hutton hatte die englische Landschaft vor Augen, als er die Geschichte der Erde beschrieb – eine Szenerie aus sanften Hügeln und Flussauen ohne Anzeichen von Brüchen, Erdbeben oder Vulkanen. Deshalb gab es in Huttons Erdgeschichte keine Katastrophen, keine schnellen Veränderungen, sondern lediglich gemächliche, fast harmonisch anmutende Vorgänge, die sozusagen Stein auf Stein legten, die Schluchten und Gebirge langsam, fast gemütlich formten. Hutton schuf mit diesem Szenario, das auch als Uniformitarianismus bezeichnet wurde, ein Problem. Wenn er nämlich Recht hatte, dann konnten die von ihm beschriebenen langsamen Vorgänge nur dann die heutigen Gebirge und Kontinentformen erzeugt haben, wenn die Erde sehr, sehr alt war. »Wir finden«, schrieb er, »keine Anzeichen eines Beginns – keine Aussicht auf ein Ende.« Das mochte vielleicht mutig gewesen sein, aber auch rücksichtslos; eine unendliche Vergangenheit ist viel problematischer als eine sehr lange. Die Unendlichkeit ist eine starke und gefährliche Medizin und nicht nur eine große Zahl.

Fast 150 Jahre lang blieb Huttons Theorie das Standardmodell der Geologie. Es änderte sich erst, als man begann, die Ursachen von Erdbeben zu erforschen, als man mehr wissen wollte über das Innere der Erde, mehr als das, was sich über die wenigen hundert Meter Erdkruste sagen ließ, durch die man in den Bergwerken in die Tiefe vordringen konnte.

Infolge genauer Beobachtungen von Erdbebenwellen entstand Ende des 19. Jahrhunderts eine neue Wissenschaft, die Seismologie. An vielen Stellen in der Welt wurden Geräte, die Seismografen, aufgebaut, um Erdbebenwellen zu messen. Je mehr Aufzeichnungen sie zu sammeln vermochten, desto klarer wurde den Seismologen, dass die Wellen, die nach Erdbeben durch den ganzen Erdkörper liefen, mehr als nur ferne Echos weit entfernter Erschütterungen unseres Planeten waren. Sie gaben Auskunft über das Innere der Erde und ließen Einzelheiten einer Welt erkennen, die sich der direkten Beobachtung entzog. Die Aufzeichnungen eines Erdbebens beginnen mit der Wellenlinie der Primärwelle (P-Welle), einer Welle, die entlang ihres Weges Materie verdichtet und wieder auseinander zieht, ähnlich wie eine Schallwelle in der Luft. Kurze Zeit später treffen dann die Sekundärwellen (S-Wellen) beim Seismografen ein, sie verscheren das Gestein senkrecht zu ihrer Ausbreitungsrichtung. Da sie viel heftiger in ihrer Wirkung sind und viel intensiver am Gestein arbeiten, ist ihre Ausbreitungsgeschwindigkeit kleiner als die der P-Wellen. Aus der Verzögerung zwischen P- und S-Wellen lässt sich der genaue Ort des Erdbebens, das so genannte Epizentrum, markieren.

Offenbar wurden die Erdbebenwellen auf ihrem Weg durch das Erdinnere von verschiedenen Gesteinen beeinflusst. 1902 wurde zum ersten Mal die Existenz eines Erdkerns postuliert: eines Kerns im Zentrum der Erde, der eine Art Schatten auf die dem Bebenherd gegenüberliegende Seite der Erdoberfläche wirft. Die seismischen Wellen werden ähnlich wie Lichtwellen beim Übergang von Luft in Wasser abgelenkt. Sie durchdringen den Kern nicht geradlinig, sondern werden so abgelenkt, dass sich auf der anderen Seite des Planeten ein wellenfreier Bereich bildet.

Einige Jahre später hatten die Seismologen herausgefunden, dass sich die Ausbreitungsgeschwindigkeit von P- und S-Wellen mit zunehmender Dichte des Materials erhöhte. Plötzliche Sprünge in der Ankunftszeit verschiedener Wellen bedeuteten demnach, dass die Gesteinsdichte ziemlich abrupt anstieg. Ein Teil der Wellen breitete sich innerhalb der Kruste mit normaler Geschwindigkeit aus, während der andere Teil abgelenkt wurde und sich im oberen Bereich des dichteren Gesteins mit größerer Geschwindigkeit fortpflanzte. Obwohl diese Wellen also tiefer ins Erdinnere eindrangen und bis zu einem Seismografen eine weitere Strecke zurückzulegen hatten, überholten sie die Wellen in der Kruste und erreichten die Messstation eher.

Unzählige Erdbeben lieferten im Laufe der Jahre so viele Daten, dass sich bald ein völlig neues Modell für das Erdinnere ergab, das sich deutlich von der einförmigen Vorstellung Huttons unterschied. Unser Planet bestand demnach aus einer Reihe konzentrischer Schalen. An die dünne, feste Kruste schloss sich die weichere, plastischere Astenosphäre als Teil des ansonsten festen Erdmantels an. An diesen grenzte der große, äußere Kern aus geschmolzenem Eisen und anderen Metallen, während im tiefsten Innern der Kern aufgrund des hohen Drucks wieder verfestigt war.

Dieses Modell veranschaulichte nicht nur die Ausbreitung der seismischen Wellen, sondern bot auch eine mögliche Erklärung für die Entstehung des irdischen Magnetfeldes. Die Rotation der Erde und die auf- und absteigenden Bewegungen des heißen, flüssigen Eisens könnten den flüssigen Erdkern in eine Art elektrischen Generator verwandeln, in einen Dynamo, der das Magnetfeld der Erde erzeugt.

Zu Beginn des 20. Jahrhunderts nahm man noch an, dass die Erdkruste etwa vergleichbar sei mit der Schale eines austrocknenden Apfels. Nach diesem Bild sähen die großen Formationen auf der Erde, das heißt die Kontinente und Ozeane, heute immer noch so aus wie zur Zeit ihrer Entstehung. Alle Berge, Täler und Schluchten wären dann einfach nur Ergebnisse des gewaltigen Schrumpfungsprozesses der Erde, die sich langsam abkühlte. Infolge der auftretenden horizontalen Spannungen wäre die Oberfläche der Erde in große Schollen zerbrochen. Wie in einem Schraubstock wären dabei Gesteinskomplexe verbogen, gestaucht, gefaltet und übereinander geschoben worden. Aufgrund der durch Abkühlung bewirkten Schrumpfung wäre es im Wesentlichen zu vertikalen Bewegungen der Kruste gekommen, Faltungen und Übereinanderschiebungen wären dagegen nur Begleiterscheinungen.

Doch dann führten Untersuchungen aus unterschiedlichen wissenschaftlichen Disziplinen zu Beobachtungen und auffallenden Übereinstimmungen, die sich mit dieser fixistischen Schrumpfapfelvorstellung nicht erklären ließen. Warum traten Gebirgszüge immer als schmale Streifen auf, statt sich mehr oder weniger gleichmäßig über den gesamten Globus zu verteilen? Wie waren die übereinstimmenden Konturen der afrikanischen Westküste und der Ostküste Südamerikas zu erklären? Woher kamen die bemerkenswerten Ähnlichkeiten in der geologischen Vergangenheit dieser beiden Küstenbereiche?

Die Plattentektonik

1915 schlug der deutsche Meteorologe Alfred Wegener in seiner Schrift *Der Ursprung der Kontinente und Ozeane* eine radikale Antwort vor – die Kontinentalverschiebung. Er nahm an, dass die heutigen Kontinente ineinander passende Bruchstücke eines Urkontinents, Pangäa, sind, die vor etwa 250 Millionen Jahren allmählich auseinander zu driften begannen. Er entdeckte, dass einige geologische Formationen, die an der Küste Südamerikas abrupt zu enden scheinen, in Afrika kontinuierlich weiterlaufen, wenn er die Kontinente wie Teile eines Puzzles zusammensetzte. Wegener ließ jedoch trotz der umfangreichen Menge geologischer Daten, die er zusammengetragen hatte, viele wichtige Details beiseite. Mit anderen Worten: Er stützte sich nur auf jene Fakten, welche seine Theorie untermauerten. Alles, was er nicht unmittelbar in sein Modell einbauen und damit erklären konnte, ließ er weg. Deshalb wurde seine Hypothese lange Zeit nicht sehr ernst genommen. Insbesondere die Eigenschaften der Oberflächen- und Krustengesteine ließen seine These von den verschiebbaren Kontinenten als sehr unwahrscheinlich erscheinen. Die Erdkruste ist eigentlich viel zu starr, als dass Kontinente wie Schiffe auf dem Meer umhertreiben könnten. Vor allem erhob sich die Frage, welche Kräfte eigentlich hinter der Kontinentalverschiebung stehen sollten. Wegener dachte an Zentrifugalkräfte, die aber viel zu schwach sind. Ohne eine treibende Kraft kann keine Kontinentalverschiebung stattfinden. Wegeners Idee verschwand in den Bibliotheken der geologischen Institute als eine interessanter, aber offensichtlich falscher Ansatz.

Entscheidend für die Wiedergeburt und den Durchbruch der Theorie der Plattenverschiebung waren die weltweiten Untersuchungen der mittelozeanischen Rücken, Ergebnisse der Geschichte des Erdmagnetismus und die Aufdeckung des globalen Musters der Erdbebenherde.

Das Museum Meeresgrund

Die Wiederentdeckung der Ideen Wegeners verdanken wir der amerikanischen Marine. Sie wollte in den Fünfziger- und Sechzigerjahren so viel wie möglich über den Meeresboden in Erfahrung bringen. »Wir wissen mehr über die Oberfläche des Mondes als über den Meeresgrund«, war lange Zeit ein von Geowissenschaftlern vertretener Standpunkt. Die von der amerikanischen Marine finanzierte Meeresforschung brachte ungeheure Nachrichten aus den Tiefen der Ozeane hervor.

Der Grund der Meere war überhaupt nicht langweilig und eintönig, so wie es vielleicht naiven Erwartungen entsprach. Man hatte sich eine Oberfläche vorgestellt, die durch Treibsand und Sedimente schichtweise angehäuft worden war. Eigentlich hätte dieses Bild schon stutzig machen müssen, denn die Dicke der übereinander gelagerten Sedimente wäre angesichts des Erdalters gigantisch gewesen. Aber dies war eben die vorherrschende Meinung, bis die ersten Echolote den Boden der Ozeane mit Schallwellen beschickten und auf die Antwort warteten. Dann offenbarte sich ein völlig anderes Bild: tiefe Gräben, große Vulkane, lange Steilhänge – und kaum flache, langweilige Sedimentbecken.

Der Mittelatlantische Rücken zum Beispiel trennt den Ozean

ziemlich genau in der Mitte. Er liegt etwa zwei bis vier Kilometer über den tieferen Teilen des Erdbodens, an seiner Nordspitze erhebt sich die Insel Island aus dem Nordmeer. Woher kommen die mehr oder weniger durchgehenden Gebirge, die sich wie ein großer Reißverschluss durch die Meeresbecken um den ganzen Globus ziehen? Nun sind Gebirge ja ziemlich ruhige Gebilde, die kaum Bewegungsmuster erkennen lassen. Deshalb war eine ganz andere Entdeckung nötig, um dem Ursprung dieser Auffaltungen und damit sogar der Quelle der Dynamik des ganzen Planeten auf die Spur zu kommen. Es handelte sich um die magnetischen Eigenschaften des Meeresbodens.

Genaue Ausmessungen des Magnetfeldes links und rechts von den ozeanischen Gebirgsrücken ergaben ein auffallend symmetrisches Muster von magnetischen Streifen entgegengesetzter Richtung. Offenbar hatte sich das Erdmagnetfeld mehrfach umgepolt: so als ob sich ein Stabmagnet gedreht hätte. Und dieses Ergebnis war überall entlang des ozeanischen Rückensystems zu finden. Wie das?

Nun, kühlen geschmolzene Gesteine aus ihrem heißen Zustand ab, so werden die eisenhaltigen Minerale durch das Erdfeld magnetisiert. Diesen magnetischen Zustand speichern sie für immer. Auf dem Meeresboden finden sich also magnetische Fossilien, die etwas über die Ausrichtung und Stärke des Erdmagnetfeldes zu der Zeit aussagen, zu der die Gesteine an die Oberfläche gelangten. Das Streifenmuster am ozeanischen Rücken zeigte Folgendes: Je näher die Gesteine am Gebirgsrücken lagen, desto stärker sind sie in Richtung des heutigen Magnetfeldes magnetisiert. Diese Gesteine wechseln mit zunehmendem Abstand von den Meeresgebirgen aber mit Streifen ab, die genau in die entgegengesetzte Richtung magnetisiert sind. Ähnliches ergab sich auch für Kontinentalgesteine: Dort verliefen große Basaltströme, die ebenfalls entgegengesetzte magnetische Ausrichtungen besaßen.

Und was hat das nun alles mit Wegeners Theorie, der Kontinentalverschiebung, zu tun? Sehr viel! Denn diese Entdeckungen ließen sich wunderbar mit der Wegener'schen Hypothese erklären: Der Meeresboden weitet sich. Neue Kruste bildet sich am Meeresgrund, und zwar genau an den mittelozeanischen Rücken. Dort dringt Lava nach oben, diese breitet sich aus und behält die Magnetfeldrichtung ihres Ursprungs. Der ganze Meeresgrund erweist sich als ein einziges Museum, in dem alles ausgestellt ist, was der Erdwissenschaftler braucht. Die magnetischen Streifen sind wie Uhren, die die Zeit seit ihrer Entstehung messen. Die Geschwindigkeit, mit der der Meeresboden wächst, kennt man, also lässt sich das Alter der Streifen aus ihrer Entfernung zum Gebirgsrücken berechnen.

In der Regel wächst der Meeresboden um mehrere Zentimeter pro Jahr (also in etwa mit der gleichen Geschwindigkeit, mit der die Fingernägel wachsen). Die Kontinente auf beiden Seiten des mittelozeanischen Rückens bewegen sich mit dieser Geschwindigkeit voneinander fort. Deshalb ersticken die Ozeane auch nicht unter den Sedimenten, sie sind geologisch jung, nur ungefähr 200 Millionen Jahre. Tatsächlich ist kein Ozean auf der Erde sehr viel älter. Die Kontinente sind geradezu Großeltern mit ihren bis zu drei Milliarden Jahre alten Gesteinen.

Da die längs der Gebirgsrücken sich bildende Kruste nicht zu einer Erweiterung der Erdoberfläche führen kann (weil ja ansonsten die Erde größer werden müsste), muss in dem Maße, wie neue Kruste entsteht, alte vernichtet werden. In den Sechzigerjahren des letzten Jahrhunderts ging dann aus der Entdeckung der Meeresbodenspreizung und der Hypothese der Kontinentalverschiebung die neue Theorie der Plattentektonik hervor. Sie ist in ihrer Bedeutung für die Geowissenschaften zu vergleichen mit der Quantentheorie und Relativitätstheorie in der Physik.

Jetzt gab es endlich ein Schema, auf dessen Grundlage sich die Vorgänge auf der Erde und in ihrer Geschichte verstehen ließen: Die äußere Erdschale, bestehend aus mehreren Platten, bewegt sich auf der zähplastischen Erdkruste. Längs der mittelozeanischen Rücken entfernen sich die Platten voneinander. Trifft eine ozeanische Platte auf eine kontinentale Platte, so schiebt sich der Rand der Kontinentalplatte auf die ozeanische Platte, die in die Tiefe abtaucht. Der Rand der Kontinentalplatte wird zu Gebirgen emporgewölbt, wie sich zum Beispiel am Himalaja erkennen lässt, der sich infolge des 75 Millionen Jahre langen Aufpralls der Indischen Platte auf die Eurasische Platte zu immerhin fast 9000 Meter hohen Bergen aufgetürmt hat. Trifft eine ozeanische Platte noch vor der Küstenlinie auf eine Kontinentalplatte, so entstehen Inselgirlanden; Japan ist das Resultat der hinabgerissenen Pazifischen Platte, die unter der Eurasischen Platte verschwindet.

Charakteristische Merkmale aufeinander treffender Platten sind Vulkanismus und Erdbeben. Vergleicht man die Lage der Plattengrenzen mit der Verteilung der Erdbeben, so hat man einen direkten Beweis für die Richtigkeit der Hypothese von der Kontinentalverschiebung – oder der Plattentektonik, wie sie heute genannt wird. Wobei das Wort Tektonik vom griechischen *tekton* stammt, das so viel wie Zimmermann oder Handwerker bedeutet. Die Platten bauen die Oberfläche des Planeten auf, sie bewegen sich und nicht die Kontinente.

So weit, so gut. Aber die Frage nach der Ursache, nach den Kräften, die die Platten bewegen, ist noch nicht geklärt.

Konvektion – Plattenspieler im Suppentopf

Na, was wollen die Autoren denn damit sagen? Das ist ja eine merkwürdige Kapitelüberschrift. Doch einfacher kann man es nicht formulieren: ein Suppentopf, von unten beheizt, auf dem sich Platten bewegen. Das ist das Bild, das wir heute von den dynamischen Kräften haben, die die Erde in ihrem Innern durchkneten und wovon die Plattenbewegungen so deutlich Kunde geben.

Wieder sind es die uns schon bekannten seismischen Wellen, aus deren Verhalten sich ablesen lässt, wie heiß und dicht das Material ist, das von ihnen durchlaufen wurde. Mit sich erhöhender Empfindlichkeit der Messinstrumente, der Seismografen, und der ebenfalls zunehmenden theoretischen Erkenntnisse der Seismologen bezüglich der Wellenausbreitung in zähplastischen Materialien wurde es möglich, das Erdinnere ziemlich genau zu untersuchen. Heute weiß man, wo die heißen Blasen sitzen, die nach oben treiben und dabei ganze Kontinente emporheben. Südafrika zum Beispiel wurde in den letzten 20 Millionen Jahren um fast 300 Meter angehoben. Ebenfalls ist bekannt, wo sich ehemals heißes Material abkühlt, absinkt und dabei Kontinentreste mit sich in den Abgrund zieht: So stellt Indonesien den Rest eines untergegangenen Kontinents dar.

Die Kraft, die alles in Wallung hält, ist die Wärme des Erdkerns. Die Erde kühlt sich ab, von außen nach innen, aber sie erzeugt auch noch Wärme durch den radioaktiven Zerfall von Elementen wie Uran und Thorium, der überall im Erdinnern stattfindet. Diese Wärme wird von langsamen Konvektionsströmen hinauf zur Oberfläche transportiert und schließlich an die Atmosphäre abgegeben. Die Wechselwirkung zwischen dem heißen, von Konvektionsströmen erfüllten Erdmantel und der kühleren, starreren Erdkruste ist der Verursacher der Plattentektonik.

Die heißen aufsteigenden und kalten absinkenden Gesteinsströme bewirken aber nicht nur die strukturellen Veränderungen auf der Erdoberfläche, sondern sie erzeugen auch das Magnetfeld und erklären sogar die magnetischen Umpolungen, die sich in den Gesteinen des Meeres wiederfinden. Ab und zu bricht der Dynamo zusammen und wird wieder aufgebaut. Nach jedem Kollaps hat das Magnetfeld der Erde seine Richtung umgekehrt.

Die Konvektionsströme gibt es schon, seitdem die Erde sich als geophysikalisches System endlich beruhigt hatte. Seit mindestens vier Milliarden Jahren wird der Erdkörper durchgeknetet von den sich umwälzenden Erdmassen. Dabei hat sich die Erdoberfläche ständig gewandelt. Wie, davon wird noch die Rede sein.

Der Superkontinentzyklus

Was vor fast 90 Jahren den Experten noch als völlig undenkbar erschien, ist heute in der Theorie der Plattentektonik gesichertes Wissen. Die Drift der Platten führte in geologischen Zeiten zur Verschmelzung von Landmassen und zu Superkontinenten, die ihrerseits wieder in Einzelteile zerbrachen. Geologische Zeugnisse lassen vermuten, dass es sich dabei um einen zyklischen Prozess handelt, der sich auch in Zukunft fortsetzen wird.

Vor etwa 180 Millionen Jahren begann der jüngste Superkontinent Pangäa, die All-Erde, auseinander zu brechen. Neue, innere Ozeane öffneten sich. Das Wachsen eines zunächst flachen inneren Meeres, wie zum Beispiel des Atlantiks auf Kosten des älteren und tieferen Superozeans führte zu einem Anstieg des Meeresspiegels. Die Kontinente wurden teilweise überflutet. Vor etwa 80 Millionen Jahren hatte der Wasserstand seine maximale Höhe erreicht; mit dem Älter- und Tieferwerden der neuen Ozeane sank er. Die Erde bekam langsam ihr heutiges Gesicht.

Vor 180 bis 140 Millionen Jahren begann zunächst der nördliche Teil Pangäas, Laurasia, sich von dem südlichen Gondwana zu trennen. Gondwana zerfiel bald darauf in Australien, Madagaskar, Indien und die Antarktis. Laurasia teilte sich in Nordamerika und Eurasien. Alle das moderne Gesicht der Erde prägenden Kontinente waren schon vor rund 90 Millionen Jahren getrennt. Vor 45 Millionen Jahren erreichte Indien den asiatischen Kontinent, und das dazwischen liegende Meer schloss sich. Zurzeit arbeitet Afrika an der Schließung des Mittelmeeres. Dieses muss bereits einige Male ausgetrocknet gewesen sein, darauf weisen die großen Salzablagerungen in Südfrankreich hin. Italien, Griechenland und Teile des Balkans gehören zur Afrikanischen Platte, deren Schub in Richtung Europa von jedem Wanderer in den Alpen bewundert werden kann. Dieses Gebirge ist nämlich das Ergebnis des Zusammentreffens der beiden kontinentalen Platten. Die Plattenbewegungen gehen also auch heute noch weiter.

Und früher? Gab es vor Pangäa auch schon einmal getrennte Kontinente? Das ist nicht so einfach zu rekonstruieren, weil die alten Meeresböden fehlen. Die sind durch das Abtauchen unter die Kontinentalplatten schon längst wieder im Erdinneren verschwunden. Das heutige Modell eines Superkontinentzyklus stützt sich deshalb vor allem auf einander ergänzende kontinentale Befunde: Neben der Geschichte des Erdmagnetfelds sind es vor allem ähnliche geologische Schichten auf verschiedenen Kontinenten, die uns Kunde geben von der Zeit vor Pangäa.

Aus der Verknüpfung von Gebirgsgürteln, die durch die jüngeren Plattenbewegungen getrennt wurden, lässt sich die Bildung Pangäas rekonstruieren. Vor etwa 400 Millionen Jahren vereinigten sich Laurentia, ein Kontinent, der einen großen Teil des heutigen Nordamerika umfasste, mit Baltica, dem heutigen Nord- und Osteuropa, zu Laurasia. Bei diesem Zusammenstoß entstand eine heute schon fast völlig verschwundene Gebirgskette, die von Nordskandinavien über Schottland und Irland bis nach Grönland reichte. Vor ungefähr 360 Millionen Jahren traf Laurasia auf Gondwana, den südlichen Superkontinent, der die heutigen Landmassen von Indien, Afrika, Südamerika, Australien und der Antarktis umfasst. Dabei bildeten sich zum Beispiel die Appalachen, ein Gebirgszug im Osten der USA.

Die Suche nach zusammengehörenden Teilen von Gebirgen, die vor mehr als 600 Millionen Jahren entstanden, ist noch viel schwieriger. Es gibt nur wenig freiliegendes Gestein aus dieser Zeit. Oft wurde das Material durch die gewaltigen Kräfte, die auf die Plattentektonik einwirken, umgeformt, ja geradezu verwandelt. Da die Datenlage für diese sehr entfernte Vergangenheit sehr dürftig ist, lassen sich nur vage Umrisse nachzeichnen.

Summa summarum aber ergeben die Altersbestimmungen der verschiedensten Gesteine, die als Spuren kontinentaler Verschmelzungen und Brüche erhalten sind, dass Superkontinente schon seit mehreren Milliarden Jahren existieren. Offensichtlich bildet sich etwa alle 500 Millionen Jahre ein Superkontinent und driftet wieder auseinander. Das wird auch in Zukunft der Fall sein. Die Verschmelzung Afrikas mit der eurasischen Platte steht, geologisch gesprochen, kurz bevor: In 50 Millionen Jahren werden das Mittelmeer, das Schwarze Meer und das Kaspische Meer verschwunden sein. Ein riesiges Gebirge erstreckt sich von Frankreich bis ins heutige Syrien. Polen und Weißrussland werden zum »Alpenvorland«. Grönland hat sich in Richtung Kanada und Alaska auf die Reise begeben. Afrika wird allerdings einen Teil abgeben müssen, der Ostafrikanische Graben wird sich vertiefen und eines Tages vom Indischen Ozean überflutet werden. Dem Zusammenstoß wird auch das Rote Meer zum Opfer fallen. Die arabische Halbinsel hat sich mit dem Irak vereinigt. Derweilen driftet Nordamerika von Europa weg, in Richtung Asien. Südamerika schiebt sich in Richtung Norden und verschlingt dabei große Teile der Karibik. Kuba trifft auf Florida. Japan verschwindet, genauso wie Indonesien, das von Australien geschluckt wird. Der antarktische Kontinent entfernt sich vom Südpol in Richtung Argentinien. Eine völlig andere Welt wird sich dann entwickelt haben.

Das Gesicht unseres Mutterplaneten wird sich also auch in Zukunft ständig verändern. Mit der gleichen Geschwindigkeit, in der unsere Fingernägel wachsen, schieben sich die Platten, getrieben von unterirdischen Konvektionsströmungen, über die Erdkugel.

Wir haben eine lange Reise hinter uns. Von den Anfängen des Sonnensystems vor viereinhalb Milliarden Jahren, über die Entstehung des Planeten Erde, hin zu seinen geologischen Adern und seinem geologischen »Stoffwechsel«. Zu guter Letzt sind wir in der Zukunft gelandet, der Zeit in 50 Millionen Jahren. Eine beeindruckende Wanderung.

Ob in 50 Millionen Jahren auch noch menschliche Augen die Landkarte betrachten können, hängt allerdings weniger von der Erde selbst ab. Vielmehr sollten wir Menschen des 21. Jahrhunderts wieder etwas mehr von der Ehrfurcht und dem Respekt der antiken Völker beherzigen und den Planeten und seine Geschöpfe mit erhöhter Nachsicht und Vorsicht behandeln.

Der Mond

An den Mond

Füllest wieder Busch und Tal
Still mit Nebelglanz,
Lösest endlich auch einmal
Meine Seele ganz;

Breitest über mein Gefild
Lindernd deinen Blick,
Wie des Freundes Auge mild
Über mein Geschick.

Johann Wolfgang von Goethe

Für den Geheimen Rat in Weimar war der Mond ein freundlicher, fast väterlicher Begleiter, der sein Licht auf die Welt legt, der beruhigt. Keine Bedrohung geht vom Mond aus, sondern Ruhe und Stille. Gut 180 Jahre später stehen zum ersten Mal zwei Menschen auf dem Mond, im Meer der Ruhe. Die beiden amerikanischen Astronauten Armstrong und Aldrin stellen wie Goethe fest, dass unser himmlischer Begleiter ein sehr ruhiger – wir würden heute sagen: ein toter – Ort ist: keine Atmosphäre, eine staubige, von zahllosen Kratern zernarbte Oberfläche und große von Lavaströmen ausgefüllte Becken, die so genannten Meere. Diese beiden Astronauten und ihre nachfolgenden acht Kollegen bringen fast 400 Kilogramm Mondgestein mit. Abgesehen von den eingeschlagenen Meteoriten, sind diese Steine das erste außerirdische Material, das Menschen direkt »begreifen« können. Entsprechend vorsichtig geht man damit um. Nur wenigen Wissenschaftlern ist es erlaubt, das Mondmaterial unter die Lupe zu nehmen. Sie entdecken bei ihren Analysen eine Geschichte, die nichts, aber auch wirklich gar nichts mit Ruhe und Stille zu tun hat – sie lesen aus den Mondsteinen die Geburt des Mondes ab, und die war laut und gewaltig.

Doch auch ohne Mondgestein in den Händen lässt sich Wichtiges über unseren Begleiter herausfinden. 200 Jahre nach Goethes *An den Mond* hat sich ein französischer Astronom die Frage gestellt: Was wäre, wenn es den Mond nicht gäbe?

Und er fand etwas äußerst Interessantes heraus, nämlich dass wir vermutlich überhaupt nicht existieren würden ohne den Mond. Also, es gibt viel zu erzählen über unseren allernächsten kosmischen Nachbarn – fangen wir an.

Kaum ein Himmelskörper hat die Menschheit so in seinen Bann gezogen wie der Mond. Am Tageshimmel ist zwar die Sonne die absolute Herrscherin, die ungekrönte Königin am *nächtlichen* Firmament jedoch ist »Frau Luna«. Als Gottheit verehrt, von Poeten in zahllosen Gedichten und Liedern besungen und von Astrologen und Heilkundlern mit magischen Kräften bedacht, beflügelt die Existenz des Mondes seit jeher unsere Phantasie. Wir wollen hier nicht urteilen, inwiefern die dem Mond zugedachten Fähigkeiten real sind, ob es tatsächlich Auswirkungen auf den Lebensrhythmus der Menschen gibt, ob wirklich die Wäsche bei abnehmendem Mond sauberer wird als bei zunehmendem und ob nur bei Vollmond gesammelte Heilkräuter ihre Wirkung maximal entfalten können. Das überlassen wir besser denjenigen, die sich in der Mythologie und Sagenwelt auskennen. Uns interessiert mehr die moderne, naturwissenschaftliche Sicht des Mondes, die Auswirkungen seiner Existenz auf die Erde und seine Bedeutung für das Leben auf diesem Planeten. Vieles davon war auch schon unseren Vorfahren bekannt. Doch der Fortschritt in der Astronomie und ebenso die Raumfahrt haben das Wissen um unseren natürlichen Satelliten erweitert und ihn vielleicht seiner letzten Geheimnisse beraubt. Sehen wir uns also an, was es mit dem Mond auf sich hat, versuchen wir ein möglichst komplettes Bild von unserem Erdtrabanten zu zeichnen.

Betrachtet man unser Sonnensystem, so stellt man fest, dass die Zugehörigkeit eines Mondes zu einem Planeten keine Besonderheit darstellt. Mit Ausnahme von Merkur und Venus besitzen alle anderen Planeten natürliche Satelliten. Die Erde hat einen, der Mars hat zwei Winzlinge, Jupiter 28, Saturn 30, Uranus 21, Neptun 8 und auch der entfernteste Planet, Pluto, hat einen Mond. Was den Erdmond gegenüber allen anderen, bis auf den von Pluto, auszeichnet, ist seine im Verhältnis zur Erde sehr große Masse. Während die anderen Monde nicht über eine Masse hinauskommen, die bestenfalls einem Viertausendstel jener ihres Planeten entspricht, ist der Erdmond mit rund einem Achtzigstel der Erdmasse ungewöhnlich groß. Nur bei Pluto ist das Verhältnis noch ausgeprägter. Charon, Plutos Mond, besitzt fast ein Sechstel der Masse von Pluto. Aus diesem Grund gilt das System Pluto-Charon nicht als ein Planet und sein Mond, sondern eher als ein Doppelplanet, und weil sie beide so leicht sind, eigentlich noch nicht einmal als das. Vielleicht sind die beiden übrig geblieben bei der Geburt des Sonnensystems.

Zurück zu unserem Trabanten. Was uns interessiert, ist: Wie kam die Erde zu ihrem Mond? Was können uns die Mondgesteine darüber erzählen? Wie schon gesagt, der Erdmond ist unverhältnismäßig schwer. So ein großer Mond steht der Erde eigentlich nicht zu, eher einem Riesenplaneten wie Jupiter, der rund 320-mal schwerer ist als die Erde. Außerdem stecken rund 83 Prozent des Gesamtdrehimpulses des Erde-Mond-Systems nur in der Bahnbewegung des Mondes. Deshalb nimmt man an, dass der Erdmond auf eine andere Weise entstand als die übrigen Monde im Sonnensystem. Es gab vier Theorien, die die Entstehung zu erklären versuchten, aber nur eine kann die richtige sein. Heute glauben wir zu wissen, welche.

Die Entstehung des Mondes

Die älteste Theorie ist die so genannte Fissionshypothese, 1879 erdacht von G. H. Darwin, dem Sohn von Charles Darwin. Nach seiner Vorstellung wurde der Mond durch Zentrifugalkräfte aus der noch jungen, zähflüssigen, sehr schnell rotierenden Erde herausgerissen. Als Beweis führte Darwin an, dass der Mond die Erde nicht schon immer in so großem Abstand wie heute umkreist hat. Eine Rückrechnung der Auswirkungen der Gezeitenreibung, auf die wir später noch eingehend zu sprechen kommen, führte zu der Vermutung, dass der Mond der Erde einst sehr nahe gewesen sein muss. Einige Wissenschaftler favorisierten damals die Fissionshypothese auch deswegen, weil sich auf diese Weise das große »Loch« im Erdmantel, das der Pazifische Ozean ausfüllt, und damit auch die Trennung des amerikanischen Kontinents von Europa erklären ließen. Heutzutage hat sich diese Auffassung jedoch als unsinnig erwiesen. Die Theorie der Plattentektonik, in den Zwanzigerjahren des 20. Jahrhunderts erarbeitet von Alfred Wegener, kann die Verschiebung der Kontinente und die Entstehung der Meere auf viel einleuchtendere Weise plausibel machen. Ein weiterer Pfeiler, auf den sich die Fissionstheorie auch heute noch stützt, ist die bemerkenswerte chemische Ähnlichkeit der Erdkruste mit den Gesteinen des Mondes. Rätselhaft bleibt allerdings, woher der für eine Abspaltung nötige große Drehimpuls der Erde stammen sollte. Der heutige Gesamtdrehimpuls des Systems Erde–Mond ist nämlich kleiner als der, den die Erde für sich allein beansprucht haben müsste, damit sich eine Masse von der Größe des Mondes aufgrund der Zentrifugalkräfte hätte ablösen können. Möglich wäre allerdings, dass die Erde in ihrer Frühzeit durch viele mehr oder minder streifende Einschläge von Asteroiden den Drehimpuls übertragen bekam und so wie ein Brummkreisel immer schneller zu kreiseln begann, bis schließlich die für die Abspaltung nötige Rotationsgeschwindigkeit erreicht war. Trotz aller Widersprüche und mangels einer besseren Erklärung wurde die Abspaltungshypothese jedoch von der Wissenschaft nolens volens über lange Zeit akzeptiert.

Erst ab 1950 nahm dann die Diskussion um die Entstehung des Mondes wieder Fahrt auf. Angeregt durch die Modelle zur Formierung von Planeten aus einer zirkumstellaren Staub- und Gasscheibe, waren einige Wissenschaftler von der gemeinsamen, gleichzeitigen Entstehung von Erde und Mond in Form eines »Doppelplaneten« überzeugt. Dieser Theorie widerspricht jedoch das mittlerweile anhand der von den Apollo-Astronauten aufgesammelten Mondgesteine festgestellte höhere Alter der Mondmaterie gegenüber den Gesteinen der Erde. Außerdem müsste der Mond, hätte er sich in unmittelbarer Nachbarschaft zur Erde aus einer gemeinsamen zirkumstellaren Gas- und Staubscheibe herauskristallisiert, auch einen der Erde entsprechenden großen Eisenkern besitzen. Aber davon ist nichts zu finden. Der irdische Eisenkern enthält rund 30 Prozent der gesamten Planetenmasse. Der Mond besitzt jedoch nur einen winzigen Kern, der vermutlich nicht mehr als zwei Prozent seiner Gesamtmasse ausmacht. Schließlich bleibt bei diesem Modell auch ungeklärt, auf welche Weise das Erde-Mond-System seinen hohen Drehimpuls erhalten haben könnte.

Die dritte Theorie beruht auf der Idee, der Mond könnte doch ein ehemaliger Asteroid oder verirrter Kleinplanet gewesen sein, welcher, der Erde zu nahe gekommen, von ihr eingefangen wurde. Für diese so genannte Einfanghypothese sprechen das im Sonnensystem ungewöhnliche Massenverhältnis Erde–Mond und der Mangel an relativ flüchtigen, niedrig schmelzenden Elementen. Letzteres könnte darauf hindeuten, dass der Mond an einem anderen Ort als die Erde entstanden sein muss, und zwar näher an der Sonne. Dass das Einfangen eines so massereichen Körpers nicht unmöglich ist, wurde mittlerweile auch durch umfangreiche Computersimulationen bestätigt. Jedoch ist es ein Riesenproblem für derartige Rechnungen, vernünftige Anfangsbedingungen zu definieren. Der

Mond durfte nämlich nicht zu schnell gewesen sein, sonst wäre er von der Erde nicht eingefangen worden. Insbesondere aber bleibt im Dunkeln, wie es zu einer so starken Abbremsung des Asteroiden kommen konnte, damit ein Einfangen überhaupt möglich wurde.

Mittlerweile findet jedoch eine vierte Hypothese immer mehr Anhänger unter den Mondforschern, den Selenologen. Dieser Theorie zufolge ist der Mond das Ergebnis eines gigantischen kosmischen Unfalls. Demnach soll die Protoerde vor etwa viereinhalb Milliarden Jahren mit einem etwa zwei- bis dreimal so großen Körper wie der Mars mit einer Geschwindigkeit von etwa 36 000 Stundenkilometern kollidiert sein. Bei diesem Zusammenprall, der nicht frontal, sondern eher streifend abgelaufen sein muss, wurden große Teile der Erdkruste und des Einschlagkörpers in den Raum geschleudert. Ein Teil des Materials fiel wieder auf die Erde zurück, ein Großteil jedoch schwenkte ein in eine Umlaufbahn um die Erde und sammelte sich in einem Ring um unseren Planeten. In weniger als 10 000 Jahren verdichtete sich dieses Material dann zum Mond, der fortan in einem Abstand von rund zehn Erdradien, also 60 000 Kilometern, die Erde umkreiste. Was die ehemals geringe Entfernung des Mondes auf der Erde bewirkte und warum der Mond heute viel weiter von der Erde entfernt ist, darauf kommen wir noch zu sprechen.

Für diese Impakthypothese spricht vor allem die festgestellte Verarmung des Mondmaterials an Eisen, Nickel und Kobalt. Wenn man bedenkt, dass die schweren Elemente vornehmlich im Erdinneren konzentriert sind, bei dem Zusammenprall aber hauptsächlich Material aus dem an diesen Elementen armen Erdmantel abgerissen wurde, erscheint dieser Befund ziemlich plausibel. Verständlich wird auch die Diskrepanz, wonach einerseits große Ähnlichkeit besteht zwischen Mondgestein und den Gesteinen der Erdkruste, andererseits aber auch deutliche chemische Unterschiede festzustellen sind. So lässt sich belegen, dass sich der Mond bei einer derartigen Kollision nur zu einem geringen Teil von etwa 10 bis 20 Prozent aus Material der Erde gebildet haben kann. Der weitaus größere Anteil müsste vom Kollisionspartner stammen, sodass der Mond mehrheitlich die chemische Zusammensetzung des Impaktkörpers widerspiegeln sollte. Andererseits dürfte die Erdkruste jedoch nur geringfügig mit dem Material des Aufprallkörpers verunreinigt worden sein. Schließlich lassen sich mit der Theorie des streifenden Aufpralls noch zwei weitere Phänomene erklären: nämlich der hohe Drehimpuls, der bei der Kollision sozusagen schlagartig übertragen worden wäre, und die Schrägstellung der Erdachse. Und um die Sache abzurunden, sei erwähnt, dass es Wissenschaftlern der Universität Bern erst vor kurzem gelungen ist, den gesamten Vorgang – vom Einschlag bis zur Akkretion des Mondes – mit einem leistungsfähigen Parallelrechner zu simulieren. Obwohl das nicht unbedingt als letzter Beweis für die Gültigkeit der Impakttheorie gewertet werden darf, denn wie bereits geschildert, kann man bei geeigneter Wahl der Anfangsbedingungen auch das Einfangen des Mondes gut simulieren, ist es doch eine starke Stütze der Theorie.

Ein nicht unwesentlicher Gesichtspunkt der Aufpralltheorie ist die absolute Zufälligkeit dieses Ereignisses. Die Erde und der kosmische Vagabund müssen im entscheidenden Augenblick am richtigen Ort gewesen und dort mit der richtigen Geschwindigkeit unter dem richtigen Winkel aufeinander getroffen sein. Bedenkt man die Ausdehnung des Sonnensystems und die Bahngeschwindigkeiten der Planeten, so ist das alles andere als selbstverständlich. Das mag auch erklären, warum unter allen Monden im Sonnensystem der Erdmond eine so herausragende Stellung einnimmt und sich ein derartiger Vorgang nicht woanders wiederholt hat.

Dass in der Frühphase des Sonnensystems solche gewaltigen Zusammenstöße häufiger passiert sind, veranschaulichen zwei andere Planeten – Merkur und Venus. Merkur, der sonnennächste Planet, zeigt heute noch auf seiner Oberfläche die Wunden eines gewaltigen Einschlags an seinem Nordpol. Der Impakt war so gewaltig, dass praktisch der gesamte Planet erschüttert wurde und sich die damals noch flüssige Oberfläche förmlich zerknitterte, wie ein Stück Zellophanpapier. Diese Knitter haben sich in der erkaltenden Oberfläche erhalten. Die Venus, dieser Zwilling der Erde (nach Größe und Masse), dreht sich ungewöhnlich langsam um die eigene Achse, eine Umdrehung dauert 243 Tage. Auch dafür ist höchstwahrscheinlich ein gigantischer Einschlag verantwortlich, der just so passierte, dass er den Planeten in seiner Eigendrehung abrupt stoppte.

Der Mond im Detail

Doch zurück zu unserem Trabanten. Aus was besteht er eigentlich? Unter allen Himmelskörpern dürfte der Mond wohl am längsten und ausgiebigsten untersucht und erforscht worden sein. Seine mittlere Entfernung von der Erde konnte bereits Ptolemäus ziemlich genau abschätzen: Mit 59 Erdhalbmessern lag er nur 1,31 Halbmesser neben dem richtigen Wert von 384405 Kilometern. Ab Mitte des 17. Jahrhunderts begannen dann Astronomen wie Galilei den Mond mit Fernrohren zu beobachten. Was sie sahen, war überraschend und enttäuschend zugleich: eine nahezu endlose Wüste, bedeckt mit einer nur wenige Zentimeter dicken, dunklen Staubschicht und übersät mit unzähligen kleinen und großen, zum Teil sich sogar überlappenden Kratern. Diese exotische Landschaft ist das Ergebnis eines über Millionen Jahre währenden Bombardements des noch jungen Mondes mit Meteoriten unterschiedlichster Größe und Masse. Da der Mond keine Atmosphäre besitzt und daher die durch den Meteorbeschuss aufgeworfenen Kraterwälle, Ringgebirge und Felsformationen nicht verwittern, findet man dort noch mehr als vier Milliarden Jahre alte Gesteine, die Auskunft über die Frühzeit des Sonnensystems geben können. Heute beschränkt sich die geologische Aktivität auf dem Mond auf gelegentliche Einschläge mehr oder minder großer Meteoriten. Die unzähligen Mikrometeoriten, die unentwegt auf dem Mond landen, tragen im Wesentlichen nur dazu bei, die Gesteine mehr und mehr zu pulverisieren und in grauen Staub, auch Regolith genannt, zu verwandeln. Ansonsten aber ist der Mond geologisch tot.

Der Mond hat einen Durchmesser von 3480 Kilometern, eine Masse von $1/81$ der Erdmasse, und seine mittlere Dichte ist mit 3,34 Gramm pro Kubikzentimeter nur rund 0,6-mal so hoch wie die Dichte der Erde. Aufgrund seiner geringen Masse beträgt die Schwerkraft auf der Mondoberfläche lediglich ein Sechstel der irdischen Schwerkraft. Wir konnten in den Siebzigerjahren am Bildschirm verfolgen, wie die amerikanischen Astronauten richtig Spaß dabei hatten, diese geringe Schwerkraft zu genießen. Ein guter Weitspringer könnte es auf dem Mond auf etwa 50 Meter bringen. Da der Mond für eine Umdrehung um seine Achse 27,32 Tage benötigt, also genauso lange wie für einen Umlauf um die Erde, kehrt er der Erde immer dieselbe Seite zu. Er ist in seiner Eigendrehung nämlich synchronisiert. Auf den physikalischen Grund dafür kommen wir noch.

Man kann aber von der Erde aus etwas mehr als die Hälfte, nämlich rund 59 Prozent der Mondoberfläche, einsehen. Wie ist das möglich? Schuld daran ist die leicht eiförmige Bahn des Mondes um die Erde, die Wissenschaftler sprechen von einer exzentrischen Bahn. Aufgrund dieser Bahnform schwankt der Abstand des Mondes von der Erde während eines Umlaufs zwischen 356 410 und 406 740 Kilometern. Wenn der Mond der Sonne am nächsten, also im so genannten Perigäum, steht, dann ist seine Bahngeschwindigkeit größer als im zur Sonne entferntesten Punkt, dem Apogäum. Die Umlaufgeschwindigkeit ist also nicht konstant, wohl aber die Umdrehungsgeschwindigkeit des Mondes um die eigene Achse. Aus diesem Grund hinkt in Sonnennähe die Rotation des Mondes etwas hinter der Bahngeschwindigkeit her, im Apogäum jedoch eilt sie etwas voraus. Von der Erde aus betrachtet könnte somit der Eindruck entstehen, als ob der Mond während eines Umlaufs nach beiden Seiten eine kleine Drehung ausführen würde, sodass er einmal etwas mehr von seiner linken und dann wieder mehr von seiner rechten Seite präsentiert.

Für die 59 Prozent sichtbare Mondoberfläche reicht das jedoch noch nicht aus. Hinzu kommt noch, dass der Mondäquator etwas gegen die Mondbahnebene geneigt ist. Während eines Umlaufs ist daher einmal mehr der Mondnordpol, dann wieder mehr der Südpol des Mondes der Erde zugekehrt, sodass man einmal etwas über den Nordpol, dann wieder etwas über den Südpol hinausblicken kann. Natürlich sieht man von der Erde zu einem bestimmten Zeitpunkt nie mehr als genau die Hälfte der Mondoberfläche, da man von einer Kugel gleichzeitig immer nur eine Hälfte sehen kann. Die 59 Prozent ergeben sich also erst über einen ganzen Umlauf hinweg.

Seine andere, bislang unbekannte »Rückseite«, die uns der Mond nicht zeigt, wurde im Oktober 1959 erstmals von der sowjetischen Raumsonde Luna 3 und später noch eingehender von den amerikanischen Luna-Orbiter-Sonden fotografiert. Wer nun erwartet hatte, dort etwas anderes zu sehen als auf der »Vorderseite«, vielleicht sogar von Mondmenschen bewohnte Städte, der wurde herb enttäuscht: auch hier nur grau in grau und Krater an Krater.

Alle theoretisch errechneten Eigenschaften des Mondes und

die durchs Fernrohr noch so genau beobachteten Erkenntnisse über die Mondoberfläche verblassen allerdings vor der authentischen Erfahrung der Menschen, die selbst auf dem Mond gestanden haben und sogar mit einem Mondauto auf ihm umhergefahren sind. Am 21. Juli 1969 um 3.56 Uhr betrat im Rahmen des Apollo-11-Programms als erster Mensch Neil Armstrong und kurz darauf Edwin Aldrin den Mondboden. Nach etwa zwei Stunden war ihre Mission schon wieder beendet, und die beiden Piloten kehrten zur Mondfähre Eagle zurück. Bei ihrem kurzen Aufenthalt auf dem Mond hatten sie eine Menge Gesteinsbrocken und auch Staub für spätere Untersuchungen in den irdischen Labors eingepackt. Sie hatten ewige Fußspuren im Mondstaub hinterlassen und als erste Menschen einen anderen Himmelskörper betreten. Trotz aller Kritik an diesem Projekt ist dieses Unternehmen vergleichbar mit den Entdeckungsfahrten eines Magellan oder Kolumbus – eine historische Tat, die für immer in den Geschichtsbüchern auf der ganzen Erde verzeichnet sein wird.

Während der folgenden Apollo-Missionen sammelten Astronauten insgesamt rund 382 Kilogramm Mondmaterial und brachten es zurück zur Erde. Die genaue Analyse des Gesteins dauerte fast 20 Jahre und bestätigte größtenteils die Theorie der Entstehung des Mondes, wie wir sie bei der Schilderung der Impakthypothese kennen gelernt haben.

Erscheinungsformen des Mondes

Dass sich das Gesicht des Mondes im Lauf eines Monats drastisch verändert, dürfte wohl schon jedem aufgefallen sein. Aber die wenigsten Menschen bemerken, dass es da noch einige andere Variationen im Erscheinungsbild des Mondes gibt. Zugegeben, diese Veränderungen springen nicht so sehr ins Auge wie die allmonatlichen Wechsel zwischen Neu- und Vollmond. Wer jedoch weiß, wie sie zustande kommen, wird sie auch wiedererkennen und richtig zu deuten wissen. Doch wenden wir uns zunächst den Mondphasen zu.

Der Wechsel zwischen Neu-, Halb- und Vollmond und wieder über den Halbmond zum Neumond ist uns allen bekannt und wiederholt sich alle 29,53 Tage. Aber wieso ändert sich das Aussehen des Mondes? Während der Mond um die Erde kreist, wird logischerweise immer nur die der Sonne zugewandte Seite beleuchtet, die andere Hälfte bleibt im Dunkeln. Steht der Mond zwischen Sonne und Erde, so ist nur die dunkle Hälfte sichtbar, oder besser gesagt, unsichtbar. 14 bis 15 Tage später steht dann der Mond auf der anderen Seite der Erde und zeigt uns nun seine von der Sonne voll angestrahlte Hälfte. Jetzt haben wir Vollmond. Gehen wir von hier wieder etwa sieben Tage zurück, was gleichbedeutend ist mit sieben Tagen nach Neumond, so befindet sich der Mond von der Erde aus betrachtet genau im rechten Winkel zur Verbindungslinie Sonne–Erde. In dieser Position sieht man jeweils die Hälfte sowohl von der erleuchteten als auch von der im Dunkeln befindlichen Mondhälfte. Die Mondscheibe scheint nun in eine helle und eine dunkle Hälfte geteilt. Diese Stellung bezeichnet man als Halbmond, genauer gesagt als zunehmenden Halbmond. Halbmond herrscht auch, wenn sich der Mond auf der dem zunehmenden Halbmond gegenüberliegenden Seite der Erde befindet, jetzt ist es jedoch ein abnehmender Halbmond. Im Unterschied zum zunehmenden Halbmond haben beim abnehmenden Halbmond die helle und die dunkle Hälfte ihre Plätze getauscht. In den Stellungen zwischen den Halbmonden und dem Neu- beziehungsweise Vollmond zeigt der Mond uns seine bekannte sichelförmige Gestalt.

Vielleicht ist Ihnen aufgefallen, dass wir schon mal behauptet haben, eine Umdrehung des Mondes um die Erde dauert

27,32 Tage – und nun sollen zwischen zwei aufeinander folgenden Neumonden plötzlich 29,53 Tage vergehen? Haben wir uns verrechnet? Ausnahmsweise nicht! 27,32 Tage nach Neumond steht der Mond zwar relativ zur Erde exakt wieder an der gleichen Stelle, nicht aber genau wieder zwischen Sonne und Erde, was ja die Voraussetzung für Neumond ist. Denn in den 27,32 Tagen hat sich nicht nur der Mond um die Erde gedreht, sondern auch die Erde ist ein kleines Stück weitergewandert auf ihrer Bahn um die Sonne. Damit der Mond wieder in die Position zwischen Sonne und Erde gelangt, muss er sich noch ein wenig weiter um die Erde bewegen. Das aber dauert, eben 29,53 minus 27,32, also 2,21 Tage. Aus diesem Grund unterscheiden die Astronomen auch zwischen dem so genannten »siderischen« Monat mit 27,32 Tagen Dauer und dem »synodischen« Monat, der 29,53 Tage lang ist. Meine Güte, ist das kompliziert! Die genaue Bewegung des Mondes lässt sich übrigens nicht genau berechnen. Ursache hierfür sind die anderen Planeten: Sie ziehen immer ein wenig an unserem Trabanten. Das macht seine genaue Bahn außerordentlich kompliziert – und das in Zeiten von Höchstleistungscomputern! Aber es geht trotzdem nicht, die winzigen Einflüsse der anderen Planeten und das sich aufgrund der Erdbewegung ständig verändernde Kraftfeld verhindern jede genaue Berechnung.

An dieser Stelle passt es gut, kurz auf eine besonders spektakuläre Erscheinungsform des Mondes einzugehen: nämlich auf die Mondfinsternis. Körper, die von einer Lichtquelle angestrahlt werden, werfen einen Schatten. Das gilt natürlich auch für Erde und Mond. Der Schatten, den die Erde wirft, reicht weit über die Mondbahn hinaus. Wie wir bei der Entstehung der Mondphasen gesehen haben, steht bei Vollmond der Mond, von der Sonne aus gesehen, genau hinter der Erde. In dieser Position sollte er sich eigentlich ganz im Schatten der Erde befinden, und statt Vollmond sollte man eine Mondfinsternis beobachten können. Nun ist aber, wie wir bereits wissen, die Mondbahn gegen die Ekliptik geneigt, sodass der Erdschatten meist ober- oder unterhalb am Erdtrabanten vorbei fällt. Nur in den wenigen Fällen, in denen Vollmond herrscht und sich der Mond in der Ebene der Ekliptik befindet, in der gleichen Ebene also, in der auch die Erde die Sonne umkreist, trifft der Erdschatten genau auf den Mond und bewirkt eine Finsternis. Im Gegensatz zu den relativ kurzen Sonnenfinsternissen von nur einigen Minuten dauert eine Mondfinsternis bis zu dreieinhalb Stunden. Diese lange Zeit entsteht dadurch, dass der Erdschatten aufgrund des großen Erddurchmessers um ein Vielfaches größer ist als der Mond und es ebenso lange dauert, bis der Mond durch den ganzen Schatten gewandert ist.

Den Begriff Mondfinsternis darf man jedoch nicht allzu wörtlich nehmen. Der Mond wird nämlich bei diesem Ereignis fast nie völlig verdunkelt. Das Licht der Sonne, das nahe an der Erde vorbeistreicht, wird durch die Atmosphärenhülle gebrochen und in den Erdschatten gelenkt. Zusätzlich wird das Licht beim Durchtritt durch die Atmosphäre an den Luftmolekülen und Staubpartikeln gestreut, und zwar das blaue Licht wesentlich stärker als das rote. Daher kommt das rote Licht am besten voran und lässt somit den verfinsterten Mond in einem fahlen Rot aufleuchten.

Dehnen wir nun die Beobachtungsdauer etwas aus. Verfolgt man den Lauf des Mondes über mehrere Nächte hinweg, so fällt auf, dass der Mond von Nacht zu Nacht zunächst immer höher in den Himmel steigt, bis er seine höchste Position erreicht hat, um dann langsam wieder abzusteigen. Dieses monatliche Auf und Ab hat zwei Ursachen. Zum einen bildet die Umlaufbahn des Mondes um die Erde mit der Umlaufbahn der Erde um die Sonne, der so genannten Ekliptik, einen Winkel von rund 5,15 Grad. Die Durchstoßpunkte der Mondbahn durch die Ebene der Ekliptik bezeichnet man auch als Knotenpunkte, und die Gerade, die durch die Mitte der Erde und die beiden Knoten verläuft, als Knotenlinie. Im Laufe von 18,6 Jahren dreht sich die Knotenlinie entgegen der Umlaufrichtung des Mondes einmal um 360 Grad.

Zum anderen ist neben der Mondbahn auch die Erdachse um 23,5 Grad gegen die Ekliptik geneigt. Während aufgrund der Drehung der Knotenlinie die Richtung der Mondbahnneigung in 18,6 Jahren einen Kegel mit dem Öffnungswinkel von 10,3 Grad beschreibt, verändert die Erdachse ihre Richtung im Raum in dieser Zeit praktisch nicht. Sind Mondbahn und Erdachse nun zu einem gewissen Zeitpunkt zur gleichen Seite geneigt, so subtrahieren sich die Winkel zu rund 18,5 Grad. Für einen Beobachter bedeutet das, dass im Laufe eines Monats der Mond um 18,5 Grad über eine mittlere Position hochsteigt und dann wieder um 18,5 Grad unter diese absinkt. 9,3 Jahre später sind Mondbahn und Erdachse dann in entgegengesetzte Richtungen geneigt, und die Winkel addieren sich nun zu rund 28,5 Grad. Jetzt schwankt die Höhe des Mondes um ± 28,5 Grad um eine mittlere Höhe. Nach weiteren 9,3 Jahren ist dann wieder der alte Wert von ± 18,5 Grad erreicht. Will man diesen vollen Zyklus beobachten, so muss man sich also mindestens 18,6 Jahre Zeit nehmen.

Zwei andere Variationen hinsichtlich Größe und Helligkeit des Mondes sind noch schwerer zu beobachten und am ehesten am Aussehen des Vollmondes zu erkennen. Beide haben ihre Ursache in der Elliptizität der Mondbahn und dem Umlauf der Erde um die Sonne. Wie wir aus Erfahrung wissen, erscheint uns ein Objekt umso kleiner, je weiter es entfernt ist. Physikalisch gesprochen heißt das, der Winkel, unter dem ein Beobachter ein Objekt sieht, verkleinert sich umgekehrt proportional mit dem Abstand des Objekts. Befindet sich nun der Mond zu einem gewissen Zeitpunkt gerade im Perigäum, also im geringsten Abstand zur Erde, so beträgt seine Entfernung 356 410 Kilometer. Ein halbes Jahr später ist die Erde auf ihrer Bahn so weit vorangekommen, dass sie nun genau auf der gegenüberliegenden Seite der Sonne steht. Jetzt haben sich die Verhältnisse umgekehrt. Nun hat der volle Mond mit 406 740 Kilometern den größten Abstand. Für die Größe des Mondes bedeutet das, dass er um 14 Prozent kleiner zu sein scheint als im erdnächsten Punkt, dem Perigäum.

Neben dieser scheinbaren Größenänderung des Mondes ändert sich seine Helligkeit auch tatsächlich. Wie wir wissen, ist der Mond kein »Selbstleuchter«. Seine Leuchtkraft stammt aus der Reflexion des auftreffenden Sonnenlichts. Je näher der Mond zur Sonne steht, desto mehr Licht empfängt er von ihr, und desto mehr Licht kann er folglich wieder zurückstrahlen. Den Unterschied in der Bestrahlungsstärke des Mondes durch die Sonne aufgrund der Abstandsvariation Sonne–Mond kann man getrost vernachlässigen, da die Entfernungsänderung nur etwa 0,03 Prozent beträgt. Nicht zu vernachlässigen ist dagegen die Entfernungsänderung zur Erde, die zwischen Perigäum und Apogäum rund 12 Prozent ausmacht. Da sich am Ort des Beobachters die Intensität des vom Mond reflektierten Lichtes umgekehrt proportional zur Entfernung im Quadrat ändert, beträgt das Verhältnis der Helligkeiten zwischen Perigäum und Apogäum $(406740/356410)^2 = 1,3$, ihre Differenz also 30 Prozent. Dieser Unterschied ist so groß, dass er normalerweise nicht zu übersehen ist. Dass dennoch die Variationen hinsichtlich Größe und Helligkeit des Vollmondes kaum auffallen, beruht auf dem Fehlen von Vergleichsobjekten. Das menschliche Gehirn kann sich über einen längeren Zeitraum Größen oder Helligkeiten nur sehr schlecht merken. Aber genau das wäre nötig, um aktuelle Werte mit schon einige Zeit zurückliegenden vergleichen zu können. Einen Ausweg aus diesem Dilemma bietet die Fotografie beziehungsweise die Fotometrie. Aufnahmen des Vollmondes im Perigäum beziehungsweise Apogäum bestätigen dann auch sehr schön die angestellten Überlegungen.

Kommen wir zum Schluss dieses Kapitels noch auf eine Erscheinung zu sprechen, die im Gegensatz zur Größen- und Helligkeitsvariation wohl schon jedem aufgefallen ist. Es handelt sich hierbei um das Phänomen, dass uns der Mond knapp über dem Horizont viel größer erscheint als wenige Stunden später hoch am Himmel. Da sich in dieser kurzen Zeit am Abstand Erde–Mond praktisch nichts ändert, ist dieses Verhalten sicher nicht das Ergebnis einer Entfernungsänderung. Hier haben wir es mit einer Sinnestäuschung zu tun, die auch als Mondillusion bekannt ist, über deren Zustandekommen unter Wissenschaftlern jedoch noch keine Einigkeit herrscht.

Mittlerweile gibt es drei Erklärungen für dieses Phänomen. Die erste beruht auf der so genannten Ponzo-Illusion, die zwei parallele, exakt gleich lange, horizontale Striche quer über zwei von unten nach oben zusammenlaufenden Linien zeigt. Betrachtet man dieses Bild, so hat man den Eindruck, als wäre der horizontale Strich an der engeren Stelle der zusammenlaufenden Linien nicht nur weiter weg, sondern auch wesentlich länger als der Strich an der Stelle, an der die beiden Linien noch weit auseinander klaffen. Der gleiche Effekt könnte auch die Mondillusion bewirken. Bei einem Blick auf den Mond am Horizont lassen Vordergrundobjekte wie Bäume und Häuser den Erdtrabanten weiter entfernt erscheinen als bei einem Blick in den Himmel, wo derartige Vergleichsobjekte fehlen. Wie bei der Ponzo-Illusion wirkt somit der weiter entfernte Mond größer. Obwohl zunächst ziemlich einsichtig, ist diese Erklärung doch nicht frei von Widerspruch, denn in der Regel scheint ein Objekt mit zunehmender Entfernung ja nicht größer, sondern immer kleiner zu werden.

Messungen haben denn auch ergeben, dass das Auge den

Mond sowohl am Horizont als auch hoch am Himmel immer unter der gleichen Winkelausdehnung von rund einem halben Grad wahrnimmt. Das Bild des Mondes auf der Netzhaut ist also stets gleich groß. Dies hat zu der zweiten Theorie geführt, wonach der Mond am Horizont größer wirkt, weil er dort weiter entfernt zu sein scheint als in einer Position hoch am Himmel. Das wird jetzt damit erklärt, dass die meisten Menschen den Eindruck haben, als wäre der Himmel ein sehr weiter, aber flacher Dom, dessen Ränder in horizontaler Richtung viel entfernter zu sein scheinen als die Kuppeldecke bei einem Blick senkrecht nach oben. Lässt man den Mond, am Horizont beginnend, immer am Rand dieses Doms entlang nach oben steigen, so verringert sich dabei seine Entfernung zum Betrachter in scheinbar zunehmendem Maß. Da sich dabei aber seine Winkelausdehnung im Auge nicht ändert, muss ihn das Gehirn, das ja den flachen Dom und das gleich bleibend große Bild des Mondes auf der Netzhaut in Einklang zu bringen versucht, zwangsläufig als kleiner werdend empfinden.

Eine dritte, völlig andere Erklärung stammt von Professor Don McCready. Seiner Meinung nach beruht die Mondillusion auf einer Eigenschaft des Auges, die unter dem Begriff Akkommodations-Mikropsie beziehungsweise ihrem Gegenteil, der Akkomodations-Makropsie, bekannt ist. Don McCready glaubt, dass der Eindruck der »Kleinheit« durch Aktivitäten der Augenmuskulatur verursacht wird. So wirkt zum Beispiel ein Objekt bestimmter Größe in einem festen Abstand kleiner, wenn das Auge auf eine geringere Entfernung als den Objektabstand akkommodiert ist (Akkomodations-Mikropsie), und größer bei einer Fokussierung des Auges auf eine größere Entfernung (Akkomodations-Makropsie). Demgemäß entsteht die Mondillusion nach folgendem Schema: Betrachtet man den Mond am Horizont, so signalisieren weit weg befindliche Objekte wie Bäume dem Gehirn den Eindruck »sehr weit entfernt«. Dadurch fokussiert das Auge auf eine sehr große Entfernung, was bezüglich des Mondes am Horizont eine Akkomodations-Makropsie auslöst. Betrachtet man dagegen den Mond hoch am Himmel, so fehlen Vergleichsobjekte, und das Auge fokussiert auf eine Entfernung nur wenige Meter vom Kopf entfernt, was jetzt zur Akkomodations-Mikropsie führt und den Mond kleiner erscheinen lässt.

Welche Erklärung letztlich die richtige ist, vermögen wir an dieser Stelle nicht zu entscheiden. Dass es sich aber wirklich um eine Illusion handelt und nicht etwa um eine reale Größenänderung des Mondes, kann man sehr leicht nachprüfen. Dazu braucht man einen kleinen Pappzylinder, etwa den Kern einer Toilettenpapierrolle, auf den an einem Ende ein Stück Klarsichthülle, versehen mit konzentrischen Kreisen, aufgeklebt ist. Betrachtet man nun damit den Mond am Horizont und merkt sich, welcher Ring den Mond gerade umfasst, so wird es ebenjener Ring sein, der einige Stunden später auch den Mond hoch am Himmel gerade umschließt.

Leben unter dem Mond

Dass der Mond das Leben auf der Erde auf mannigfache Weise beeinflusst, wird jedem sofort klar, der einmal einen so genannten Mondkalender zur Hand genommen hat. Diese von selbst ernannten Mondkundigen ausgearbeiteten Tabellen geben genaue Anweisungen und Richtlinien, was, wo, wann und wie zu tun beziehungsweise zu lassen ist, damit der Mensch sein Dasein im Einklang mit dem Mond verbringen und dessen Kräfte nutzen kann. Das beginnt bei Hinweisen zur Tagesbeschaffenheit, zu Liebe, Beruf, Freizeit, Gesundheit, Körperpflege und endet mit den Themen Haushalt, Garten, Landwirtschaft und Heilkraft von Kräutern. So waren beispielsweise für den 20. Oktober 2000 vor 14:44 Uhr Romantik und Zärtlichkeit gefragt. Ferner wurde empfohlen, in die Sauna zu gehen, zu schwimmen, Familienrat abzuhalten, Ausflüge zu machen, speziell ans Wasser, Familienfeiern und Partys zu veranstalten und sich kreativen Hobbys zu widmen. Finanzielle Risiken und Spekulationen nach 14:44 Uhr waren unbedingt zu meiden.

Es gibt kaum ein Gebiet, auf das der Mond sich nicht positiv oder negativ auszuwirken scheint. Das geht sogar so weit, dass für Gehaltsgespräche mit dem Chef günstige Tage und Zeiten aufgelistet werden. Mögen diejenigen, die diese Regeln befolgen, dabei auch hin und wieder ein Erfolgserlebnis haben, so drängt sich dennoch der Verdacht auf, dass hinter allem weniger das eine oder andere Naturgesetz, sondern eher ein hohes Maß an Gewinnstreben steht oder die Hoffnung darauf, dass Glauben Berge versetzen kann. Aus diesem Grund wollen wir auch dieses unsichere Terrain schnell wieder verlassen und uns den sehr realen Einflüssen des Mondes auf das Geschehen und das Leben auf der Erde zuwenden.

Beginnen wir mit Ebbe und Flut. Wer schon mal am Meer war, und wer war das in unserer reisefreudigen Zeit noch nicht, dem ist aufgefallen, dass das Wasser im Sechsstundenrhythmus vom Ufer abläuft und dann wieder zurückkehrt. An der Ostsee beispielsweise merkt man davon kaum etwas, aber an der Nordsee oder am Atlantik kann die Höhe des Meeresspiegels ganz beträchtlich schwanken. Für den Wechsel der Gezeiten ist wesentlich der Mond, im geringeren Ausmaß aber auch die Sonne verantwortlich. Untersuchen wir, was sich da tut.

Bisher haben wir immer gesagt, der Mond umrundet die Erde. Genau genommen ist das jedoch nicht richtig. Vielmehr dreht sich der Mond um den gemeinsamen Schwerpunkt von

Erde und Mond. Aufgrund der im Verhältnis zum Mond großen Erdmasse liegt dieser Punkt noch innerhalb der Erde, rund 1700 Kilometer von der Oberfläche entfernt. Das heißt aber, dass sich auch die Erde um diesen Schwerpunkt dreht, auf einem Kreis mit einem Radius von 6378 Kilometer minus 1700 Kilometer gleich 4678 Kilometer. Infolge dieser Rotation erfahren sowohl die Erde als auch der Mond eine Zentrifugalkraft, die beide Körper auseinander zu treiben versucht. Auf der Erde ist diese Zentrifugalkraft überall gleich groß und immer parallel zur Verbindungslinie Erde–Mond vom Mond weg gerichtet. Andererseits ziehen sich aber auch Erde und Mond aufgrund der Gravitation gegenseitig an. Der einzige Punkt der Erde, an dem sich Zentrifugal- und Gravitationskraft gegenseitig genau aufheben, ist der Erdmittelpunkt.

Konzentrieren wir uns jetzt auf zwei Punkte auf der Oberfläche der Erde, die auf der Verbindungslinie Erde–Mond liegen sollen. Punkt A sei auf der dem Mond abgewandten Seite der Erde, Punkt B auf der dem Mond zugewandten Seite. Punkt A hat also einen größeren und Punkt B einen kleineren Abstand zum Mond als der Erdmittelpunkt. Wie wir wissen, ändert sich die Anziehungskraft umgekehrt proportional zum Quadrat der Entfernung. Das heißt, die Anziehungskraft des Mondes ist im Punkt A kleiner und im Punkt B größer als im Erdmittelpunkt, der ja genau zwischen A und B liegt. Wenn sich aber, wie bereits erklärt, im Erdmittelpunkt die Zentrifugalkraft und die Anziehungskraft des Mondes genau aufheben, so kann das in den Punkten A und B nicht mehr gelten. Vielmehr ist im Punkt A die Zentrifugalkraft größer als die Anziehungskraft und im Punkt B ist es genau umgekehrt. Folglich entsteht im Punkt A eine Differenzkraft in Richtung vom Mond weg und im Punkt B eine gleich große Differenzkraft in entgegengesetzter Richtung, also auf den Mond zu. Für später sollten wir uns noch merken, dass diese Differenzkräfte umgekehrt proportional sind zur dritten Potenz des Abstandes zwischen den beiden sich anziehenden Körpern.

Aufgrund dieser gleich starken, aber in entgegengesetzte Richtung wirkenden Kräfte wird die starre Erdkruste um bis zu 30 Zentimeter angehoben. Befindet sich über A und B aber Wasser, das heißt, hat sich die Erde gerade so gedreht, dass A und/oder B im Meer liegen, so wird der Wasserspiegel angehoben und es entsteht ein Flutberg. Da Wasser aber flüssig ist und somit die Wassermoleküle leichter gegeneinander zu verschieben sind, fällt der Flutberg viel höher aus als die entsprechende Erhebung der starren Erdkruste.

Damit wäre die Ursache für die Flut geklärt. Was aber ist mit der Ebbe? Wenn in den Punkten A und B Flut herrscht, dann ist Ebbe an den Orten, die von A und B jeweils ein Viertel des Erdumfangs entfernt sind, also auf halber Strecke zwischen A und B. Eine genaue Analyse der dortigen Verhältnisse ergibt, dass hier nur eine Kraft in Richtung auf den Erdmittelpunkt übrig bleibt. Da das Wasser aber nicht in die Erde hineingedrückt werden kann, bleibt ihm nichts anders übrig, als in Richtung auf die Punkte A und B auszuweichen und somit zur Höhe der Flutberge beizutragen.

In erster Näherung bilden sich also die Flutberge immer auf den beiden Seiten der Erdoberfläche, die auf der Verbindungslinie Erde–Mond liegen, wogegen Ebbe an den um 90 Grad versetzten Orten herrscht. Da sich die Erde aber in 24 Stunden einmal um ihre Achse dreht, die Flutberge aber immer zum beziehungsweise vom Mond weg ausgerichtet bleiben, wechseln sich an einem festen Ort im Laufe eines Tages Ebbe und Flut im Rhythmus von rund sechs Stunden ab.

Wenn wir uns soeben der Formulierung »in erster Näherung« bedient haben, so deswegen, weil wir bisher den Einfluss der Sonne auf die Gezeiten unterschlagen haben. Aufgrund der sehr viel größeren Masse der Sonne ist die Anziehungskraft, die die Sonne auf die Erde ausübt, 179-mal größer als die des Mondes. Man könnte also glauben, dass die Sonne auf der Erde 179-mal mächtigere Flutwellen hervorrufen muss als der Mond. Doch erinnern wir uns an das, was wir uns über die Differenzkräfte merken sollten: Sie sind umgekehrt proportional zur dritten Potenz der Entfernung der beiden Körper. Folglich schlägt die große Entfernung der Sonne von der Erde weitaus stärker zu Buche als die gegenüber dem Mond riesige Sonnenmasse. Die Gezeitenkräfte, ausgelöst durch die Sonne, sind daher nicht einmal halb so groß wie die, die der Mond hervorruft. Aus diesem Grund überlagern sich den Mondflutwellen auch nur wesentlich schwächer ausgeprägte, von der Sonne verursachte Flutberge. Das führt letztlich zu einer geringfügigen örtlichen und zeitlichen Verschiebung von Ebbe und Flut.

Dass die Erde unter den Flutbergen hindurchrotiert, hat über längere Zeit hinweg einschneidende Konsequenzen. Bei diesem Vorgang flutschen die Wasserberge ja nicht völlig widerstandslos über die Erde, vielmehr entsteht dabei eine gewaltige Reibung. Und Reibung verbraucht Energie. Woher aber diese Energie nehmen? Nun, Reibung bremst Bewegung, und die Bewegung die hier gebremst werden kann ist die Rotation der Erde. Die Energie, die zur Überwindung der Reibung aufgebracht werden muss, stammt also aus der Umdrehungsenergie der Erde. Das heißt aber nichts anderes, als dass sich die Rotationsgeschwindigkeit der Erde im Laufe der Zeit zunehmend verlangsamt, der Tag wird länger. Für den Bremsvorgang ist aber auch noch eine andere Ursache verantwortlich. Auf Grund der Reibung des Wassers werden die Flutberge ein klein wenig in Richtung der Erdumdrehung mitgeschleppt. Folglich befinden sich die aufgetürmten Wassermassen nicht mehr genau auf der Verbindungslinie Erde–Mond, sondern sind etwas in Richtung der Erddrehung gegen diese Linie versetzt. Die

Gravitation des Mondes versucht nun das »Davonlaufen« der Wasserberge zu verhindern und bremst somit ebenfalls die Erde in ihrer Umdrehung. Andererseits wirken aber auch die Wassermassen über ihre Gravitation auf den Mond ein. Der hinkt ja, von der Stellung der Flutberge aus gesehen, auf seiner Bahn etwas nach. Das führt dazu, dass wiederum der Mond in seinem Umlauf geringfügig beschleunigt wird. Wenn aufgrund dieser Vorgänge die Erde in ihrer Umdrehung immer langsamer wird, so bedeutet das aber auch, dass sie an Drehimpuls verliert. In einem geschlossenen System, wie es Erde und Mond bilden, kann Drehimpuls aber nicht verloren gehen. Was die Erde an Drehimpuls einbüßt, muss der Mond übernehmen. Das tut er, indem er sich zunehmend von der Erde entfernt und auf Umlaufbahnen mit immer größeren Radien steigt.

Wie groß sind denn nun diese Effekte wirklich? Was die Verlangsamung der Erdrotation betrifft, so scheint das zunächst kaum ins Gewicht zu fallen. In 100 Jahren wird der Tag nur um rund 1,6 Millisekunden länger. Aber in etwa 225 Millionen Jahren ist der Erdentag von 24 Stunden bereits auf 25 Stunden angewachsen. Und das geht immer weiter so. Kommt die Erde also irgendwann mal ganz zum Stillstand, dreht sie sich irgendwann überhaupt nicht mehr? Auf diese Frage gibt es eine klare Antwort und die lautet: Nein! Denn spätestens dann, wenn die Erde für eine Umdrehung genauso lange braucht wie der Mond für einen Umlauf, ist das Spiel zu Ende. Von diesem Zeitpunkt an weist die Erde dem Mond immer die gleiche Seite zu, das heißt zwischen Erde und Mond herrscht Korotation. Die Flutberge werden also nicht mehr gezwungen, über die ganze Erde zu schwappen, sondern verbleiben vielmehr für immer an ein und demselben Ort: genau auf der Verbindungslinie Erde–Mond. Damit entfallen auch die Kräfte, die vorher die Erde abgebremst und den Mond beschleunigt haben – das Spiel ist also aus.

Jetzt wird auch verständlich, warum uns der Mond heute schon stets die gleiche Seite zuwendet. Das, was der Erde momentan widerfährt, hat natürlich auch der Mond erleiden müssen, aber in einem viel stärkeren Ausmaß. Durch die Gravitation der Erde wurden auch auf dem Mond Gezeiten hervorgerufen. Hier hat sich zwar nicht Wasser bewegt, sondern eben die Mondoberfläche gehoben und gesenkt. Aufgrund der großen Erdmasse waren die Gravitationskräfte viel stärker und somit auch der Bremseffekt ausgeprägter, sodass der Mond schon vor langer Zeit zur Korotation gezwungen wurde. Jetzt dreht sich der Mond während der Zeit, die er für einen Umlauf benötigt, einmal um die eigene Achse. In ferner Zukunft wird es ihm die Erde gleichtun, dann drehen sich beide während eines Mondumlaufs genau einmal um sich selbst.

Wenn die Erde in ihrer Rotation fortwährend gebremst wird, dann muss sie sich in der Vergangenheit ja wohl auch mal schneller gedreht haben. Wie schnell, lässt sich aus Ablagerungen von Korallen und aus der Schichtung von Sedimenten erschließen. So hat im Zeitalter des Mittleren Devon, also vor rund 370 Millionen Jahren, ein Tag nur 22 Stunden gedauert. Das Jahr bestand damals also aus rund 400 Tagen. Noch etwas früher, vor etwa 900 Millionen Jahren, war der Tag nur etwa 18 Stunden lang, und ein Jahr bestand aus 487 Tagen. Wollen wir wissen, wie es in der Frühzeit der Erdgeschichte war, so müssen wir rechnen. Theoretische Extrapolationen führen zu dem Ergebnis, dass die Erde vor gut zwei Milliarden Jahren für eine Umdrehung lediglich fünfeinhalb Stunden gebraucht haben soll. Wenn das stimmt, dann hat der Mond bis heute ganze Arbeit geleistet.

Um weiterspekulieren zu können, sollten wir jetzt endlich sagen, mit welcher Geschwindigkeit sich der Mond von der Erde entfernt. Zur Zeit sind es rund 3,8 Zentimeter pro Jahr. Früher war der Mond also näher an der Erde dran. Nach dem oben diskutierten Einschlagszenario hat sich der Mond in etwa zehn Erdradien Abstand gebildet, das waren 60 000 Kilometer! Was muss das für ein Himmel gewesen sein! Man konnte die Einschläge auf der sich abkühlenden Mondoberfläche direkt beobachten. Aber zu diesem Zeitpunkt gab es auf der Erde noch keine Augen, es gab noch nicht einmal Tiere. Einzig Einzeller schwebten durch die Meere. Für die Entwicklung von Leben muss diese große Nähe außerordentlich problematisch gewesen sein. Bei diesem geringen Erde–Mond–Abstand sind nämlich die Gezeitenkräfte enorm. Flutwellen von wahrhaft gigantischen Ausmaßen, die im Stundenrhythmus um die Erde rasten, waren die Folge. Aber der Mond bremste die Erde ab, er entfernte sich anfangs doch recht schnell von ihr, und das Leben auf der Erde wurde nicht zerstört.

Auch für diejenigen, welche die Gnade der sehr, sehr späten Geburt genießen werden und erst in einigen Millionen Jahren auf die Welt kommen, ist die Tatsache, dass sich der Mond in stetigem Maße von der Erde entfernt, eine schlechte Nachricht. Wollen sie nämlich eine Sonnenfinsternis beobachten, so wird die anders aussehen als heutzutage. Sonnenfinsternisse entstehen ja, wenn der Mond zwischen Sonne und Erde genau auf der Verbindungslinie Sonne–Erde steht. Aufgrund der derzeitigen Entfernungsverhältnisse zwischen Sonne und Erde und zwischen Erde und Mond ist der scheinbare Durchmesser des Mondes noch größer als jener der Sonne. Für kurze Zeit kann sich also die Sonne vollkommen hinter dem Mond verstecken. Das wird nicht immer so bleiben. Der Abstand Erde–Mond wird ständig größer, an der Entfernung der Erde zur Sonne ändert sich, wenn überhaupt, praktisch nichts. In etwa 440 Millionen Jahren kommt der Augenblick, da der scheinbare Durchmesser des Mondes für immer kleiner sein wird als jener der Sonne. Von diesem Moment an wird es keine totalen, sondern nur noch ringförmige Sonnenfinsternisse zu beobachten geben.

Auch heute noch stecken im steten Wechsel von Ebbe und Flut gewaltige Energien. Die Kräfte, die durch das Auf und Ab und das Hin und Her der riesigen Wassermassen freigesetzt werden, haben im Lauf der Jahrmillionen das Bild der Erdoberfläche entscheidend mit geprägt. Ebbe und Flut tragen wesentlich bei zur Formung der Küstenlinien, zur Verfrachtung enormer Mengen an Material, das dann an anderer Stelle wieder abgelagert wird, und zur Verwitterung der im Wirkungsbereich der Gezeiten gelegenen Gesteine. Die herrlichen Sandstrände mancher Urlaubsinseln sind nichts anderes als von der Gewalt des Wassers zerriebene Steinbrocken oder Muschelschalen. Und auch der Mensch bedient sich mittlerweile aus dieser scheinbar unerschöpflichen Energiequelle: Gezeitenkraftwerke liefern Strom für ganze Städte.

Vermutlich aber waren Ebbe und Flut sogar an der Entstehung des Lebens auf der Erde beteiligt. Wie der entscheidende Schritt von der unbelebten zur belebten Materie vor sich ging, wissen wir nicht. Sicher ist aber, dass bis zu diesem Zeitpunkt aus einfachen Molekülen infolge chemischer Reaktionen zunehmend komplexere organische Moleküle entstanden, die immer mehr Information trugen und sich schrittweise zu immer höherer Ordnung organisierten. Um diese Prozesse zu gewährleisten, waren zwei Voraussetzungen zu erfüllen. Zum einen musste die Konzentration der Ausgangsprodukte groß genug sein, damit Zusammenstöße zwischen den Reaktionspartnern entsprechend häufig ausfallen konnten, zum anderen bedurfte es einer Energiequelle, die diese chemischen Reaktionen überhaupt in Gang setzte. Nach Ansicht der Wissenschaft haben die Gezeiten in gewissem Umfang dazu beigetragen, diese Bedingungen zu erfüllen.

Bei Flut wird Land mit Meerwasser überschwemmt, das sich dann während der Ebbe wieder zurückzieht. In Senken und Kuhlen kann das Wasser aber nicht vollständig abfließen, sodass dort mehr oder minder große Teiche und Tümpel verbleiben: ideale »Brutstätten« für die komplexen organischen Moleküle. In diesen flachen Gewässern vermag das ultraviolette Licht der Sonne bis zu den im seichten Wasser gelösten Molekülen und Mineralien durchzudringen, sie zu spalten und so die Reaktionspartner für den chemischen Aufbau komplexerer organischer Moleküle bereitzustellen. Damit die Rate der chemischen Prozesse hoch ausfällt, muss auch die Konzentration der Ausgangsstoffe möglichst hoch sein. In der Zeit während der Ebbe verdunstet ein Teil des Wassers, sodass die Lösung eindickt und sich somit verdichtet. Die nachfolgende Flut schwemmt dann weitere Baustoffe in die Tümpel, welche die Konzentration während der Ebbe nochmals erhöhen. Auf diese Weise kann der stete Wechsel zwischen Ebbe und Flut über einen längeren Zeitraum die reaktionsfähigen Moleküle in dieser »Ursuppe« mehr und mehr anreichern.

Bei Flut wird natürlich auch wieder ein Teil des stehenden Wassers ins Meer zurückgespült, und mit ihm auch Moleküle, die bereits einen hohen Grad an Komplexität erreicht haben. Das ist für die weiteren Prozesse bis hin zur Entwicklung von Leben wichtig. Auf diese Weise werden die hochkomplexen Moleküle im tieferen Meerwasser dem Zugriff der zerstörerischen Ultraviolettstrahlung der Sonne entzogen. Wassertiefen von mehr als einem Meter absorbieren ultraviolettes Licht nahezu vollständig.

Neben der Sonne kann auch die Brandung, die stellenweise bei Flut entsteht, die für die chemischen Prozesse benötigte Energie liefern. Die Gewalt der Wassermassen vermag Moleküle aufzubrechen und in ihre Bestandteile zu zerlegen und somit die Entstehung neuer, komplexerer Verbindungen zu ermöglichen. Andererseits prallen in den Brandungszonen die Reaktionspartner vermehrt und heftig zusammen. Die Energie, die in einem solchen Zusammenstoß steckt, kann von den Molekülen als Bindungsenergie genutzt werden.

Werfen wir zum Schluss noch einen Blick auf unser Klima. Der Wechsel der Jahreszeiten entsteht durch die Neigung der Erdachse um 23,5 Grad gegen die Normale der Ekliptikebene. Nähme dieser Winkel andere Werte an, so würden sich insbesondere die Klimaverhältnisse in den nördlichen und südlichen Breiten stark verändern. Dass wir über relativ lange Zeiten von drastischen Klimavariationen verschont bleiben, verdanken wir nicht zuletzt unserem großen Mond. Mittels seiner großen Masse vermag dieser Himmelskörper die Erdachse im Raum zu stabilisieren. Besäße die Erde keinen Mond, so würde die Achsenneigung innerhalb eines relativ kurzen Zeitraums von nur 1000 Jahren zwischen 15 Grad und etwa 32 Grad hin- und herschwanken. Das hätte gravierende Auswirkungen auf das Klima. Eiszeiten und subtropische Bedingungen würden sich vermutlich in kurzer Folge ständig abwechseln.

Gäbe es den Mond nicht, so würde sich die Erde in knapp zehn Stunden einmal um die eigene Achse drehen. Allein die Sonne hätte die Erdrotation von anfänglich fünf bis sechs Stunden auf diesen Wert abgebremst. Manche mögen jetzt denken: Na gut, dann ist der Tag eben nicht länger. Aber so einfach ist das nun mal nicht. Das Wetter auf einem Planeten hängt außerordentlich stark von dessen Drehgeschwindigkeit ab. Die Hoch- und Tiefdruckgebiete bewegen sich viel rascher, wenn der Planet schneller rotiert. Das wiederum hat zur Folge, dass sich die Windgeschwindigkeiten rapide erhöhen. Auf einer Erde mit zehn Stunden Tageslänge würden ständig Winde mit Geschwindigkeiten zwischen 400 und 500 Stundenkilometern toben, und zwar permanent. Diese Stürme möchte man sich nicht vorstellen. Die Konsequenzen für die Lebensentwicklung auf der Erde wären drastisch: Gäbe es uns, so wären wir in jeder Hinsicht »platt«, denn nur sehr flache Lebewesen könnten sich in einer solchen Umgebung mit so hohen Windgeschwindigkeiten überhaupt erfolgreich weiterentwickeln.

Die naturwissenschaftlich einwandfrei nachgewiesenen Einflüsse des Mondes gehen also weit, sehr weit über jene hinaus, welche in Mondkalendern und anderen Traktaten aufgelistet sind. Der Mond ist nicht nur unser nächster Nachbar, sondern er hat auch ganz wesentlich auf die Entwicklung des Lebens hier auf unserem Planeten Einfluss genommen. Gäbe es den Mond nicht, so würden wir vermutlich ebenfalls nicht existieren.

Und so beenden wir dieses Kapitel mit dem Schluss von Goethes Gedicht an den Mond:

> *Selig, wer sich vor der Welt*
> *Ohne Hass verschließt,*
> *Einen Freund am Busen hält*
> *Und mit dem genießt,*
>
> *Was, von Menschen nicht gewusst*
> *Oder nicht bedacht,*
> *Durch das Labyrinth der Brust*
> *Wandelt in der Nacht.*

Die Sonne

*Früh, wenn Tal, Gebirg und Garten
Nebelschleiern sich enthüllen,
Und dem sehnlichsten Erwarten
Blumenkelche bunt sich füllen;*

*Wenn der Äther, Wolken tragend,
Mit dem klaren Tage streitet,
Und ein Ostwind, sie verjagend,
Blaue Sonnenbahn bereitet;*

*Dankst du dann, am Blick dich weidend,
Reiner Brust der Großen, Holden,
Wird die Sonne, rötlich scheidend,
Rings den Horizont vergolden.*

Johann Wolfgang von Goethe

Offenbar ganz unter dem Eindruck eines wunderschönen Sonnenaufgangs, schrieb Goethe dieses Gedicht an die Sonne. Mit großer Dankbarkeit empfing er die ersten Sonnenstrahlen, die das Dunkel der Nacht erhellen und die Nebelschwaden durch ihre Wärme auflösen. In diesem Gedicht verleiht Goethe dem Gefühl Ausdruck, dass die Sonne unsere Lebensspenderin ist, dass alle Vorgänge auf unserem Planeten letztlich auf die Sonne zurückgehen. Denkt man länger darüber nach, so sind sogar unsere Gedanken geronnene Sonnenenergie. Aber was ist die Sonne? Ist sie ein normaler Stern, einer wie die vielen anderen? Woraus besteht sie, und was macht sie eigentlich? Oder anders gefragt: Woher nimmt sie die Energie, die sie so verschwenderisch abstrahlt?

Auf die Frage: »Wie weit, bitte, ist es bis zum nächsten Stern?«, könnte ein Astronom antworten: »Nach alpha-Centauri sind es etwa 4,3 Lichtjahre, also rund 40 Billionen Kilometer.« Sucht man den zu unserem Sonnensystem nächsten Stern, so ist diese Antwort gewiss nicht falsch. Aber warum denn in die Ferne schweifen, wenn »die Gute« doch so nahe liegt, sozusagen direkt vor unserer Haustür: nur rund 150 Millionen Kilometer von der Erde entfernt? Ein Stern, den wir auch tagsüber sehen, der unseren Tag erst zum Tag macht. Es ist die Sonne, der Stern, der täglich seine scheinbare Reise über den Himmel antritt, der uns wärmt und dem wir unsere Existenz und alles Leben auf der Erde verdanken. Den wenigsten von uns ist diese unmittelbare Nähe zu einem in der Blüte seines Lebens stehenden, aktiven Stern bewusst. Diese unmittelbare Nähe eines Himmelskörpers, in dem jede Sekunde eine Energiemenge freigesetzt wird, für deren Erzeugung auf der Erde 1000 Kernkraftwerke vom Typ Isar 2 rund neun Millionen Jahre laufen müssten.

Aber das ist bei weitem noch nicht alles! Ohne die Sonne gäbe es keine Erde, gäbe es überhaupt keine Planeten, gäbe es das ganze Sonnensystem nicht. In einem Umkreis von rund sechs Milliarden Kilometern ist die Sonne der Ursprung allen Seins, sie ist die Nabe des riesigen Rades Sonnensystem. Sie bestimmt durch ihre Masse den Lauf der Planeten und legt fest, wie lange ein Jahr dauert. Die Sonne ist der dominante Himmelskörper, um den sich im wahrsten Sinne des Wortes alles dreht. Ist das nicht Grund genug, mehr über sie zu erfahren?

Der Weg zur Protosonne

Doch wo beginnen? Oder um mit Goethes Faust zu fragen: »Wo fass ich dich, unendliche Natur?« Am besten fangen wir ganz von vorne an, in einer Zeit, die mehr als viereinhalb Milliarden Jahre zurückliegt. Was geschah damals? Eine der gewaltigen Wolken aus Gas, Staub und einfachen Molekülen, die den Raum zwischen den Sternen in unserer Galaxis, der Milchstraße, ausfüllen, begann unter ihrer eigenen Schwerkraft zusammenzubrechen. Durch permanente Abstrahlung von Energie hatte sich die ursprünglich heiße Wolke so weit abgekühlt, dass der Gasdruck im Innern der eigenen Schwerkraft nicht mehr das Gleichgewicht halten konnte. Ursprünglich haben solche Wolken eine ziemlich irreguläre Gestalt und einen Drehimpuls, das heißt, sie drehen sich um eine Achse. Während die Wolke mehr und mehr kollabiert und dabei natürlich schrumpft, rotiert sie jedoch immer schneller. Hier haben wir es mit dem gleichen

Phänomen zu tun, das man auch bei einem Eiskunstläufer beobachten kann, der eine Pirouette vollführt: Hat er zunächst die Arme zur Seite ausgestreckt, wird er immer schneller, wenn er sie an den Körper anlegt. Parallel zur Rotationsachse spürt das Wolkengas im Wesentlichen nur die Auswirkungen der Schwerkraft. Senkrecht dazu aber wirken Gravitations- und Zentrifugalkraft. Die Wolke wird sich also vornehmlich in Richtung der Rotationsachse zusammenziehen, weniger jedoch senkrecht dazu, sodass schließlich eine mehr oder minder ausgeprägte Gasscheibe mit einem schon relativ dichten Kern entsteht.

Ob sich die Wolke weiterverdichten kann, hängt jetzt insbesondere davon ab, wie groß der Drehimpuls und damit die Zentrifugalkräfte sind. Ein zu großer Drehimpuls kann das Zusammenballen der Gasmassen verhindern. Die Wolke muss also zunächst den Drehimpuls loswerden. Nun verlangt aber die Natur, dass der Drehimpuls nicht verloren geht. Es muss ein Teil davon eben an andere Partner abgegeben werden. Wie macht das die Wolke? Zum einen kann sie fragmentieren, das heißt in zwei oder drei kleine Teile zerreißen, von denen jeder etwas vom ursprünglichen Gesamtdrehimpuls übernimmt und zu einem Stern wird – ein Doppelstern oder Mehrfachsystem ist geboren. Diese Variante ist der Weg des geringsten Widerstandes, dem mindestens drei Viertel aller Sterne ihre Entstehung als Doppel- oder sogar Dreifachsterne zu verdanken haben.

Die andere Variante ist sehr viel seltener: Der Stern wird als »Single« geboren, das heißt, er hat es geschafft, den Drehimpuls vom bereits massereichen Kern in die umgebende Gasscheibe und von dort in die Randbereiche der Wolke zu transportieren. Der Drehimpuls im Zentrum der Scheibe ist jetzt ausreichend klein, sodass sich hier das Gas zu einer relativ langsam rotierenden Kugel verdichten kann, dem so genannten Protostern. Der größere Anteil des Drehimpulses steckt in der sich nach außen erstreckenden Gasscheibe und wird später von den Planeten, die sich aus dieser Scheibe bilden werden, übernommen. In unserem Sonnensystem ist das besonders ausgeprägt: Während die Sonne rund 99,8 Prozent der Gesamtmasse des Sonnensystems auf sich vereinigt, beträgt ihr Anteil am Gesamtdrehimpuls nur 0,5 Prozent. Praktisch der gesamte Drehimpuls des Sonnensystems steckt in der Eigendrehung und im Bahndrehimpuls der Planeten.

Am Ende dieser Entwicklung, die grob gerechnet etwa eine Million Jahre dauert, haben wir einen Protostern vor uns – ein stellares Baby. Und dieses Baby wächst. Aufgrund seiner Gravitation zieht dieser Prototyp eines Sterns immer mehr Gas aus der umgebenden Scheibe zu sich heran, wodurch seine Masse stetig zunimmt. Gleichzeitig verdichtet sich auch der Kern des Sterns zunehmend infolge der wachsenden Gravitation. Der Aufprall der Gasmassen auf die Oberfläche des Protosterns wie auch die zunehmende Verdichtung heizen den Kern immer weiter auf, sodass der Protostern schließlich zu leuchten beginnt. In diesem Stadium bezieht er seine Energie ausschließlich durch Umwandlung von Gravitationsenergie in Strahlung. Ein Protostern, dessen Masse der unserer Sonne entspricht, erreicht eine Leuchtkraft, die sechs- bis sechzigmal so hoch sein kann wie die der Sonne. Dennoch ist der Protostern in diesem Stadium nicht zu sehen. Die Energie wird nämlich vorwiegend in Form hochenergetischer Photonen abgegeben, die von den Atomen der umliegenden Gaswolke sofort wieder absorbiert werden. Weitere Emissions- und Absorptionsprozesse streuen die Strahlung schrittweise zu größeren Wellenlängen und damit zu kleineren Energien. Erst wenn die Strahlung schließlich auf Wellenlängen im Bereich der Infrarotstrahlung »abgekühlt« ist, wird das umliegende Gas für die Strahlung durchsichtig. Ein Protostern verrät seine Existenz also nur dadurch, dass er die umgebende Wolke zu einem intensiven Leuchten im Infrarotbereich anregt.

Bevor wir die weitere Entwicklung verfolgen, sollten wir

uns jetzt erst einmal über den Aufbau eines Protosterns Klarheit verschaffen. Aus was besteht er denn? Nun, wir haben gesehen, dass er sich aus einer Gaswolke verdichtet hat. Die Gaswolke wiederum setzt sich zusammen aus den Atomen und Molekülen, die in der Anfangszeit des Kosmos bei der so genannten primordialen Nukleosynthese gebildet wurden. Im Universum gab es damals praktisch nur Wasserstoff und Helium im Verhältnis drei zu eins. Daneben entstand noch etwas Deuterium, nämlich ungefähr zwei Kerne auf 100 000 Wasserstoffkerne und noch etwa 100 000-mal weniger Lithium. Die gleiche Zusammensetzung weisen auch die Wolken des interstellaren Mediums auf, zusätzlich angereichert mit etwas Staub und mit schwereren Elementen aus Supernovaexplosionen bereits gestorbener, massiver Sterne. Der Protostern als Kind einer solchen Wolke besteht somit grob gesprochen aus 75 Prozent Wasserstoff, 25 Prozent Helium und Spuren von Deuterium und schwereren Elementen.

Anhand dieser Information können wir nun den weiteren Entwicklungsprozess verfolgen. Der Protostern wird also immer kompakter, heißer, und der Druck im Kern erhöht sich stetig. Schließlich ist er so weit verdichtet, dass die Kerntemperatur etwa eine Million Grad erreicht. Nun kommt zur Energiegewinnung aus dem Kollaps des Protosterns ein weiterer Prozess hinzu. Bei dieser hohen Temperatur stoßen die Deuteriumkerne mit den Wasserstoffkernen so heftig zusammen, dass sie sich zu Helium III verbinden können. Helium III ist ein Heliumkern, dem aber ein Baustein, nämlich ein Neutron fehlt. Man bezeichnet eine solche Variante auch als Isotop. Ab jetzt bezieht der Stern seine Energie zusätzlich aus Kernverschmelzungsprozessen, in diesem Fall dem so genannten Deuteriumbrennen, also der Fusion von Deuterium und Wasserstoff.

Die bei diesem Brennvorgang entstehenden hochenergetischen Photonen (Gamma-Quanten) können den Protostern aufgrund seiner hohen Dichte jedoch nicht ungehindert verlassen. Irgendwie muss aber die frei werdende Energie an die Oberfläche des Protosterns abgeführt werden, da dieser sonst ja explodieren würde. Ist das durch Strahlung nicht oder nur sehr schlecht möglich, so geht die Natur einen Weg, der uns aus der Küche bestens bekannt ist. Wenn man Wasser in einem Kochtopf zum Sieden bringt, dann wird die Wärme vom Boden nach oben transportiert, indem heiße Wasserblasen aufsteigen, an der Oberfläche abkühlen und wieder nach unten sinken. Es brodelt also richtig in unserem Topf. Man bezeichnet diesen Vorgang auch als Konvektion. Auf diese Weise wird der ganze Topfinhalt kräftig durchgemischt.

Das Gleiche passiert auch in unserem Protostern. Obwohl die Konzentration an Deuterium sehr gering ist, erzeugt der beschriebene Prozess doch viel Energie in Form von Wärme, die durch die Konvektion relativ gleichmäßig im Stern verteilt wird. Der Protostern reagiert darauf, indem er sich aufbläht. Ein Protostern von einer Sonnenmasse kann in diesem Stadium einen Durchmesser erreichen, der ungefähr fünfmal so groß ist wie der der Sonne. Da die Konvektion dem Kern des Protosterns, dem Ort also, an dem es am heißesten ist und wo sich die Kernverschmelzung vollzieht, fortwährend neuen »Brennstoff« zuführt, geht dieser Prozess erst zu Ende, wenn der gesamte Vorrat an Deuterium, über den der Protostern verfügt, aufgebraucht ist.

Ein Stern wird geboren

Ist das Deuteriumbrennen beendet, so lässt auch der thermische Druck im Innern des Protosterns nach. Von nun an gewinnt wieder die Gravitation die Oberhand, und der Stern beginnt erneut zu schrumpfen. Im Sterninnern steigt die Temperatur weiter an, und die Dichte wird immer größer. Ist schließlich ein Wert von etwa 15 Millionen Grad erreicht, so beginnt der nächste Fusionsprozess, das so genannte Wasserstoffbrennen. Dabei werden über mehrere Zwischenschritte vier Wasserstoffkerne – oder anders ausgedrückt: vier Protonen – schließlich zu einem Kern des Elements Helium verbacken. Jetzt kann der Stern endlich seinen riesigen Vorrat an Wasserstoff für die Energiegewinnung heranziehen.

Mit dem Einsetzen des Wasserstoffbrennens wird aus dem Protostern endlich ein richtiger Stern, der nun, je nach seiner Anfangsmasse, über eine Million bis hin zu 100 Milliarden Jahre von seinem Wasserstoffvorrat zehren kann. Der Strahlungsdruck, den dieser Vorgang im Sterninneren bewirkt, stabilisiert von jetzt an den Stern gegen die Gravitation und verhindert einen weiteren Kollaps. Was unsere Sonne betrifft, so sind bis zu diesem Zeitpunkt etwa 40 Millionen Jahre vergangen. Wie wir noch sehen werden, ist das eine relativ kurze Zeit verglichen mit der Spanne, in der die Sonne von nun an gleichmäßig ihren enormen Vorrat an Wasserstoff aufzehren wird.

Der Vorgang des Wasserstoffbrennens ist für das Leben unserer Sonne so wichtig, dass er eine etwas genauere Betrachtung verdient. Aus diesem Prozess gewinnt ja die Sonne die Energie, die sie tagein, tagaus so verschwenderisch in Form von Licht, Wärme und schnellen Teilchen verströmt. Also, wie schon gesagt: Aus vier Protonen entsteht ein Heliumkern. Vier Protonen haben eine Masse von 4,0313 Atomgewichtseinheiten, während ein Heliumkern eine Masse von 4,0026 Atomgewichtseinheiten aufweist. Man sieht sofort: Da fehlt doch was! Der Heliumkern ist um 0,71 Prozent leichter als die vier Protonen. Was ist da passiert? Bei der Vereinigung der vier Protonen wird Bindungsenergie frei. Diese Energie ist gleichbedeutend mit der Energie, die man aufwenden müsste, um den Heliumkern wieder in seine Bestandteile zu zerlegen. Nach Einsteins berühmter Formel ist Energie gleich Masse multipliziert mit dem Quadrat der Lichtgeschwindigkeit. Rechnet man damit den Massenverlust von 0,71 Prozent in Energie um, so ergibt sich daraus ein Wert von 26,731 MeV (ein MeV ist die Energie, die ein Elektron gewinnt, das durch eine Spannung von einer Million Volt beschleunigt wird), oder rund 4,3 Billionstel Joule. Zur Veranschaulichung dieser Größe sei angemerkt, dass eine Energie von 4,185 Joule erforderlich ist, um ein Gramm Wasser um ein Grad Celsius zu erwärmen. Absolut gesehen sind diese 4,3 Billionstel Joule also nicht gerade viel, die da bei einem – wohlgemerkt bei einem einzigen – Fusionsvorgang frei werden, aber es ist rund zehnmal so viel, wie sich aus allen anderen möglichen Fusionsprozessen gewinnen lässt.

Diese Energie muss nun aber irgendwo verblieben sein. Frage: Wer hat sie? Einen gewissen Prozentsatz tragen Neutrinos davon, Teilchen, die bei dem Fusionsprozess entstehen und den Stern ungehindert verlassen. Der Rest entfällt, wie auch schon beim Deuteriumbrennen, auf die bereits erwähnten hochenergetischen Photonen, die Gamma-Quanten. Im Gegensatz zu den Neutrinos können sich die Gamma-Quanten aber nicht einfach auf Nimmerwiedersehen aus dem Stern verabschieden, dazu ist die Sternmaterie einfach zu dicht. Unsere Sonne strahlt ja auch keine Gamma-Quanten ab, sondern hauptsächlich sichtbares Licht sowie infrarotes in Form von Wärme. Gelangten die Gamma-Quanten ungehindert an die Oberfläche des Sterns, so wäre das für uns und das Leben insgesamt ziemlich unangenehm. Gamma-Quanten sind so energiereich, dass sie binnen kurzem alles Leben zerstören.

Wenn nun aber das Gamma-Quant nicht an der Oberfläche der Sonne erscheint, dann muss auf seinem Weg dorthin mit ihm wohl irgendeine Verwandlung vor sich gegangen sein. In der Tat werden diese Quanten fortwährend an den Elektronen der Sternmaterie gestreut, von Ionen absorbiert und wieder reemittiert. Bei jedem dieser Vorgänge gibt das Quant ein wenig Energie an den jeweiligen Reaktionspartner ab, sodass das Photon, das aus solch einem Prozess hervorgeht, energieärmer ist, also eine größere Wellenlänge besitzt, als das ursprüngliche Photon. Taucht das Photon schließlich an der Oberfläche des Sterns auf, so hat es so viel Energie verloren, dass aus dem ehemaligen Gamma-Quant ein energiearmes Photon aus dem Bereich des sichtbaren beziehungsweise des infraroten Lichts geworden ist.

Aber der Weg aus dem Innern des Sterns ist weit und beschwerlich. Streuung und Reemission sind nicht gerichtet. Das heißt, das Photon wird praktisch fortwährend zwischen Elektronen und Ionen hin und her geschubst, einmal in Richtung Oberfläche, dann wieder zur Seite oder gar zurück zum Zentrum. Auf diese Weise folgt das Photon einem langen Zickzackweg, bis es endlich den Stern verlassen kann. Man bezeichnet diese Bewegung auch als »random walk«. Klar, dass das nicht so schnell geht, wie wenn das Photon auf gerader Linie aus dem Sterninnern entweichen könnte. Bei der Sonne dauert es rund zwei Millionen Jahre! Mit anderen Worten: Das Licht, das die Sonne heute abstrahlt, ist bereits vor etwa zwei Millionen Jahren bei der Kernfusion im Zentrum des Sterns entstanden.

Kommen wir noch einmal zurück auf die beim Wasserstoffbrennen erzeugte Energie. Wenn vier Protonen zu einem Heliumkern verschmelzen, wird eine Energie von 4,3 Billionstel Joule freigesetzt. Die Leuchtkraft der Sonne beträgt rund 385 Billionen Billionen Watt, das heißt, pro Sekunde strahlt die Sonne 385 Billionen Billionen Joule ab. Um diese gewaltige Energiemenge zu erzeugen, muss die Sonne in jeder Sekunde rund 600 Millionen Tonnen Wasserstoff in rund 595 Millionen Tonnen Helium umwandeln! Die Differenz von fünf Millionen Tonnen Masse – genau gerechnet sind es »nur« 4,27 Millionen

Tonnen – verliert die Sonne pro Sekunde in Form von Strahlung. Nun stellt sich die Frage: Wie lange kann die Sonne das durchhalten? Nun, die Gesamtmasse der Sonne beträgt rund 2000 Billionen Billionen Tonnen. Davon sind rund 1500 Billionen Billionen Tonnen Wasserstoff. Wenn also pro Sekunde 600 Millionen Tonnen davon für die Erzeugung von Helium benötigt werden, dann würde es rund 80 Milliarden Jahre dauern, bis der letzte Rest Wasserstoff verbraucht ist. Allerdings wird die Sonne das Wasserstoffbrennen schon beenden, wenn erst rund zehn Prozent des gesamten Wasserstoffvorrats verbrannt sind. Damit reduziert sich die Zeit, in der die Sonne im Stadium des Wasserstoffbrennens verharren kann, auf rund acht Milliarden Jahre.

Ein Blick zurück

Im Nachhinein betrachtet fügt sich das alles wunderbar zusammen. Die Art und Weise, wie die Sonne mit ihrer Energie umgeht, erscheint uns logisch und plausibel. Doch das war nicht immer so. Noch Mitte des 19. Jahrhunderts hatte man keine Ahnung von den Vorgängen in einem Stern. Einer der ersten Vorschläge, wie die Sonne ihre Energie gewinnen könnte, stammte von Robert Mayer. 1846 kam ihm der Gedanke, dass die Sonne vielleicht von außen mit Energie versorgt werde. Wenn pro Jahr zwei Billionen Tonnen Meteoriten auf die Sonne donnern, dann könnte man mit der umgesetzten Bewegungsenergie die Sonnenwärme erklären. Heute würde man dieser Theorie die Frage entgegenstellen, wo um Himmels willen all diese Meteoriten herkommen sollen. Außerdem müsste die Sonne aufgrund dieses Dauerbombardements immer mehr an Masse zunehmen. Das wiederum hätte Auswirkungen auf ihre Gravitationskraft, die ja nicht zuletzt auch die Bahnradien der

Planeten bestimmt. Die aber haben sich nachweislich seit einigen hundert Jahren nicht verändert.

Da auch die Zusammensetzung der Sonne noch nicht bekannt war, konnte Hermann von Helmholtz 1854 über einen Energiegewinn aus einer Verbrennung von Wasserstoff und Sauerstoff zu Wasser spekulieren. Seine Berechnungen hatten zum Ergebnis, dass damit der Energiebedarf für rund 3000 Jahre gedeckt werden könnte. Aber bereits zu seiner Zeit setzten die Geologen den Zeitraum, während dem die Sonne so strahlen musste wie heute, mit Millionen Jahren an.

Dieser Zeitspanne kamen William Thomson und Helmholtz dann ziemlich nahe mit der Idee, die Sonne könnte ihre Gravitationsenergie für die Strahlung verwenden. Wenn sich ein Stern unter seiner eigenen Gravitation immer weiter zusammenzieht und stetig an Dichte gewinnt, dann wird dabei Gravitationsenergie frei. Das kann so lange gehen, bis der Stern dermaßen kompakt geworden ist, dass eine weitere Kontraktion nicht mehr möglich ist. Auf diese Weise könnte die Sonne ihre heutige Leuchtkraft über rund 20 Millionen Jahre aus dieser Energiequelle speisen. Da Sir William Thomson später noch einmal geadelt wurde – er durfte sich dann Lord Kelvin nennen –, spricht man heute von der Kelvin-Helmholtz-Zeitskala, wenn es um die Zeit geht, innerhalb der ein Körper seine Gravitationsenergie freisetzt.

Inzwischen hatten allerdings Geologen das Alter der Erde exakter ermittelt. Sie fragten sich: Wie lange dauert es wohl, bis ein Fluss ein Tal gegraben hat? Wie viel Zeit ist erforderlich, bis die Sedimentschichten des Meeresbodens ihre heutige Dicke erreicht haben? Bei diesen Überlegungen kam man auf Zeitspannen von einigen hundert Millionen Jahren. 1858 erschien dann Darwins umwälzendes Werk *Über den Ursprung der Arten durch natürliche Zuchtwahl*. Aus seinen Erkenntnissen schloss auch Darwin auf Lebensentwicklungszeiten von hunderten von Millionen Jahren. Schließlich führte die Entdeckung der natürlichen Radioaktivität zu Verfahren, die eine relativ genaue Datierung der Gesteine ermöglichten. Das Alter von Gesteinen, die bereits Fossilien enthielten, wurde auf ein bis drei Milliarden Jahre bestimmt! Die Sonne musste also mindestens während dieser Zeit schon geschienen haben! Damit war die Kelvin-Helmholtz-Zeit um Größenordnungen zu knapp ausgefallen.

1926 schließlich hatte Arthur Eddington die zündende Idee. Er spekulierte, dass nur die Umwandlung von Masse in Energie, gemäß Einsteins berühmter Formel $E = mc^2$, als Energiequelle in Frage kam, und nahm an, dass Wasserstoff in Helium umgewandelt wird. Die Prozesse, die dieser Umwandlung zugrunde lagen, konnte er allerdings noch nicht definieren, da zu dieser Zeit die Kernphysik noch in den Kinderschuhen steckte.

Die Sonne im Detail

Die Sonne beleuchtet die Erde aus einer Entfernung von 149,6 Millionen Kilometern, und im Vergleich zu unserem Planeten ist sie wahrlich riesig. Ihr Durchmesser beträgt rund 1,4 Millionen Kilometer, und aus ihrer Masse ließen sich 328 000 Planeten von der Masse der Erde formen. Wie schon erwähnt, hat sie eine Leuchtkraft von rund 385 Billionen Billionen Watt. Auf der Erde, oberhalb der Atmosphäre, entfallen davon auf einen Quadratmeter 1370 Watt. Damit könnte man knapp 14 Glühlampen von 100 Watt brennen lassen. Würde man diese Energie über einen Tag hinweg speichern, so ist das so viel, wie in drei Litern Heizöl stecken.

Was die Zusammensetzung der Sonne anbelangt, so ist sie ein heißer Plasmagasball, bestehend aus rund 73 Prozent Wasserstoff, 25 Prozent Helium und etwa zwei Prozent schwereren Elementen. Der Begriff »Plasma« steht für ein heißes, ionisiertes Gas, bei dem die Elektronen nicht mehr an die Atomkerne gebunden sind, sondern sich unabhängig bewegen können. Wie wir noch sehen werden, sind in einem Plasma, insbesondere wenn ein Magnetfeld hinzukommt, spektakuläre Erscheinungen möglich. Die Oberflächentemperatur der Sonne beträgt 5800 Grad Kelvin (ein Kelvin entspricht minus 273 Grad Celsius, der tiefsten, physikalisch sinnvollen Temperatur), sodass das Maximum der abgestrahlten Energie im Bereich des sichtbaren Spektrums liegt.

Ihr innerer Aufbau ist jedoch nicht homogen. Grob unterscheidet man drei Zonen. Da ist zunächst die so genannte Kernzone, in der die schon geschilderte Verschmelzung von Wasserstoff zu Helium stattfindet. In diesem Fusionsreaktor herrschen eine Temperatur von etwa 15 Millionen Grad und ein Druck, der dem 200-milliardenfachen des Atmosphärendrucks auf der Erdoberfläche entspricht. Dieser innere Bereich hat einen Durchmesser von etwa 280 000 Kilometern. Die Energie, die hier freigesetzt wird, muss nach außen befördert werden. In der den Kern umhüllenden, 350 000 Kilometer dicken Strahlungstransportzone geschieht dies durch Strahlung. Hauptsächlich übernehmen hier Photonen den Energietransport. Man kann den Vorgang vergleichen mit der Art, wie sich ein Gegenstand erwärmt, den man in einer gewissen Entfernung über eine heiße Herdplatte hält. Je näher man der Sonnenoberfläche kommt, desto ineffektiver wird jedoch dieses Verfahren. Infolgedessen schaltet die Sonne um auf die schon bekannte Konvektion zur Weiterleitung der Energie. In der rund 210 000 Kilometer mächtigen Konvektionszone brodelt es daher wie in einem Kochtopf. Blasen erhitzter Materie steigen nach oben, kühlen dort ab und sinken wieder zurück in die Tiefe.

In diesen Zonen fallen Temperatur und Druck von innen nach außen kontinuierlich ab. Jetzt wird auch verständlich, warum der Sonne nicht ihr gesamter Wasserstoffvorrat, sondern lediglich etwa zehn Prozent davon für die Kernfusion zur Verfügung stehen. Nur in der inneren Fusionszone sind Druck und Temperatur ausreichend hoch, dass das Wasserstoffbrennen zünden kann. Weiter draußen wird es einfach zu kalt. Wenn aber in diesem inneren Bereich der gesamte Wasserstoff aufgebraucht ist, kann ihm aus der Strahlungstransportzone kein neuer Wasserstoff zugeführt werden, weil sich Kernfusions- und Strahlungstransportzone nicht durchmischen. Das könnte ausschließlich mittels Konvektion erfolgen, die aber findet nur im Außenbereich der Sonne statt. Sind also die zehn Prozent Wasserstoff aufgebraucht, ist das Spiel der Kerne zunächst beendet. Was dann passiert, werden wir noch sehen.

Der Konvektionszone schließt sich die so genannte Photosphäre an. Diese Schicht ist nur etwa 100 Kilometer dick und markiert den Rand der Sonne. Von der Photosphäre werden etwa 99 Prozent der gesamten Sonnenenergie abgestrahlt. Sie ist es, die die Sonne so hell leuchten lässt, als wären dort rund eine Million 100-Watt-Birnen pro Quadratmeter entflammt. Das Brodeln in der Konvektionszone dringt sogar bis an die Oberfläche der Photosphäre durch. Mit guten Fernrohren lassen sich die einzelnen, dicht an dicht liegenden, aufsteigenden Zellen direkt beobachten – ein Bild, das auch als Granulation bezeichnet wird. Die Ränder der einzelnen Granulen sind deutlich dunkler. Hier hat sich die Materie bereits so weit abgekühlt, dass sie wieder in die Tiefe abzusinken beginnt.

Oberhalb der Photosphäre erstreckt sich die Chromosphäre, die schließlich in die äußerste atmosphärische Schicht der Sonne, die Korona, übergeht, die bis zu mehreren Sonnenradien in den Weltraum hinausreicht. Chromosphäre und Korona sind normalerweise nicht sichtbar, da sie von der Leuchtkraft der Photosphäre völlig überstrahlt werden. Bei einer totalen Sonnenfinsternis ist das jedoch anders. Für kurze Zeit leuchtet jetzt die Chromosphäre als roter Ring auf, und die Korona erscheint als bläulich-weißer Strahlenkranz um die abgedeckte Sonnenscheibe. Die Dichte des Koronaplasmas ist außerordentlich gering, eine Million Kubikmeter Gas wiegen nur etwa zehn Gramm. Und was die Temperatur anbelangt, so werden dort Werte von mehreren Millionen Grad gemessen. Nun sagt uns aber die Physik, dass bei derart hohen Temperaturen ein Körper Röntgenstrahlen emittieren muss, es sich also um eine Strahlung handelt, die man gar nicht sehen kann. Und dennoch geraten bei einer Sonnenfinsternis die Beobachter insbesondere über den faszinierenden Anblick der Korona in Verzückung. Wieso sieht man sie trotzdem? Schuld daran sind hauptsächlich die Elektronen. An ihnen wird das von der Photosphäre ausgehende Licht in alle Richtungen gestreut und gelangt so in unser Auge. Die Korona borgt sich also gewissermaßen Licht von der Photosphäre, um sich selbst darstellen zu können.

Apropos Temperatur: Was diesen Faktor anbelangt, so tun sich in der Chromosphäre und der Korona merkwürdige Dinge. Während sich vom Kern der Sonne bis zur Photosphäre die Temperatur stetig verringert, steigt sie in der Chromosphäre wieder an. Das ist so ähnlich, als würde es über einer mäßig warmen Herdplatte immer heißer, je weiter man sich von ihr entfernt. Die Temperatur erhöht sich auf 10 000 bis 20 000 Grad in einer Höhe von etwa 12 000 Kilometern über der Photosphäre. Aber damit noch nicht genug! Wie wir gerade gesehen haben, schnellt sie in der Korona sogar auf mehrere Millionen Grad hoch. Dieser enorme Temperaturanstieg ist eine Folge des ausgeprägten Magnetfeldes, über das die Sonne verfügt. Schauen wir uns zunächst einmal an, was es damit auf sich hat.

Das solare Magnetfeld und seine Auswirkungen

Normalerweise verhält sich dieses Magnetfeld wie ein Dipol: Die Feldlinien verlaufen wie bei einem Stabmagneten in Schleifen vom Nord- zum Südpol der Sonne. Da jedoch die Sonne kein starrer Körper ist, sondern ein Gasball, der sich außerdem noch dreht, und zwar am Äquator etwas schneller als an den Polen, werden die Feldlinien verzerrt. Am Äquator eilen sie der Position an den Polen voraus und werden so mehr und mehr aufgewickelt und verdrillt. Hinzu kommt noch die schon bekannte Konvektion, welche die an die Materie gebundenen Magnetfeldlinien an die Oberfläche treibt, sodass sie an manchen Stellen die Schicht der Photosphäre durchstoßen. An diesen Stellen bilden sich die bereits von Galilei entdeckten Sonnenflecken. Normalerweise erscheinen sie paarweise. Der eine Partner bildet den magnetischen Nordpol. Hier tritt das Magnetfeld nahezu senkrecht aus der Sonne aus, spannt sich in einer bogenförmigen Schleife zum anderen Partner, dem magnetischen Südpol, und läuft dort wieder praktisch senkrecht in die Sonne hinein. Das Magnetfeld kann dort bis zu 1000-mal stärker sein als das irdische. Da das Magnetfeld die Konvektion behindert, die Wärme also an diesen Stellen nicht mehr so einfach aus dem Sonneninneren abtransportiert werden kann, sind diese Flecken kälter und erscheinen daher gegenüber ihrer Umgebung nahezu schwarz. Trotzdem sind sie immer noch 3500 bis 4500 Grad heiß, und isoliert wären sie rund zehnmal heller als der Vollmond. Sonnenflecken sind also, was die Turbulenzen in der Photosphäre anbelangt, die Orte größerer Ruhe. An der Bewegung der Sonnenflecken konnte man übrigens erstmals erkennen, dass die Sonne rotiert: Sie drehen sich nämlich mit der Sonne.

Die Anzahl der Sonnenflecken ändert sich zyklisch. Beginnend mit einem Sonnenfleckenminimum, einem fleckenlosen Zustand der Sonnenoberfläche, wächst ihre Zahl im Laufe von durchschnittlich fünfeinhalb Jahren kontinuierlich auf einen Maximalwert, um dann im darauf folgenden gleichen Zeitraum praktisch wieder auf null zurückzugehen. Ein Fleckenzyklus dauert also rund elf Jahre. Zwischen den Flecken zweier aufeinander folgender Maxima besteht jedoch ein Unterschied. Bildet im ersten Maximum der in Rotationsrichtung der Sonne gesehene vordere Fleck eines Paares den Nordpol des Magnetfeldes, so ist im sich anschließenden Maximum ein solcher Fleck mit dem magnetischen Südpol verknüpft. Das Magnetfeld der Sonne muss sich also zwischenzeitlich umgepolt haben. Erst nach weiteren elf Jahren ist wieder der Zustand der ursprünglichen Polarität erreicht.

Übrigens bringen nicht alle Stellen auf der Sonnenkugel Flecken hervor. Generell beobachtet man zwei Fleckenzonen beiderseits des Sonnenäquators, die sich im Laufe einer Fleckenperiode in gesetzmäßiger Weise verschieben. Zu Beginn des Fleckenzyklus tauchen die Fleckenpaare in kleineren Gruppen etwa 30 bis 35 Grad nördlich und südlich des Sonnenäquators auf und verschieben sich während der folgenden Jahre immer näher zum Äquator hin. Zur Zeit des Fleckenmaximums liegen sie etwa in Breiten von 17 bis 18 Grad. Anschließend nähern sie sich noch weiter dem Äquator an, um dann zur Zeit des darauf folgenden Minimums bei einer Breite von etwa fünf Grad zu verschwinden. Einmal entstandene Sonnenflecken überdauern jedoch keinen ganzen Fleckenzyklus. Ihre Lebenserwartung ist begrenzt und schwankt zwischen Stunden und mehreren Monaten. Es sind also immer neue Flecken, die man auf ihrer Wanderung aus den Regionen höherer Breiten hin zum Sonnenäquator beobachten kann.

Auch die Anzahl der Sonnenflecken während eines Maximums ist nicht immer gleich. Einmal sind es mehr, einmal weniger. Es gab sogar Zeiten, in denen die Sonne fast gar keine Flecken hervorbrachte. Das so genannte Maunder-Minimum von 1645 bis 1715 war so eine Periode sehr geringer Sonnenaktivität. Das kann mit deutlichen Auswirkungen auf das Klima und das Wetter unseres Planeten verbunden sein. So haben astronomische und klimatische Aufzeichnungen ergeben, dass das Maunder-Minimum mit einer Zeit deutlich kälterer Witterung zusammenfiel, die auch »Kleine Eiszeit« genannt wurde. Weitgehende Untersuchungen an Baumringen haben ergeben, dass die Erde während der letzten 1000 Jahre drei solcher Minima (1450–1550, 1280–1350 und Maunder) durchlebt hat und vermutlich auch in Zukunft erleben wird. Leider lässt sich ein solches solares Minimum nicht vorhersagen. Während der langen Zeitspanne von 1500 bis 1850 waren die mittleren Temperaturen in Nordeuropa viel niedriger als heute, wobei der kälteste Abschnitt mit dem Maunder-Minimum zusammenfiel. Zu Zeiten der größten Kälte breiteten sich die Gletscher aus, es kam zu Missernten und Hungersnöten. Die Kanäle von Venedig gefroren, und die Londoner fuhren mit Kutschen über die vereiste Themse. Andererseits war es zwischen 1100 und 1250 so warm, dass Grönland von den Wikingern besiedelt werden konnte.

Doch wenden wir uns wieder der Sonne zu. In der Nachbarschaft der Flecken geht es in der Regel ziemlich unruhig zu. Hier bilden sich die so genannten Sonnenfackeln, die Flares, und die zum Teil gigantischen Protuberanzen. Sonnenfackeln entstehen in unmittelbarer Umgebung der Sonnenflecken und sind mehrere um etwa 2000 Grad gegenüber dem Umfeld überhitzte Granulen. Ihre Ausdehnung ist auf wenige 1000 Kilometer beschränkt. Beobachten kann man sie am besten am Rand der Sonnenscheibe. Häufig vereinen sich solche Gebiete spontan zu Mikroflares, die für die Dauer einer Sekunde kurz aufblitzen. Gelegentlich aber verschmelzen ganze Fleckengruppen zu einer Fläche, die sich über mehrere Tausendstel der Sonnenscheibe erstrecken kann. Dann flammt urplötzlich eine gewaltige Eruption großer Helligkeit auf, ein Flare, der bis in die oberen Schichten der Sonne reichen kann. In wenigen Minuten breitet sich die Explosion entlang konzentrierter Magnetfelder aus und setzt dabei enorme Mengen gespeicherter magnetischer Energie frei, die die Temperatur von Gebieten mit einer Größe wie die Erde auf Millionen Grad hochtreibt. Derartige Ausbrüche sind stets begleitet von einer intensiven Strahlung im gesamten Bereich des elektromagnetischen Spektrums, also von harter Röntgenstrahlung bis hin zu den langen Radiowellen.

Protuberanzen schließlich können sowohl klein als auch riesig ausfallen. Am Sonnenrand sind sie bei einer Sonnenfinsternis gut als lang gestreckte, wolkenartige Gebilde zu erkennen. Man unterscheidet so genannte stationäre und aufsteigende beziehungsweise eruptive Protuberanzen. Stationäre Protuberanzen halten sich oft monatelang, ohne ihre Gestalt wesentlich zu verändern. Dabei handelt es sich um relativ kühle Plasmafilamente, die auf einem Magnetfeldteppich in der Koronaatmosphäre der Sonne schweben. Derartige stationäre Plasmawolken können sich über Bereiche von 200 000 Kilometern ausdehnen und in Höhen von bis zu 100 000 Kilometer hinaufreichen. Gelegentlich werden die Protuberanzen jedoch ohne äußere Vorzeichen schlagartig auf Geschwindigkeiten von bis zu 600 Kilometern in der Sekunde beschleunigt. Solche eruptiven Protuberanzen steigen dann bis in Höhen von ein bis zwei Millionen Kilometern auf und fallen, den Magnetfeldlinien der Sonne folgend, in gewaltigen Bögen wieder auf diese zurück. Manchmal sind die beschleunigten Gasmassen so schnell, dass sie sogar das Schwerefeld der Sonne nicht mehr halten kann und sie in den interplanetarischen Raum hinausschießen.

Ursache für all diese Erscheinungen sind die im Bereich der Sonnenflecken verwirbelten und komprimierten Magnetfelder. Dort erreicht die magnetische Feldstärke sehr hohe Werte. Kommen sich Gebiete antiparalleler Feldrichtung zu nahe, so kann es zu einem magnetischen Kurzschluss kommen, wobei gewaltige elektrische Ströme fließen. Diese wiederum heizen das leitende Plasma wie die Wendel einer Glühlampe auf. Dabei dehnt sich das Plasma schlagartig aus. Die Magnetfelder verhindern aber, dass es in alle Richtungen davonschießt, da sich geladene Teilchen ungehindert nur parallel zu den Feldlinien bewegen können. Somit bleiben die Plasmaströme in den magnetischen Röhren gefangen, die sich bogenförmig um die ganze Sonne spannen.

Nach diesem langen Exkurs in die »magnetische Welt« der Sonne können wir endlich auch die Frage beantworten, warum es in der Chromosphäre und noch viel mehr in der Korona der Sonne immer heißer wird. Wir haben es ja gerade gesehen: Die elektrischen Ströme, die beim Zerfall der Magnetfelder entstehen, zum Teil auch die durch die Mikroflares freigesetzte Wärme, heizen die ionisierten Gase auf. Aber warum erreicht gerade in der Korona die Temperatur Werte von bis zu einigen Millionen Grad? Der eisige Weltraum, dessen Temperatur lediglich wenige Grad über dem absoluten Nullpunkt liegt, grenzt doch unmittelbar an die oberste atmosphärische Schicht der Sonne! Das ist wohl richtig. Aber ein Plasma kann Energie nur mittels Stoß- und Rekombinationsprozesse sowie in Gegenwart eines Magnetfeldes über Synchrotronprozesse abgeben. Damit die ersten beiden Prozesse ablaufen können, müssen sich die Teilchen sehr nahe kommen und zusammenstoßen. Aber genau das passiert im Gas der Korona nicht. Bei der außerordentlich geringen Dichte der Korona begegnen sich die Teilchen – die Protonen und die Elektronen – praktisch nie und können somit auch nicht miteinander in Wechselwirkung treten. Bleibt nur noch die Beschleunigung der Protonen und Elektronen in den Magnetfeldern, wobei die so genannte Synchrotronstrahlung entsteht, also energiereiche Photonen, welche die Korona ungehindert verlassen können. Aber das ist insgesamt ein zu geringer Energieverlust, um die Temperatur der Korona merklich abzusenken.

Trotz dieser umfangreichen Palette an Sonnenaktivitäten sind wir noch nicht am Ende. Zusätzlich zu all diesen Ereignissen emittiert die Sonne noch einen steten Strom von Partikeln, den so genannten Sonnenwind. Hierbei handelt es sich um geladene Teilchen, vornehmlich Protonen und Elektronen, die von der Sonnenkorona abströmen und mit einer Geschwindigkeit von etwa 500 Kilometern in der Sekunde bis an die äußersten Grenzen des Sonnensystems fegen. Emission von Korpuskularstrahlung ist häufig auch mit dem Auftreten großer Flares verknüpft. Bei derartigen Auswürfen können bis zu zehn Milliarden Tonnen Plasma in den Raum hinausgeschleudert werden. Die Geschwindigkeit dieser Teilchen ist noch höher als normal und kann Werte von bis zu 2000 Kilometern in der Sekunde erreichen. Ein derartiger Teilchenstrom erreicht schon einen Tag nach seiner Emission die Erde und beeinflusst dort das irdische Magnetfeld und die Moleküle der Atmosphäre. Als Folge dieser Wechselwirkung kommt es zu magnetischen Stürmen, die den Funkverkehr auf der Erde und die Verbindung zu Satelliten nachhaltig beeinflussen oder ganz lahm legen können. In extremen Fällen induzieren diese Stürme starke elektrische Ströme in der Erde beziehungsweise in den Ozeanen, die mitunter ganze Anlagen zur Übertragung elektrischer Energie außer Funktion setzen. Aber wo Schatten ist, ist im wahrsten Sinne des Wortes auch Licht. Die schöne Seite dieser Ereignisse zeigt sich uns auf der Erde in Form der wunderbaren farbigen Lichtvorhänge, der Polarlichter. Die durch die hochenergetischen Teilchen angeregten Atmosphärenmoleküle geben ihre Energie wieder ab, indem sie in allen Farben des Regenbogens aufleuchten. Insbesondere in den hohen Breiten unserer Erde erstrecken sich solche Farbenspiele oft über den ganzen Himmel.

Wie geht es weiter?

Wir haben nun gesehen, welche atomaren Prozesse in der Sonne und welche komplizierten Vorgänge auf ihr stattfinden. Und wenn wir ehrlich sind, dann müssen wir zugeben, dass die Sonne dem Betrachter doch eine ganze Menge Spektakuläres und Erstaunliches zu bieten hat. Dennoch ist sie eigentlich ein ganz normaler Stern, ein typischer Vertreter der Mehrzahl der Sterne in unserem Universum. Zum gegenwärtigen Zeitpunkt verbrennt sie ruhig und gleichmäßig ihren Wasserstoff, so wie sie es schon seit rund viereinhalb Milliarden Jahren tut. Zwar hat sie im Laufe dieser Zeit ihre Leuchtkraft um rund 30 Prozent gesteigert, aber ansonsten ist nichts Wesentliches passiert. Doch irgendwann kommt der Moment, an dem die schon erwähnten zehn Prozent ihres Wasserstoffvorrats im Kern der Sonne aufgebraucht sein werden und nichts mehr zum »Verbrennen« da ist – der Augenblick, in dem der nukleare Ofen zwangsläufig ausgehen muss. Nach Berechnungen der Astronomen ist dieser Zeitpunkt in etwa vier Milliarden Jahren erreicht. Was dann? Ist dann schlagartig Schluss? Wird dann das Licht einfach ausgeknipst? Wird es dann bitterkalt, und eine ewige Eiszeit bricht über die Erde herein?

Anhand der Erkenntnisse, die in der Astronomie durch die intensive Erforschung der Sterne und insbesondere der Sonne im Laufe der Zeit gewonnen wurden, können wir auf diese Fragen ziemlich präzise Antworten geben.

In den rund acht Milliarden Jahren des gleichmäßigen Wasserstoffbrennens weitet sich die Kernbrennzone geringfügig aus und erschließt dadurch zusätzlichen Wasserstoff für die Kernverschmelzung. Folglich erhöht sich die Temperatur, die Sonne dehnt sich etwas aus, und ihre Leuchtkraft nimmt leicht zu. War unsere Sonne zu Beginn ihres Lebens nur etwa 5500 Grad heiß und strahlte mit einer Leuchtkraft von etwa 70 Prozent der heutigen Kapazität, so wird sie am Ende ihres Lebens, verglichen mit heute, rund 70 Prozent größer sein und mit der doppelten Leuchtkraft strahlen. Für die Erde bleibt diese Entwicklung nicht ohne Folgen. In etwa zwei Milliarden Jahren wird es hier so warm sein, dass es keine Winter mehr gibt. Die Meere werden so viel Wasser verdunsten, dass sich der Wasserdampfanteil der Atmosphäre erhöht und deren »Durchsichtigkeit« für Infrarotstrahlung sinkt. Das wiederum verstärkt den Treibhauseffekt, und die Erde heizt sich auf. Schließlich wird es hier so heiß wie auf der Venus. Leben wird dann auf der Erde nicht mehr möglich sein.

Aber das wäre erst der Anfang eines wahrhaft atemberaubenden Szenarios. Wenn schließlich der Wasserstoffvorrat in der Kernbrennzone ganz aufgebraucht und zu Helium fusioniert ist, lässt auch der Strahlungsdruck nach, und die Gravitation gewinnt wieder mal die Oberhand. Der Kernbereich bricht jetzt zusammen, und erneut wird Gravitationsenergie freigesetzt. In einem engen Bereich um den Kern schnellt dadurch die Temperatur dermaßen in die Höhe, dass der dort vorhandene Wasserstoff zündet und nun in einer Kugelschale um den Kern zu fusionieren beginnt. Aufgrund dieses Energiezuwachses verändert sich das Erscheinungsbild der Sonne drastisch. In knapp einer Milliarde von Jahren entwickelt sie sich zu einem so genannten Unterriesen. Bei zunächst nahezu konstanter Leuchtkraft des Sterns bläht sich die Sternhülle auf etwa den doppelten Durchmesser auf.

Dieser Zustand ist jedoch nur von kurzer Dauer. Von nun an

beschleunigt sich die Entwicklung rapide. Die Leuchtkraft steigt um den Faktor 1000, und die Oberflächentemperatur sinkt auf 3500 Grad. Fortan leuchtet die Sonne nicht mehr hellgelb, sondern tiefrot. Die Sternhülle bläht sich zu einem Durchmesser auf, der rund 100-mal größer ist als der ursprüngliche. In diesem Stadium ist die Sonne aus einer Entfernung von rund 1600 Lichtjahren noch mit bloßem Auge zu sehen. Sie wächst zu einem »Roten Riesen« heran, der sich weit über die Bahn des Planeten Merkur hinaus ausdehnt.

Während sich die äußere Hülle aufbläht, schrumpft jedoch die Kernzone. Verantwortlich dafür ist wie immer die Gravitation. Und wiederum erhöhen sich Temperatur und Dichte. Doch das hat schnell ein Ende. Die Kontraktion des Kerns stoppt, wenn der Druck des entarteten Elektronengases der Gravitation die Waage halten kann. Diesen Satz müssen wir erst einmal »übersetzen«. Zunächst möchte man glauben, die Elektronen im Kern ließen sich so nahe zusammenrücken, dass sie sich schließlich berühren. Die Quantenmechanik sagt uns aber, dass das nicht möglich ist. Man muss sich das so vorstellen: Der Raum, den die Elektronen einnehmen, ist in Zustände wachsender Energie unterteilt, ähnlich wie ein Konzertsaal in die aufsteigenden Reihen der Sitze. Die Gesetze der Quantenmechanik verlangen nun, dass jeder Energiezustand nur von insgesamt zwei Elektronen besetzt werden kann, die sich aber in ihrem Spin, das heißt in ihrer Drehrichtung um die eigene Achse, unterscheiden müssen. Kommt nun ein drittes Elektron hinzu, so ist dieser Energiezustand bereits völlig besetzt, und das Teilchen muss auf einen Zustand höherer Energie ausweichen. Das ist dann ungefähr so, als bestünden die Reihen im Konzertsaal nur aus je einem Doppelsitz. Nehmen wir an, der Saal sei nicht voll gefüllt, und die Zuhörer würden sich zunächst gleichmäßig auf alle Sitze verteilen. Plötzlich wird die Musik immer leiser, was der Kontraktion des Kerns im Stern entsprechen soll. Um noch etwas zu hören, rücken die weiter hinten sitzenden Besucher näher an das Orchester heran. Da sich niemand dem anderen auf den Schoß hocken kann, können die Besucher nicht beliebig eng zusammenrücken, sondern müssen mit den Doppelplätzen immer höher gelegener Reihen vorlieb nehmen. Der »Druck«, den die bereits besetzten Reihen auf die noch nach Plätzen Suchenden ausüben, verhindert, dass die Hörer sich noch mehr auf den Leib rücken. Das Gleiche geschieht bei den Elektronen des Kerns: Die Gravitation versucht zwar den Kern immer weiter zusammenzupressen, aber die Elektronen können nicht näher zusammenrücken und üben somit einen Gegendruck aus. Wenn beide Drücke einander gleich sind, kommt die Kontraktion des Kerns zum Stillstand.

Nun könnte man glauben, wenn der Kern nicht mehr weiter kollabieren kann, wird auch keine Gravitationsenergie frei, und der Zentralbereich des Sterns kann nicht weiter aufgeheizt werden. Doch dem ist nicht so! Denn da ist noch die brennende Wasserstoffschale, die den Kern umgibt. Diese liefert ausreichend Energie, um das Zentrum immer weiter aufzuheizen. Die große Wärmeleitfähigkeit der sehr dichten Kernmaterie ist dabei sehr hilfreich. Summarisch wird der Kern also doch zunehmend heißer. Ist schließlich eine Temperatur von etwa 100 Millionen Grad erreicht, so zündet eine weitere Kernreaktion. Jetzt wird sogar das Helium zu Kohlenstoff und Sauerstoff fusioniert. In dieser Phase verbrennt der Stern seinen ganzen Heliumvorrat im Kern bei gleichzeitigem Wasserstoffbrennen in einer Schale um den Kernbereich.

Schließlich ist auch das Helium verbrannt, und wie nach dem Wasserstoffbrennen kommt noch einmal die Gravitation ins Spiel. Der Kern schrumpft weiter, und die Hülle bläht sich noch mehr auf. In der Schale um die Kernzone ist es nun so heiß geworden, dass dort auch das zuvor durch Wasserstoffbrennen erzeugte Helium zündet. Wiederum heizt die frei werdende Energie benachbarte Bereiche auf, sodass sich eine weitere Schale zur Wasserstoffbrennzone entwickelt. Im Stern findet nun ein Zweischalenbrennen statt. Diese Prozesse liefern so viel Energie, dass die Leuchtkraft nochmals um einen Faktor 2,5 bis 10 steigt. In dieser Phase wächst die Sonne zu einem noch größeren »Roten Überriesen« heran, der sich fast bis zur Umlaufbahn der Erde ausdehnt. Nun wird auch die Venus von der Sonne verschluckt. Dieser gesamte Vorgang erstreckt sich über lediglich eine Million Jahre.

Während der Entwicklungsphasen zum Roten Riesen beziehungsweise Überriesen bläst die Sonne über Sternwinde einen Großteil ihrer Hülle ins All. Dieser Massenverlust, der ungefähr ein Drittel der gesamten Sonnenmasse ausmacht, ist in erster Linie dafür verantwortlich, dass der Kern sich nicht mehr erhitzt. Wenn die Wasserstoffschale immer mehr davonweht, geht natürlich auch die Heizleistung zurück. Übrig bleibt der aus Kohlenstoff und Sauerstoff bestehende Kern, umgeben von einer Schale, in der Helium verschmolzen wird, und einer weiteren, dünnen Wasserstoff brennenden Schale. Das Material, das der Stern bereits abgeblasen hat, sammelt sich in einer riesigen Wolke aus Wasserstoff, angereichert mit Sauerstoff, Stickstoff, Kohlenstoff und Neon, um diesen Sternrest. Der immer noch vom Stern ausgehende Wind wirkt wie ein Schneepflug und schiebt diese Wolke zu einer dünnen Kugelschale zusammen. Durch das noch kurzfristig weiterlaufende Zweischalenbrennen und die beim Aufprall von nicht abgeblasenem Hüllengas auf den Kern frei werdende Gravitationsenergie wird der Kern nochmals auf Werte um 100 000 Grad aufgeheizt. Ist eine Schwelle von etwa 30 000 Grad erreicht, so werden die Atome der umgebenden Gaswolke zum Leuchten angeregt. Ab diesem Augenblick strahlt die abgeblasene Kugelschale intensiv im sichtbaren Bereich des elektromagnetischen Spektrums, und ein neuer, so genannter Planetarischer Nebel taucht am Himmel auf.

Von nun an ist der Energiegewinn aus dem verbliebenen Zweischalenbrennen zu gering, um den Kern nochmals entscheidend aufzuheizen. Die Temperatur im Kerninneren steigt somit nicht mehr auf einen Wert, wie er für ein Kohlenstoffbrennen nötig wäre. Der Fusionsofen erlischt also endgültig. Wenn dann nach etwa 10 000 Jahren auch der Brennstoff für das Zweischalenbrennen ausgegangen ist, bleibt nur noch ein Kohlenstoff-/Sauerstoffkern übrig, den man auch als Weißen Zwerg bezeichnet. Sein Durchmesser beträgt nur einige tausend Kilometer, seine Dichte rund eine Tonne pro Kubikzentimeter und seine Masse etwa 0,6 bis 0,7 Sonnenmassen. Da keine weiteren Kernfusionsprozesse mehr stattfinden, kühlt von nun an der Weiße Zwerg über einen Zeitraum von einigen Milliarden Jahren mehr und mehr aus. Die ältesten Weißen Zwerge, die man entdeckt hat, haben gerade noch eine Temperatur von rund 4000 Grad. Von dem einst so prächtigen Stern verbleibt letztlich nur noch ein kalter, toter Aschehaufen.

Das ist das vorhersehbare Ende unserer einst so stolzen Sonne. Sollte die Menschheit die nächsten drei bis vier Milliarden Jahre überdauern, so müsste sie sich spätestens vor Ablauf des Wasserstoffbrennens in der Sonne Gedanken machen, wie sie ihren Planeten verlassen und wohin sie vor der ins Riesenhafte wachsenden, sengenden Sonne fliehen kann. Die Erde wird ja schon am Ende des Wasserstoffbrennens kein gastlicher Ort mehr sein, und erst recht nicht, wenn sich die Sonne zu einem Roten Riesen aufbläht. Dann wird sie mit großer Wahrscheinlichkeit in der Glut des Riesen völlig vernichtet. Bis zu diesem Zeitpunkt ist jedoch noch eine Menge Zeit. Man kann nur hoffen, dass die Menschheit diese Spanne vernünftig zu nutzen weiß.

Das Sonnensystem

*Das Bekannte ist endlich, das Unbekannte unendlich.
Geistig stehen wir auf einem Inselchen inmitten eines
grenzenlosen Ozeans von Unerklärlichem.
Unsere Aufgabe ist es, von Generation zu Generation
ein klein wenig mehr Land trockenzulegen.*

Thomas Huxley

Bereits lange vor Christi Geburt haben sich die griechischen Philosophen und Astronomen mit der Frage beschäftigt, welches System den beobachteten Bewegungen unserer Sonne und der Planeten zugrunde liegen könnte. Erstaunlicherweise wurden schon damals Modelle diskutiert, die nicht die Erde, sondern andere Himmelskörper in den Mittelpunkt des Kosmos stellten. So war beispielsweise Herakleides Pontikos (um 388–310 v. Chr.) der Ansicht, die Sonne und alle Planeten kreisen um ein unsichtbares Zentralfeuer. Etwas später entwickelte Aristarch von Samos (um 310–250 v. Chr.) sogar eine Theorie, der zufolge die Planeten einschließlich der Erde die Sonne als Mittelpunkt umkreisen sollten. Obwohl diese Vorstellungen den tatsächlichen Verhältnissen schon sehr nahe kamen beziehungsweise sie recht genau definierten, setzten sie sich nicht durch. Vermutlich waren theologische Aspekte verantwortlich dafür, dass nicht sein konnte, was nicht sein durfte: dass nämlich auf diese Weise der Mensch mitsamt seiner Erde aus dem Zentrum des Universums verbannt sein sollte.

Die zu dieser Zeit allgemein akzeptierte Meinung, wie sie insbesondere von Eudoxos, Kallipos und Aristoteles vertreten wurde, sah dagegen die Erde, umkreist von den Planeten, im Zentrum des Geschehens. Um 190 v. Chr. wurde diese Theorie eines geozentrischen Weltbildes von dem griechischen Astronomen Hipparch weiter präzisiert, indem dieser erstmals von exzentrischen Kreisbahnen der Planeten um die Erde ausging. Vollends zum Dogma geriet diese Weltanschauung schließlich, als etwa 140 v. Chr. der griechische Astronom Ptolemäus (um 100–170 n. Chr.) in einem Handbuch das gesamte astronomische Wissen der Antike zusammenfasste. In seiner Abhandlung *Mathematikes syntaxeos biblia XIII* kombinierte er im Wesentlichen die Ansichten Hipparchs mit seinem eigenen astronomischen Weltbild und schuf so ein Standardwerk, das für anderthalb Jahrtausende unverrückbar gültig war.

Laut Ptolemäus' Theorie ruht die Erde im Zentrum einer rotierenden Fixsternsphäre, welche die Sterne trägt und innerhalb der die Planeten um die Erde wandern. Der Beobachtung, dass die Planeten sich anscheinend einmal schneller und dann wieder langsamer bewegten und dass einige sogar gelegentlich rückwärts zu laufen schienen, trug Ptolemäus mit einer ausgefeilten Epizyklentheorie Rechnung. Um nicht vom damaligen Ideal des Kreises abrücken zu müssen, ließ er die Planeten auf Kreisbahnen laufen, wobei der Mittelpunkt der Kreise selbst wieder auf größeren, konzentrischen Kreisen die Erde umrundet. Auf diese Weise vollführten die Planeten zwar recht wunderliche Tänze um die Erde, aber Beobachtung und Theorie stimmten dadurch gut überein.

Mit dem Aufkommen der Renaissance wurden die Zweifel am geozentrischen Weltbild jedoch immer lauter. Nikolaus Kopernikus (1473–1543) tat dann als Erster den entscheidenden Schritt hin zu einem heliozentrischen Weltbild, indem er die Bahnen der Planeten neu berechnete und anhand theoretischer Überlegungen das komplizierte Ptolemäische System als falsch erkannte. Aus Furcht, des Ketzertums bezichtigt zu werden, wagte er es jedoch nicht, seine Thesen zu veröffentlichen. Schließlich fasste er 1508 seine Ergebnisse in seinem *Commentariolus* zusammen, verteilte davon aber nur einige Exemplare an gute Freunde. 1616 wurde sein Werk dann auch prompt von der römischen Kurie auf den Index der verbotenen Bücher gesetzt und dieser Bann erst 1835 wieder aufgehoben.

Seine Aussagen, dass entgegen dem geozentrischen System die Sonne anstatt der Erde im Mittelpunkt aller Bewegungen und Planeten steht, waren jedoch nicht mehr zu widerlegen. Da aber Kopernikus die Planeten noch immer auf Kreisbahnen die Sonne umrunden ließ, war es auch ihm nicht möglich, bei der Beschreibung der Planetenbewegungen völlig auf Epizyklen zu verzichten. Dieses Problem konnte erst durch Johannes Kepler (1571–1630) beseitigt werden, der erkannte, dass die Planeten auf elliptischen Bahnen die Sonne umkreisen. Doch Kopernikus' Leistung wird dadurch nicht geschmälert. Ihm gebührt die Ehre, erstmals die dreifache Bewegung der Erde, die Eigenrotation, ihren Umlauf um die Sonne und die Präzessionsbewegung der Erdachse, klar erkannt und formuliert zu haben. Kopernikus drückt das aus, indem er sagt, »dass alles, was wir an Bewegung bei der Sonne beobachten, durch die Drehung der Erde und ihren Umlauf um die Sonne entsteht. Was bei den Wandelsternen als Rückgang und erneutes Vorrücken erscheint, ist nur von der Erde aus gesehen so. Ihre Bewegung allein also genügt für so viele verschiedenartige Erscheinungen am Himmel.« In diesem Sinne kann Kopernikus auch als Begründer der modernen Astronomie gelten.

Das Sonnensystem heute

Heute zweifelt niemand mehr daran, dass im Zentrum des gesamten Systems die Sonne steht. In diesem heißen Gasball sind mehr als 99 Prozent der Gesamtmasse des Sonnensystems vereinigt. Das restliche knappe Prozent verteilt sich auf neun Planeten, die die Sonne auf mehr oder weniger elliptischen Bahnen umkreisen.

Traditionsgemäß unterteilt man das Sonnensystem in Planeten, Satelliten (Monde), Asteroiden, Kometen und Meteoride. Die Planeten wiederum treten in zwei Gruppen auf, als so genannte terrestrische Planeten und als Gasplaneten. Terrestrisch nennt man solche Planeten, die im Aufbau der Erde relativ ähnlich sind und aus gesteinsartigem Material und Metallen bestehen. Ihre Dichte ist relativ hoch, ihre Oberfläche fest, und die Anzahl ihrer Monde ist gering. Zu dieser Gruppe gehören die vier der Sonne nahe stehenden Planeten Merkur, Venus, Erde und Mars. Jupiter, Saturn, Uranus und Neptun zählen zu den Gasplaneten und umkreisen die Sonne in zunehmend größeren Abständen. Wie der Name schon andeutet, bestehen Gasplaneten im Wesentlichen aus Gas, und zwar vornehmlich aus Wasserstoff und Helium. Die Dichte von Gasplaneten ist gering, sie drehen sich relativ schnell um ihre Achse und ihre Atmosphäre ist sehr tief geschichtet. Die Zusammensetzung des letzten und am weitesten entfernten Planeten, Pluto, ist noch nicht genau bekannt, sodass er zunächst weder zu den terrestrischen noch zu den Gasplaneten gezählt werden kann.

Unser Sonnensystem erstreckt sich rund sechs Milliarden Kilometer in den Raum hinaus. Jenseits des Planeten Neptun schließt sich der Kuiper-Gürtel an, ein ringförmiges Reservoir von Kometen, das sich bis auf etwa 70 Milliarden Kilometer, entsprechend dem 500-fachen Abstand Erde–Sonne, ausdehnt. Wenn wir die Oort'sche Wolke noch hinzurechnen, einen kugelförmigen Bereich um die Sonne, angefüllt mit Kometen, Meteoriden und Asteroiden aus der Entstehungszeit des Sonnensystems, dann reicht unser Sonnensystem gar bis zu etwa zehn Billionen Kilometer – oder anders ausgedrückt: rund anderthalb Lichtjahre – in das All hinaus.

Um die gewaltigen Abstände etwas anschaulicher zu machen, seien im Folgenden einmal alle Größen auf den einmilliardsten Teil ihres ursprünglichen Wertes verkleinert. Demnach hat die Erde gerade noch einen Durchmesser von 1,3 Zentimetern, ist also so groß wie eine Weinbeere, die der Mond im Abstand von ungefähr 35 Zentimetern umkreist. Die Sonne kommt in diesem Maßstab auf einen Durchmesser von 1,50 Meter und ist rund 150 Meter von der Erde weg. Jupiter und Saturn schrumpfen auf Grapefruit- beziehungsweise Orangengröße und umkreisen die Sonne in 750 beziehungsweise 1500 Meter Abstand. Uranus und Neptun schließlich werden zu Zitronen und sind drei beziehungsweise viereinhalb Kilometer von der Sonne entfernt. Ein Mensch wäre auf dieser Skala gerade mal so groß wie ein Atom, und der Abstand zum nächsten Stern betrüge mehr als 40 000 Kilometer.

Das Alter unseres Sonnensystems lässt sich anhand von auf der Erde gefundenen Meteoriten schätzungsweise auf 4,6 Milliarden Jahre datieren. Dabei geht man davon aus, dass es sich bei den Meteoriten um vagabundierende Überbleibsel aus der Entstehungsphase des Sonnensystems handelt, die zur gleichen Zeit wie die Sonne und die Planeten entstanden sind. Die Methode, mit der man das Alter dieser Meteoriten bestimmen kann, beruht auf dem Zerfall radioaktiver, im Meteoriten enthaltener Elemente. Je älter das Gestein ist, desto größer ist auch der Anteil des aus dem radioaktiven Material entstehenden, nicht radioaktiven Zerfallsprodukts. Kennt man die Zeit, in der die Hälfte einer radioaktiven Substanz zerfällt, so muss man »nur« das Massenverhältnis der zerfallenen und noch nicht zerfallenen Komponenten bestimmen, um das Alter zu ermitteln.

Elliptische Umlaufbahnen

Wie schon erwähnt, umkreisen die einzelnen Planeten die Sonne auf mehr oder weniger elliptischen Bahnen. Eine Ellipse ist der geometrische Ort aller Punkte, für die die Summe der

Abstände von zwei gegebenen festen Punkten immer gleich groß ist. In einem dieser so genannten Brennpunkten steht die Sonne. Die Linie, die durch die beiden Brennpunkte von einem Scheitelpunkt der Ellipse zum gegenüberliegenden verläuft, bezeichnet man auch als die große Achse der Ellipse. Ein Planet, der die Sonne auf einer elliptischen Bahn umkreist, verändert also laufend seinen Abstand zur Sonne. Der Mittelwert aus der kleinsten und der größten Entfernung zur Sonne entspricht der halben Länge der großen Ellipsenachse oder mit anderen Worten: der großen Halbachse der Ellipse. Wird also dieser Wert angegeben, so ist das gleichbedeutend mit einer Aussage über die mittlere Entfernung des Planeten von seinem Stern.

Die Form einer Ellipse, ob sie sehr lang gestreckt ist oder eher einem Kreis ähnelt, ist durch die so genannte Exzentrität ε der Ellipse festgelegt: Bis zu einem ε von 0,3 sind Ellipsen mit dem bloßen Auge kaum von Kreisen zu unterscheiden. Ist ε gleich null, so fallen die beiden Brennpunkte zusammen, und die Ellipse geht über in einen Kreis.

Die Planeten des Sonnensystems

Trotz vieler Gemeinsamkeiten in der Gruppe der terrestrischen Planeten beziehungsweise der Gasplaneten unterscheiden sich die einzelnen Himmelskörper doch beträchtlich. Was die Planeten charakterisiert, wollen wir uns auf den folgenden Seiten etwas genauer ansehen.

Merkur
Der kleinste der vier terrestrischen Planeten ist aufgrund seines geringen mittleren Abstandes von »nur« 57,9 Millionen Kilometern zur Sonne nur schwer zu erkennen, da seine Helligkeit von der Sonne um ein Vielfaches übertroffen wird. Die

Bahn, die er beschreibt, ist mit einer Exzentrizität von 0,21 schon deutlich elliptisch. Seine Oberfläche ist zum Teil regelrecht zerknittert wie geknautschtes Zellophanpapier. Vermutlich stammen diese Oberflächenfaltungen von frühen Meteoriteneinschlägen auf den noch heißen und noch plastischen »Rohplaneten«. Ins Auge fällt vor allem ein großer Einschlagkrater mit einem Durchmesser von rund einem Viertel des Merkur-Durchmessers. In den Anfängen der Planetenbeobachtung herrschte die Meinung vor, der Merkur würde sich nicht drehen. Mittlerweile weiß man jedoch, dass er dreimal um die eigene Achse rotiert, während er zwei Umläufe um die Sonne absolviert. Eine Umdrehung dauert rund 59 Tage. Auf diese Weise weist Merkur der Sonne über lange Zeit stets dieselbe Seite zu. Dadurch steigt die Temperatur auf der Tagseite auf bis zu 425 Grad Celsius und sinkt auf der Nachtseite auf minus 170 Grad. Auf Grund dieser hohen Temperatur und seiner geringen Masse von wenig mehr als fünf Prozent der Erdmasse kann Merkur keine Atmosphäre halten.

Venus

Anders als bei Merkur verfügt unser Morgen- und Abend-»Stern« sehr wohl über eine Atmosphäre. Sie besteht überwiegend aus Kohlendioxid und dichten Schwefelsäurewolken. Der Druck an der Oberfläche ist rund 90-mal so groß wie auf der Erde. Ein Großteil der Venus-Oberfläche ist von mächtigen Lavaflüssen bedeckt. Vor kurzem wurden sogar aktive Vulkane beobachtet. Ähnlich wie auf der Erde finden sich auch auf der Venus kaum kleine Krater. Vermutlich verglühen kleinere Meteoriten vollständig in der dichten Atmosphäre, ehe sie die Oberfläche erreichen und dort einen Einschlagkrater verursachen. Mit einer Exzentrizität von nur 0,007 umrundet die Venus auf einem nahezu perfekten Kreis im Abstand von rund 108 Millionen Kilometern die Sonne. Für eine Umdrehung um die eigene Achse benötigt die Venus volle 243 Tage. Die Temperatur auf der Oberfläche schwankt dabei zwischen 120 und 420 Grad Celsius. Schuld an dieser Hitze ist weniger die kontinuierliche Bestrahlung durch die Sonne infolge der langen Rotationsperiode, sondern eher ein galoppierender Treibhauseffekt aufgrund des hohen Kohlendioxidgehalts der Atmosphäre. Da die Venus mit einem Durchmesser von rund 12 000 Kilometern nahezu die gleiche Größe aufweist wie die Erde sowie auch hinsichtlich ihrer Masse, ihrer Dichte und ihrer chemischen Zusammensetzung der Erde sehr ähnlich ist, wurde sie lange Zeit als deren Schwesterplanet angesehen.

Erde
Da wir über unsere Erde seit geraumer Zeit hinreichend Bescheid wissen, können wir uns an dieser Stelle eine eingehende Betrachtung ersparen. Erwähnen sollte man jedoch, dass die Erde, ähnlich wie die Venus, die Sonne auf einer nahezu kreisförmigen Bahn umrundet. Was uns aber bis vor einigen Jahren nicht vergönnt war, ist ein Blick aus dem All auf unseren »blauen Planeten«. Seitdem jedoch künstliche Satelliten und Raumsonden die nähere Umgebung der Erde erforschen, ist auch das möglich geworden, und man kann nur sagen: Es lohnt sich!

Anders als Merkur und Venus wird die Erde auch von einem natürlichen Satelliten, dem Mond, umkreist. Für uns ist er neben der Sonne der hellste Himmelskörper. Da der Mond für eine Umdrehung um die eigene Achse genauso lange braucht wie für einen Umlauf um die Erde, was man auch als »gebundene Rotation« bezeichnet, ist von der Erde aus immer nur dieselbe Seite des Mondes zu sehen. Die von Kratern stark zernarbte Oberfläche des Mondes wurde in dessen Frühzeit wesentlich durch ein intensives Bombardement mit Meteoriten und Asteroiden geformt. Da der Mond keine Atmosphäre besitzt, finden hier auch keine Verwitterungsprozesse statt, sodass Oberflächenstrukturen auf ewig erhalten bleiben. Vermutlich ist der Mond aus einer streifenden Kollision der jungen Erde mit einem anderen Himmelskörper hervorgegangen. Dabei wurden Teile des Erdmantels in eine Umlaufbahn um die Erde katapultiert, die sich anschließend in einer Folge von Kollisionsprozessen zum Mond zusammengeballt haben.

Mars

Der vierte und letzte der terrestrischen Planeten ist der Mars. Seine Umlaufbahn ist mit einer Exzentrizität von 0,09 geringfügig elliptischer als die der Erde. Der mittlere Abstand zur Sonne beträgt 228 Millionen Kilometer. Sein rötliches Aussehen verdankt der Mars hauptsächlich dem hohen Anteil an Eisenoxid in seiner Kruste. Neben der Erde zeigt der Mars die vielfältigsten Oberflächenstrukturen aller Planeten im Sonnensystem. Über einer teilweise sehr alten, von Kratern übersäten Oberfläche erheben sich Berge bis zu einer Höhe von 24 Kilometern und ein System von 4000 Kilometer langen und bis zu sieben Kilometer tiefen Kanälen durchzieht die Ebenen. Außerdem gibt es eindeutige Hinweise auf frühe und noch ablaufende Erosionsprozesse. Die Atmosphäre des Mars ist jedoch im Vergleich zur Erde ausgesprochen dünn. Der Druck auf der Marsoberfläche beträgt weniger als ein Prozent des irdischen Atmosphärendrucks. 95 Prozent der Atmosphäre sind Kohlendioxid, der Rest setzt sich zusammen aus Argon, Stickstoff und Spuren von Sauerstoff und Wasserdampf. Die mittlere Temperatur auf dem Mars liegt bei etwa minus 55 Grad Celsius. Im Winter fällt sie auf ungefähr minus 130 Grad Celsius, und im Sommer erreicht sie auf der Tagseite 27 Grad.

Mit guten Teleskopen kann man auf dem Mars Strukturen ausmachen, die ausgedehnten Flut- und Flusssystemen sehr ähnlich sind. 1976 funkte die Viking-Sonde Bilder zur Erde, auf denen Formationen zu erkennen sind, die wie Küstenlinien aussehen. Einige Planetologen haben darin sogleich einen Beweis für die einstige Existenz von Meeren auf dem Mars gesehen. Insbesondere die Marssonde Global Surveyor liefert auf Grund ihres verbesserten Auflösungsvermögens immer neue überraschende Bilder. Einmal sind kleine, anscheinend ausgetrocknete Bachläufe zu erkennen, dann wieder terrassenförmige Strukturen, wie sie sich bilden, wenn Sedimente auf dem Meeresboden abgelagert werden. All diese Beobachtungen lassen vermuten, dass es einmal Wasser auf dem Mars gegeben haben könnte. Ob das zutrifft, will die NASA in den nächsten Jahren durch die Entsendung von zwei Robotern zur Untersuchung der Marsoberfläche endgültig klären.

Jupiter

Im fünffachen Abstand der Erde von der Sonne treffen wir auf den Planeten Jupiter, den ersten der vier riesigen Gasplaneten unseres Sonnensystems. Wenn uns schon die terrestrischen Planeten Merkur, Venus und Mars reichlich fremd vorkommen, so ist das erst recht beim Jupiter der Fall, dessen Masse mit 320 Erdmassen rund doppelt so groß ist wie die vereinigte Masse aller übrigen Planeten des Sonnensystems. Jupiter besitzt keine feste Oberfläche. Er besteht fast ausschließlich aus Wasserstoff und Helium mit Spuren von Methan, Wasser und Ammoniak. Mit einem Massenanteil von 75 Prozent Wasserstoff und 25 Prozent Helium entspricht Jupiter ziemlich genau der Zusammensetzung der urzeitlichen Gaswolke, aus der das gesamte Sonnensystem entstanden ist.

Im Zentrum Jupiters vermutet man einen Kern aus gesteinsartigem Material mit einer Masse von rund 15 Erdmassen. Diesen Kern umhüllt eine dicke Schale aus metallischem, leitfähigem, flüssigem Wasserstoff (ionisierter Wasserstoff unter einem Druck von mindestens vier Millionen Bar), die den

Hauptanteil der Jupitermasse ausmacht. Zur Oberfläche hin nimmt der Druck dann immer mehr ab, sodass die äußeren Schichten des Jupiters aus flüssigem und schließlich aus gasförmigem Wasserstoff und Helium gebildet werden. Diese oberflächennahen Gasschichten sind hochgradig turbulent. In den einzelnen Atmosphärenbändern, die man aufgrund ihrer unterschiedlichen Braunfärbung gut von der Erde aus erkennen kann, werden Windgeschwindigkeiten von bis zu 550 Stundenkilometern ermittelt. Die Energie für diese Turbulenzen wird nur zu einem geringen Anteil durch die Sonneneinstrahlung gedeckt, den Hauptanteil liefert die innere Wärme des Planeten. Bekanntester Ausdruck dieser Turbulenzen ist der so genannte Rote Fleck, ein riesiger ovaler Zyklon, rund 25 000 Kilometer lang und 12 000 Kilometer breit.

Überraschenderweise strahlt Jupiter mehr Energie in den Raum ab, als ihm durch die Sonneneinstrahlung zugeführt wird. Man könnte nun glauben, dass dies nur auf Kernfusionsprozesse in seinem Inneren, ähnlich wie auf der Sonne, zurückzuführen ist. Aber derartige Vorgänge sind auf dem Jupiter Fehlanzeige, dazu ist er nämlich zu massearm, und folglich ist der Druck in seinem Inneren zu klein und die Temperatur mit rund 20 000 Kelvin zu niedrig. Der Energieüberschuss kommt vielmehr durch eine langsame, aber stetige Kontraktion des Gasballs zustande. Die Gravitationsenergie, die dabei entsteht, wird in Form von Wärme abgestrahlt.

Mit einem Teleskop kann man erkennen, dass Jupiter von vielen Monden umkreist wird. Von den insgesamt 28 Trabanten sind 16 alte Bekannte, das restliche Dutzend wurde erst kürzlich gefunden. Die vier größten, Ganymed, Kallisto, Europa und Io, entdeckte bereits 1610 der italienische Physiker und Astronom Galileo Galilei, und dementsprechend heißen sie auch die Galilei'schen Monde. Mittlerweile haben einige von ihnen das besondere Interesse der Astronomen geweckt und für Spekulationen hinsichtlich eines außerirdischen Lebens gesorgt.

Aufgrund seiner großen Masse ist auch Jupiters Anziehungskraft auf andere Körper entsprechend. Daher wirkt er wie ein Staubsauger auf die im Sonnensystem vagabundierenden Kometen, Asteroiden und Meteoriden. Wir werden darauf am Beispiel des Kometen Shoemaker-Levy noch zu sprechen kommen. Nicht auszudenken, was hätte geschehen können, wenn dieser Komet auf die Erde gekracht wäre. Vielleicht hätte der Einschlag zu einem ähnlichen Katastrophenszenario geführt, wie es auf der Erde schon einmal durch einen Meteoriten ausgelöst wurde und in dessen Folge vermutlich die Dinosaurier ausstarben.

Und noch etwas ist wichtig für das gesamte Sonnensystem. Die Bahn, die Jupiter um die Sonne beschreibt, unterscheidet sich mit einer Exzentrizität von 0,048 nur geringfügig von einem Kreis. Damit ist sichergestellt, dass die anderen Planeten dem Jupiter nie so nahe kommen, dass seine gewaltige Anziehungskraft ihre Bahnen um die Sonne verzerrt oder gar einen Planeten aus dem Sonnensystem herauskatapultieren kann. Durch Jupiter werden die Planetenbahnen sozusagen stabilisiert, und eine Störung des regelmäßigen Tanzes um die Sonne ist auf lange Sicht nicht zu befürchten. Wie wir im Folgenden noch diskutieren werden, ist jedoch nicht sicher, ob das »auf ewig« so bleibt.

Saturn

Im rund zehnfachen Erdabstand zur Sonne umkreist Saturn, der zweitgrößte Planet, die Sonne. Auch Saturn ist ein reiner Gasplanet, sodass Aufbau, Zusammensetzung und Energiehaushalt praktisch identisch sind mit den Verhältnissen auf Jupiter. Trotz seiner rund 95-fachen Erdmasse ist seine Dichte geringer als die von Wasser. Da sich Saturn in rund zehneinhalb Stunden einmal um seine Achse dreht, ist er aufgrund der

Zentrifugalkraft an den Polen deutlich abgeplattet. Der polare und der äquatoriale Radius unterscheiden sich um etwa elf Prozent. Auffälligstes Merkmal ist ein Ringsystem in der Äquatorialebene des Saturn. Es besteht aus zwei sehr ausgeprägten Ringen, die voneinander durch die so genannte Cassini'sche Teilung getrennt sind, und einem dritten, schwächeren Ring. Der Durchmesser des Ringsystems beträgt schätzungsweise 250 000 Kilometer, die Dicke jedoch nur anderthalb Kilometer. Das bedeutet, dass in den Ringen insgesamt relativ wenig Masse enthalten ist. Würde man aus den Ringen einen einzelnen Masseklumpen formen, so käme dabei lediglich ein Körper mit einem Durchmesser von etwa 100 Kilometern heraus. Obwohl die Ringe von der Erde aus betrachtet völlig gleichmäßig erscheinen, bestehen sie aus unzähligen einzelnen, ein Zentimeter bis einige zig Meter großen Klumpen aus Wassereis und vereistem Gestein, die alle auf unabhängigen Bahnen den Saturn umrunden.

Ähnlich wie Jupiter hat auch Saturn etliche natürliche Satelliten, nach dem letzten Stand insgesamt 30. Zwischen einigen dieser Monde und dem Ringsystem spielen sich ziemlich komplexe Gezeitenwechselwirkungen ab. Insbesondere die so genannten »Schäferhundmonde« Atlas, Prometheus und Pandora scheinen dafür verantwortlich zu sein, dass die Ringe nicht mit der Zeit auseinander fallen. Und von Mimas, einem weiteren Mond, glaubt man, dass durch ihn die Materiallücke in der Cassini'schen Teilung verursacht wird. Auch der Ursprung der Ringe liegt noch im Dunkeln. Vermutlich stammen sie von auseinander gebrochenen größeren Satelliten. Überhaupt ist das gesamte Ringsystem trotz intensiver Beobachtungen noch nicht in allen Einzelheiten erforscht. Vielleicht erfahren wir mehr darüber, wenn 2004 die 1997 gestartete Sonde Cassini den Saturn erreicht und eine Erkundungskapsel auf dem Saturnmond Titan aussetzt.

Uranus und Neptun

Diese beiden letzten Gasplaneten umrunden in rund 19- beziehungsweise 30-fachem Erdabstand die Sonne. Obwohl bei beiden die innere Schicht aus metallischem, flüssigem Wasserstoff fehlt, sind sie ansonsten in Aufbau und Zusammensetzung den Gasplaneten Jupiter und Saturn sehr ähnlich. Im Wesentlichen bestehen beide aus gefrorenem Material, zusammen mit rund 15 Prozent Wasserstoff und etwas Helium. Während Neptun vermutlich einen Gesteinskern aufweist, ist das Material bei Uranus eher gleichmäßig über sein ganzes Volumen verteilt. Die Atmosphäre beider Planeten besteht zu 83 Prozent aus Wasserstoff, zu 15 Prozent aus Helium und zu etwa zwei Prozent aus Methan. Bei Neptun sind die bei Gasplaneten auftretenden atmosphärischen Turbulenzen besonders ausgeprägt. Auf ihm werden Windgeschwindigkeiten von bis zu 2000 Stundenkilometern gemessen. Eine andere Besonderheit entgegen der Regel, nach der die Rotationsachse der meisten Planeten nahezu senkrecht auf ihrer Bahnebene steht, erlaubt sich Uranus. Bei ihm liegt sie fast parallel zu dieser Ebene. Folglich wird der Planet durch die Sonne an den Polen stärker aufgeheizt als am Äquator. Dennoch ist seine Temperatur in den äquatorialen Zonen höher als an den Polen, ein Mechanismus, der bis jetzt noch einer Erklärung harrt.

Auch diese beiden Planeten müssen nicht ohne eigene Monde leben: 21 sind es bei Uranus und acht bei Neptun.

Pluto

Pluto ist der am wenigsten erforschte und der rätselhafteste der neun Planeten des Sonnensystems. Er ist am weitesten von der Sonne entfernt und mit einem Durchmesser von nur 2274 Kilometern der mit Abstand kleinste unter den Planeten. Da seine Umlaufbahn stark elliptisch ist, kommt er zeitweise der Sonne näher als der weiter innen liegende Neptun. Während die Bahnen aller anderen Planeten nahezu in einer Ebene verlaufen, ist er der einzige Planet im System, dessen Bahnebene deutlich, nämlich um 17 Grad, gegen diese gemeinsame Ebene geneigt ist. Wegen dieser Ungereimtheiten wollen einige in Pluto lieber einen großen Asteroiden oder einen Kometen sehen als einen Planeten. Auch die Zusammensetzung Plutos ist nicht genau bekannt. Man vermutet, dass er aus einer Mischung von rund 30 Prozent Wassereis und 70 Prozent gesteinsartigem Material aufgebaut ist. Über die Atmosphäre des Planeten weiß man praktisch nichts. Wahrscheinlich ist sie extrem dünn und setzt sich hauptsächlich aus Stickstoff, Kohlenmonoxid und Methan zusammen. Wie bei Uranus liegt auch Plutos Rotationsachse fast parallel zur Bahnebene der übrigen Planeten, und die Oberflächentemperatur erreicht nur Werte zwischen minus 240 und minus 225 Grad Celsius. Trotz seiner Kleinheit besitzt auch Pluto einen Mond. Charon ist kurioserweise mit 1172 Kilometer Durchmesser fast so groß wie Pluto. Man vermutet daher, dass Charon, ähnlich wie der irdische Mond, durch den Aufprall eines massereichen Körpers auf Pluto entstanden sein könnte.

Planetoiden

Neben diesen verhältnismäßig großen Trabanten, die die Sonne umkreisen, sausen noch eine ganze Menge kleinerer und kleinster Objekte von unregelmäßiger Gestalt im Sonnensystem herum. Im Unterschied zu den massereichen Planeten bezeichnet man sie als Planetoiden oder auch als Asteroiden. Ihre Zahl schätzen die Astronomen auf etwa eine Million, von denen wiederum rund die Hälfte Ausdehnungen von mehr als anderthalb Kilometern haben. Hinsichtlich Größe und Bahn hat man allerdings nur von etwa 17 000 genauere Daten. Trotz dieser Menge bringen alle diese Objekte zusammengenommen nicht mehr als ein Tausendstel der Erdmasse auf die Waage.

Der bevorzugte Aufenthaltsort dieser Kleinstplaneten ist der so genannte Asteroidengürtel zwischen den Planeten Mars und Jupiter in einer Entfernung zur Sonne vom zwei- bis dreifachen Erdabstand. Die meisten dieser Kleinkörper sind nahezu rabenschwarz, reflektieren nur wenige Prozent des Sonnenlichts und setzen sich im Wesentlichen aus Kohlenstoff zusammen. Ein kleinerer Anteil leuchtet jedoch relativ hell und besteht aus gesteinsartigem Material oder ist ziemlich reich an Metallen. Einige verändern sogar laufend ihre Helligkeit, während sie sich um ihre Achse drehen.

Die bekanntesten und größten Asteroiden sind Ceres, Pallas und Vesta mit Massen von immerhin rund einem Zehntausendstel der Erdmasse und einer Ausdehnung von einigen hundert Kilometern. Zwei andere Asteroiden, nämlich Gaspra und Ida, bekamen im Oktober 1991 beziehungsweise im August 1993 Besuch von der Raumsonde Galileo, die auf ihrem Weg zum Jupiter in nur 1600 Kilometer Entfernung an Gaspra und in 3600 Kilometer Abstand an Ida vorbeiflog. Gaspra, der Kleinere der beiden, hat eine Abmessung von rund 18 x 10 x 9 Kilometern. Ida ist mit 56 x 24 x 21 Kilometern etwa doppelt so groß. Auf den gestochen scharfen Bildern, die Galileo von diesen Trabanten zur Erde gefunkt hat, kann man deutlich die ziemlich zernarbten, mit Einschlagkratern übersäten Oberflächen erkennen. Ida hat sogar einen eigenen 1,6 x 1,4 x 1,2 Kilometer großen Mond mit dem griechischen Namen für Daumen: Dactyl.

Den Vogel bei der Beobachtung von Asteroiden hat jedoch die Sonde NEAR abgeschossen, die von der NASA zum Asteroiden Eros geschickt worden war und diesen seit Anfang Februar 2000 in immer geringerem Abstand umkreist hatte. Am 12. Februar 2001 war es dann so weit. Obwohl ursprünglich gar nicht geplant, gelang es, die etwa autogroße Sonde weich auf dem Asteroiden aufzusetzen, ohne sie dabei zu zerstören. Dabei kam die Sonde so günstig zu liegen, dass die Wissenschaftler auf der Erde immer noch Funksignale von NEAR empfangen können. Es wird sogar darüber spekuliert, ob es nicht gelingen könnte, NEAR erneut von EROS abheben zu lassen.

Von besonderem Interesse sind natürlich solche Asteroiden, die auf ihrem Weg die Erdbahn kreuzen und eventuell mit der Erde kollidieren können. Der Asteroid Hermes hatte sich schon mal bis auf eine Entfernung von etwa 750 000 Kilometer angenähert, entsprechend dem doppelten Abstand der Erde zum Mond. Mittlerweile hat man eine Menge solcher Kleinobjekte mit Größen von etwa zehn bis zu 300 Metern gefunden. Die geringste Distanz von allen hatte bisher ein Asteroid mit der Bezeichnung 1994 XM. Er raste nur 110 000 Kilometer entfernt an der Erde vorbei. Trotz intensiver Überwachung des Himmels glauben die Asteroidenbeobachter, dass nahezu jeden Tag mindestens ein mehr als zehn Meter großer Klumpen unerkannt die Erde in vergleichsweise ähnlich knapper Entfernung passiert.

Um möglichst frühzeitig vor einem eventuellen Einschlag warnen zu können, wurde 1995 von der nationalen Luft- und Raumfahrtbehörde der USA das Beobachtungssystem NEAT (Near Earth Asteroid Tracking) auf Hawaii installiert. Seit Anfang 2000 überprüft man mit einem 1,20-Meter-Teleskop von Maui aus den Himmel automatisch 18 Tage pro Monat auf der Suche nach erdnahen Asteroiden und Kometen. 271 möglicherweise der Erde gefährlich werdende Asteroiden sind bereits registriert. Alle sind größer als 150 Meter und können der Erde näher als 20 Mondentfernungen kommen. Aufgrund ihrer bekannten Bahndaten ist jedoch nicht zu befürchten, dass einer von ihnen mit der Erde kollidiert. Aber das kann sich natürlich ändern.

Für den Fall, dass doch mal einer direkt Kurs auf die Erde nehmen sollte, haben einige Wissenschaftler ein Szenario vorgeschlagen, bei dem eine nukleare Explosion in der Nähe des Asteroiden diesen zerstören oder aus der Bahn werfen soll. Allerdings wäre das mit einem großen Risiko behaftet. Ein Sprengkopf, der an der falschen Stelle explodiert, könnte unbeabsichtigte Folgen haben. Wissenschaftler geben daher auch zu bedenken, dass ein Hagel aus vielen Bruchstücken des zersprengten Asteroiden größeren Schaden anrichten könnte als ein einziger, wenn auch größerer Einschlag.

Kometen

Wenn man von Kometen spricht, so fällt einem vermutlich spontan der berühmte Halley'sche Komet ein, der möglicherweise bereits 2467 vor Christi Geburt erstmals gesichtet wurde. Doch erst rund 4000 Jahre später, nämlich 1682, gelang es dem englischen Astronomen Edmond Halley, die Bahn dieses Kometen zu berechnen. Er vermochte nachzuweisen, dass er für einen Umlauf um die Sonne 76 Jahre benötigt und dass auch die in den Jahren 1531 und 1607 gesichteten Erscheinungen alle auf denselben Kometen zurückzuführen waren. Auf Grund seiner Berechnungen wagte Halley auch die Voraussage, dass der Komet im Jahre 1759 wieder am Himmel erscheinen würde. Als sich die Prognose bewahrheitete, gab man schließlich Halley zu Ehren diesem Himmelsvagabunden seinen Namen.

Bis dahin wurden die Kometen allgemein als Unheilbringer angesehen, und noch 1456 verfluchte Papst Calixtus III. den in diesem Jahr gesichteten Halley'schen Kometen ausdrücklich als einen Agenten des Teufels. Mittlerweile weiß man natürlich besser Bescheid und kann das Wesen der Kometen genau beschreiben. Im Allgemeinen handelt es sich bei diesen Himmelserscheinungen um periodisch wiederkehrende Objekte, die auf mehr oder minder lang gestreckten Ellipsen die Sonne umrunden. Dabei unterscheidet man zwischen lang- und kurzperiodischen Kometen.

Zu den langperiodischen Kometen zählt man jene, deren Umlaufzeiten im Bereich von etwa 100 bis zu einer Million Jahre liegen. Ihre Bahnen sind sehr ausgedehnte Ellipsen. Der Komet Hale-Bopp, einer der hellsten Himmelskörper des 20. Jahrhunderts, der 1997 mit bloßem Auge gut am nächtlichen Himmel zu beobachten war, gehört zu diesem Kometentyp. Nach den Berechnungen seiner Bahn war er zuletzt vor etwa 4210 Jahren in Sonnennähe. Wieder hier auftauchen wird er erst in etwa 2380 Jahren. Vermutlich haben diese langperiodischen Kometen ihren Ursprung in der so genannten Oort'schen Wolke, die unsere Sonne in der etwa 50 000-fachen Entfernung Erde–Sonne umgibt. Nach neueren Schätzungen enthält diese Wolke einige Milliarden Kometen, die zusammen jedoch nur 50 Erdmassen auf die Waage bringen dürften. Die Wissenschaftler sehen es als sehr wahrscheinlich an, dass immer dann, wenn die Dynamik der Wolke, zum Beispiel durch die Schwerkraft eines in der Nähe vorbeiziehenden Sterns, gestört wird, einige Kometen aus diesem Reservoir in Richtung Sonne geschleudert werden.

Die Umlaufzeiten kurzperiodischer Kometen betragen weniger als 200 Jahre. Mit 3,3 Jahren hat der Komet Encke die kürzeste aller bekannten Umlaufzeiten. Der sonnenferne Bahnpunkt vieler Himmelskörper dieses Typs scheint in der Nähe der Bahn des Planeten Jupiter zu liegen, sodass man in ihrem Fall auch von einer Jupiter-Kometenfamilie spricht. Offenbar ist diese Kometenansammlung durch das Einfangen zunächst längerperiodischer Kometen entstanden. Als ursprüngliche Quelle der kurzperiodischen Kometen wird jedoch der Kuiper-

Gürtel angesehen, eine ringförmige Region in der Ebene des Sonnensystems, die sich jenseits der Bahn des Planeten Neptun bis zu einem Abstand von etwa der 150-fachen Entfernung der Erde zur Sonne in den Raum hinaus erstreckt.

Bei einem Kometen unterscheidet man zwischen dem Kometenkopf und einem manchmal bis zu 150 Millionen Kilometer langen Schweif. Der Kometenkopf umfasst den nur wenige Kilometer großen, meist aber nicht sichtbaren Kern und eine neblig diffuse Hülle aus Gas- und Staubteilchen, die als so genannte Koma den Kern umgibt. Der ein bis einige zig Kilometer große Kern besteht im Wesentlichen aus gefrorenem Wasser, Ammoniak, Methan und Kohlendioxid mit einer dicken Kruste aus dunklem Staub, weshalb man ihn auch gerne mit einem schmutzigen Schneeball vergleicht. Die Kernmasse beträgt zwischen einer und 1000 Milliarden Tonnen. Wem das jetzt unheimlich viel erscheint, der sei daran erinnert, dass die Erde immerhin noch rund sechs Milliarden Mal schwerer ist als die massereichsten Kometen.

Koma und Schweif bilden sich erst aus, wenn sich der Komet der Sonne nähert. Solange sich der Komet jenseits der Jupiterbahn aufhält, ist von ihm nur der Kern vorhanden. Erst wenn er von der Sonne ausreichend aufgeheizt wird, beginnt die äußere Hülle des Kerns zunehmend zu verdampfen, und Koma und Schweif beginnen sich zu entwickeln. Die voll ausgebildete Koma erreicht einen Durchmesser von 50 000 bis etwa 100 000 Kilometern. Bei den Kometenschweifen unterscheidet man zwei Typen. Schweife vom Typ I bestehen in erster Linie aus ionisierten Molekülen, also aus Gasmolekülen, die durch den Verlust eines Elektrons positiv geladen sind. Man bezeichnet sie daher auch als Plasmaschweife. Diese Schweife sind stets von der Sonne weggerichtet, da der Sonnenwind, ein permanenter Strom von Protonen und Elektronen, der von der Sonne abweht, die Molekülionen vor sich hertreibt. Die so genannten Staubschweife des Typs II sind stärker gekrümmt als die Plasmaschweife. Sie bestehen ausschließlich aus mikroskopisch kleinen Staubteilchen. Für diese Teilchen reicht bereits der Strahlungsdruck des Sonnenlichts aus, um sie in die vom Kometen aus gesehen sonnenabgewandte Richtung zu blasen. Beide Schweiftypen können sowohl einzeln als auch gemeinsam auftreten.

Da die Kometen aus ziemlich locker zusammengefügtem Material bestehen, sind sie auch besonders anfällig für gravitative Störungen, zum Beispiel der Anziehungskraft eines Planeten. Äußerst spektakulär war das am Kometen Shoemaker-Levy zu beobachten, der im Rhythmus von zwei Jahren den Planeten Jupiter umrundete. Bei der Entdeckung dieses Kometen 1993 konnte man schon erkennen, dass Shoemaker-Levy in 21 Teile zerbrochen war, die wie bei einer Kette längs seiner Flugbahn aufgereiht waren. Zerrissen wurde der Komet, als er bei seinen Umläufen dem Jupiter schließlich zu nahe kam. Im Juli 1994 stürzten dann die einzelnen Teilstücke Brocken für Brocken innerhalb von sechs Tagen mit einer Geschwindigkeit von etwa 60 Kilometern pro Sekunde in die Jupiteratmosphäre. Da die Einschläge auf der der Erde abgewandten Seite Jupiters lagen, dauerte es etwa 15 Minuten, bis sich Jupiter so weit gedreht hatte, dass diese Stelle auch sichtbar wurde. Der Anblick war beeindruckend. Die Einzelteile Shoemaker-Levys hatten sich beim Eindringen in die Jupiteratmosphäre dermaßen erhitzt, dass sie schließlich explodierten und heißes Gas etwa 3000 Kilometer in den Raum hinausschleuderten. Das auf die Oberfläche Jupiters zurückfallende Material heizte dann die Atmosphäre noch weiter auf, sodass sich über Wochen im infraroten Bereich des elektromagnetischen Spektrums sehr helle Flecken mit einem Durchmesser von rund 25 000 Kilometern abzeichneten. Aus dem Gesamtbild der Erscheinungen konnte man schließen, dass die einzelnen Bruchstücke lediglich einen Durchmesser von etwa 700 Metern hatten. Was geschehen wäre, wenn Shoemaker-Levy, vielleicht sogar als ganzer Komet, auf die Erde gestürzt wäre, möchte man sich gar nicht erst ausmalen.

Meteore – Meteoride – Meteoriten

Um bei den folgenden Betrachtungen über Meteore nicht Gefahr zu laufen, sich in Begriffen zu verheddern, müssen wir zunächst einige Bezeichnungen erläutern. Sprechen wir von einem Meteor, so ist damit die Leuchtspur gemeint, die am Himmel zu sehen ist, wenn ein Staubteilchen oder ein größerer Gesteinsbrocken in die Erdatmosphäre eintritt und dort verglüht. In der Umgangssprache wird diese Himmelserscheinung auch als Sternschnuppe bezeichnet. Meteorid heißt dann der Körper, der die Erscheinung hervorruft. Und schließlich wird aus dem Meteorid ein Meteorit, wenn er nicht vollständig in der Erdatmosphäre verglüht, sondern noch ein Rest übrig bleibt, der als kompakter Klumpen auf die Erdoberfläche prallt.

Meteoride sind meist Bruchstücke von Asteroiden oder Kometen, deren Bahn die der Erde ungefähr kreuzt. Ein Großteil der Meteoride bewegt sich im Sonnensystem in einzelnen Schwärmen. Die Bahn eines solchen Schwarms kann man auf Grund der Spuren der einzelnen Meteore berechnen. Auf diese Weise fand man heraus, dass sich zahlreiche Meteoridenschwärme auf den Bahnen bekannter Kometen bewegen. Ein Beispiel dafür ist der so genannte Leoniden-Schauer, der mit dem Kometen Temple/Tuttle zusammenhängt. Vermutlich sind die einzelnen Meteoride des Schauers nichts anderes als Bruchstücke dieses Kometen. Durchstößt die Erde auf ihrer Bahn um die Sonne einen solchen Strom, so kann man am Himmel das schöne Schauspiel eines Meteorschauers beobachten. Aber auch von Planeten können Meteoride abstammen. Beim Aufschlag massereicher Objekte auf einem Planeten werden gelegentlich Planetentrümmer aus dessen Oberfläche herausgebrochen und in den Raum hinauskatapultiert, die dann als Meteoride ihre Reise im Sonnensystem beginnen.

Meteoride bis etwa zehn Millimeter Größe verglühen beim Eindringen in die Erdatmosphäre, aufgeheizt durch die Reibung an den Luftmolekülen, bereits in etwa 100 Kilometer Höhe. Dabei erzeugen sie längs ihrer Bahn eine Leuchtspur und einen Kanal aus ionisiertem Gas. Ionisierte Materie reflektiert Radarstrahlen, sodass sich sogar kleinste Meteorite auch tagsüber mithilfe ihres Radarechos nachweisen lassen. Meteoride mit einer Größe von einem bis etwa zehn Zentimetern können tiefer in die Atmosphäre eindringen. Sie zerplatzen in Höhen von zehn bis 50 Kilometern und verursachen die relativ seltenen Feuerbälle. Erst Meteoride, die noch größer sind, explodieren nahe der Erde und fallen als einzelne Bruchstücke auf diese herab. Dabei können gewaltige Einschlagkrater entstehen.

Den wohl bekanntesten Einschlagkrater findet man in Arizona, wo ein etwa eine Million Tonnen schwerer Eisenmeteorit vor etwa 20 000 Jahren ein 175 Meter tiefes Loch von 1,2 Kilometern Durchmesser bohrte. Sehr wahrscheinlich ist auch das Nördlinger Ries mit 25 Kilometern Durchmesser das Ergebnis eines Meteoritenaufpralls vor etwa 15 Millionen Jahren. Schließlich führt man auch das Aussterben der Dinosaurier vor etwa 65 Millionen Jahren auf den Aufprall eines etwa zehn Kilometer großen Meteoriten zurück. Der Krater, der dabei entstanden ist, liegt unter einer dicken Sedimentschicht bei Chicxulub auf der mexikanischen Halbinsel Yucatan und hat einen Durchmesser von rund 180 Kilometern. Der Astronom Shoemaker hat eine empirische Formel aufgestellt, mit der aus der Größe eines Einschlagkraters Masse und Einfallgeschwindigkeit des verursachenden Meteoriten bestimmt werden können.

So soll zum Beispiel ein Meteorit von einem Kilometer Durchmesser und einer Dichte von drei Tonnen pro Kubikmeter, der mit einer Geschwindigkeit von 20 Kilometern pro Sekunde auf die Erde kracht, einen Krater von 39 Kilometern Durchmesser verursachen.

Der Massenzuwachs der Erde durch Meteoriten beträgt etwa 40 000 Tonnen pro Jahr. Überwiegend handelt es sich dabei um so genannte Mikrometeorite mit einem Durchmesser, der kleiner ist als ein Zehntelmillimeter. Nur etwa 200 Tonnen erreichen die Erdoberfläche als winzig kleine Partikel. Meteoriten von der Größe eines Steins oder eines größeren Felsbrockens sind dagegen relativ selten.

Die Zusammensetzung der Meteoriten kann sehr unterschiedlich ausfallen. Generell kennt man drei Klassen: Eisenmeteorite, Steinmeteorite und Glasmeteorite. Letztere sind etwa ein Zentimeter große schwarz-grüne Körper aus silikatreichem Glas. Ihre rundliche Form deutet darauf hin, dass sie in geschmolzenem Zustand durch die Luft geflogen sein müssen.

Wie bereits erwähnt, werden Meteorite auch zur Altersbestimmung des Sonnensystems herangezogen. Man geht ja davon aus, dass die Körper, von denen sie abstammen, zur gleichen Zeit entstanden sind wie die Sonne und ihre Planeten. Neben der radioaktiven Altersbestimmung, die wir weiter oben schon besprochen haben, gibt es noch die Möglichkeit festzustellen, wie lange der Meteorit im Weltraum der Bestrahlung durch energiereiche Protonen ausgesetzt war. Diese Zeit ist ein Maß dafür, wann der Meteorit bei einem Zusammenstoß im All von einem größeren Körper abgesprengt worden ist. Für Eisenmeteorite erhält man Werte von 100 Millionen bis zu einer Milliarde Jahre. Die wesentlich zerbrechlicheren Steinmeteorite geistern »nur« eine bis etwa zehn Millionen Jahre im Weltraum umher.

Entstehung des Sonnensystems

Nachdem wir nun die diversen Familienmitglieder des Sonnensystems kennen gelernt haben, wäre es angebracht, auch etwas über die Mutter, nämlich die Sonne, zu erzählen. Da wir das aber bereits ausführlich im Kapitel »Die Sonne« getan haben, wollen wir uns jetzt der Frage zuwenden, wie das Sonnensystem entstanden sein könnte.

Mit großer Sicherheit hat sich unsere Sonne aus einer sich zusammenziehenden und dabei immer dichter werdenden, kalten interstellaren Gas- und Staubwolke gebildet. Schuld daran, dass diese Wolke anfing zu kollabieren, war vermutlich eine Supernova in der Nähe unserer jetzigen Sonne, etwa 750000 Jahre vor deren Entstehung. Die Stoßwellen, die damals von dieser Explosion ausgingen, und die Materie, die mit ungeheurer Wucht in den Raum geschleudert wurde, haben beim Aufprall auf die Gaswolke diese etwas zusammengepresst und so ihre Dichte erhöht. Wird aber die Dichte in einem Gas größer, so kann es besser und schneller abkühlen, weil die einzelnen Gasmoleküle häufiger zusammenstoßen und dabei Energie in Form von Strahlung in den interstellaren Raum abgeben. Mit sinkender Wolkentemperatur erniedrigt sich auch der Druck im Inneren, und die Anziehungskraft zwischen den einzelnen Partikeln der Wolke gewinnt die Oberhand. Die Wolke fängt an zu kollabieren, verdichtet sich mehr und mehr und ballt sich schließlich zum heißen Gasball eines Sterns zusammen.

Doch wie steht es mit den Planeten? Während im Innern der Wolke der Stern heranwächst, konzentriert sich ein Teil des Wolkengases in Form einer flachen, um den Stern rotierenden Gas- und Staubscheibe. Die Massen dieser Scheiben reichen von 0,005 bis etwa 0,2 Sonnenmassen. Diese Scheiben erstrecken sich bis zu einer etwa 100-fachen Entfernung der Erde von der Sonne in den Raum hinaus. Ein erster Blick auf unser Sonnensystem lässt bereits vermuten, dass die Planeten aus einer solchen zirkumstellaren Scheibe entstanden sind. Besonders zwei Gesichtspunkte stützen diese Theorie. Zum einen bewegen sich die Planeten auf nahezu kreisförmigen Bahnen, die alle mehr oder weniger in der gleichen Ebene verlaufen. Zum anderen kreisen sämtliche Planeten gleichsinnig um die Sonne. Dies sind Indizien, die für eine Planetenentwicklung aus einer Scheibe sprechen.

Nach den gegenwärtigen Theorien läuft die Entstehung der Planeten in zwei Phasen ab. Grundsätzlich beginnt die Entwicklung mit zufälligen Kollisionen der ursprünglich gleichmäßig über die Scheibe verteilten Staubpartikel. Dabei ballt sich die Scheibenmaterie zu größeren Klümpchen zusammen. Durch weitere Zusammenstöße bilden sich dann aus den Klümpchen schrittweise immer größere Brocken. Auf diese Weise formen sich in etwa einer Million Jahre aus dem Staub der Scheibe Planetenvorläufer, die so genannten Planetesimale, mit einem Durchmesser von bis zu 100 Kilometern.

In der Phase zwei vereinigen sich dann mehrere Planetesimale zu immer größeren Objekten. Das Wachstum erfolgt dabei fast ausschließlich über gegenseitige inelastische Zusammenstöße. Massereiche Planetesimale kollidieren dabei aufgrund ihrer größeren Anziehungskraft häufiger. Auf diese Weise wachsen die großen Planetesimale auf Kosten anderer mit geringerer Masse und werden schließlich zu Planeten. Das Wachstum ist beendet, wenn alles Material im Bereich der jungen Planeten aufgesammelt ist. Dieser ganze Prozess dauert etwa 100 Millionen Jahre. Heute sind die Planetologen der Meinung, dass sich die gesteinsartigen, terrestrischen Planeten unseres Sonnensystems, nämlich Merkur, Venus, Erde und Mars, entsprechend den geschilderten Abläufen gebildet haben.

Gasplaneten können sich nur in den äußeren Bereichen der zirkumstellaren Scheibe formen. Hier ist die Temperatur des Scheibengases so niedrig, dass die Anziehungskraft eines bereits vorhandenen Kerns die Gasmoleküle entgegen ihrer Wärmebewegung festhalten kann. Man glaubt, dass sich zunächst ein gesteinsartiger Kern ausbildet oder ein Kern aus Kohlendioxid, Ammoniak und Wassereis aus dem Scheibengas ausfriert und dann aufgrund der Gravitation sehr rasch Gas aus der Wolke an sich bindet. Computersimulationen zeigen, dass sich die gesamte Hülle des größten Gasplaneten in unserem Sonnensystem, des Jupiter, in nur 100 000 Jahren gebildet haben könnte.

Planetenbahnen

Normalerweise sollten sich bei der Entwicklung von Planeten aus einer rotierenden Gasscheibe nahezu kreisförmige Umlaufbahnen um den Zentralstern herausbilden. Bei einem Blick auf unser Sonnensystem finden wir das auch sehr schön bestätigt für die Planeten Venus, Erde, Mars, Jupiter, Saturn, Uranus und Neptun. Auf Merkur und Pluto trifft dies allerdings nicht mehr zu. Mit Exzentrizitäten von 0,21 beziehungsweise 0,25 weichen die Bahnen dieser Planeten doch beträchtlich von einem Kreis ab. Noch sind sich die Planetologen nicht im Klaren darüber, warum das so ist. Fragt sich also: Wie kann es zu derartigen »Bahnverformungen« kommen?

Mehrere Möglichkeiten sind denkbar. Zum einen kann ein in der Nähe vorbeiziehender Stern durch seine Schwerkraft die Bahn des Planeten stören. Ein solcher Fall wäre beispielsweise in einem Doppelsternsystem gegeben, in dem einer der beiden Sterne von Planeten umkreist wird. Zum anderen können die Anziehungskräfte, welche die Planeten untereinander ausüben, die ursprünglich kreisförmigen Bahnen deformieren. Entstehen dabei Bahnüberkreuzungen, so können die Bahnkurven masseärmerer Planeten gewaltig verzerrt werden. Im schlimmsten Fall wird dabei ein Planet ganz aus dem System herausgeschleudert. Würde sich zum Beispiel Jupiter auf einer exzentrischen Bahn bewegen, so hätte das für die Erde oder den Mars möglicherweise katastrophale Folgen. Die Bahndaten eines einzigen, massereichen Planeten sind oft entscheidend für das Schicksal aller anderen Planeten des Systems. Möglichst kreisförmige Bahnen wirken sich also positiv auf die Stabilität eines Planetensystems aus. Inwieweit die nahezu kreisförmigen Planetenbahnen unseres Sonnensystems nun purer Zufall oder das Ergebnis einer langen Entwicklung sind, bei der eventuell »überflüssige« Planeten aus dem System herauskatapultiert wurden oder in die Sonne gestürzt sind, ist beim gegenwärtigen Stand der Forschung noch völlig offen.

Stabilität des Sonnensystems

Die Planeten umkreisen die Sonne auf genau festgelegten Bahnen und benötigen dazu immer die gleiche Zeit. Es hat den Anschein, als liefe im Sonnensystem alles so regelmäßig wie bei einem Uhrwerk. Nun wäre es interessant zu wissen, ob das schon immer so war und ob das auch immer so bleiben wird. Was also bringt die Zukunft? Ist unser Sonnensystem nur eine von vielen möglichen stabilen Konfigurationen, oder ist dieses »Karussell« auf Grund seiner Stabilität das einzig Mögliche mit konstanter Präzision? Eine Antwort hierauf ist schwer zu geben. Vor allem deswegen, weil wir in Anbetracht des Alters unseres Sonnensystems von etwa 4,5 Milliarden Jahren nur auf Beobachtungen zurückgreifen können, die günstigstenfalls einige tausend Jahre zurückliegen. Innerhalb dieser knappen

Zeitspanne konnten die Astronomen aber keine Veränderungen in der Harmonie des Sonnensystems erkennen. Es gibt jedoch Hinweise darauf, dass das nicht immer so gewesen ist, und vor allem, dass das nicht immer so bleiben muss.

Es ist nicht völlig ausgeschlossen, dass die gegenwärtige Harmonie einmal in blankes Chaos umschlagen kann. Einige Beispiele dafür lassen sich schon heute im Sonnensystem finden. Hyperion, ein erdnussförmiger Mond des Saturn, ist so ein wankelmütiger Kandidat. Obwohl er auf einer stabilen Bahn seinen Planeten umläuft, torkelt er dabei gewaltig wie ein betrunkener Zecher. Seine Rotationsachse wechselt laufend ihre Richtung. Einmal dreht er sich um seine lange, dann wieder um seine kurze Achse, und gelegentlich scheint er gar ganz still zu stehen. Es ist unmöglich, seine Position im Raum über längere Zeit vorherzubestimmen. Die Ursache für dieses ungehörige Benehmen sehen die Astronomen in seiner elliptischen Bahn um den Saturn, die Hyperion immer wieder in die Nähe des großen Saturnmondes Titan manövriert und ihn dessen Gravitationskräften aussetzt.

Ähnlich, aber nicht ganz so dramatisch verhält es sich auch mit dem Erdmond. Bis heute ist es nicht gelungen, die Mondbahn exakt zu berechnen. Gäbe es nur die Erde und den Mond, so wäre das kein Problem. In einer solchen Zweikörperkonstellation lassen sich mithilfe der Kepler'schen Gesetze die Bewegungen der beiden Partner aufgrund der gegenseitigen Anziehungskräfte genau ermitteln. Die hierzu aufzustellenden Gleichungen kann man lösen. Tritt jedoch ein dritter Körper hinzu, zum Beispiel die Sonne, so geht das schon nicht mehr. Jetzt wird die Bewegung des Mondes von der Anziehungskraft zweier Körper beeinflusst, die ihrerseits wiederum unter dem Einfluss der jeweils beiden anderen Körper stehen. Eine exakte Lösung der Bewegungsgleichungen für diese drei Körper ist nicht mehr möglich. Allerdings sind einige Spezialfälle be-

Die Erde

© Apollo 17 Crew, NASA

Die Erde, aus dem Weltall aufgenommen von Apollo 17.

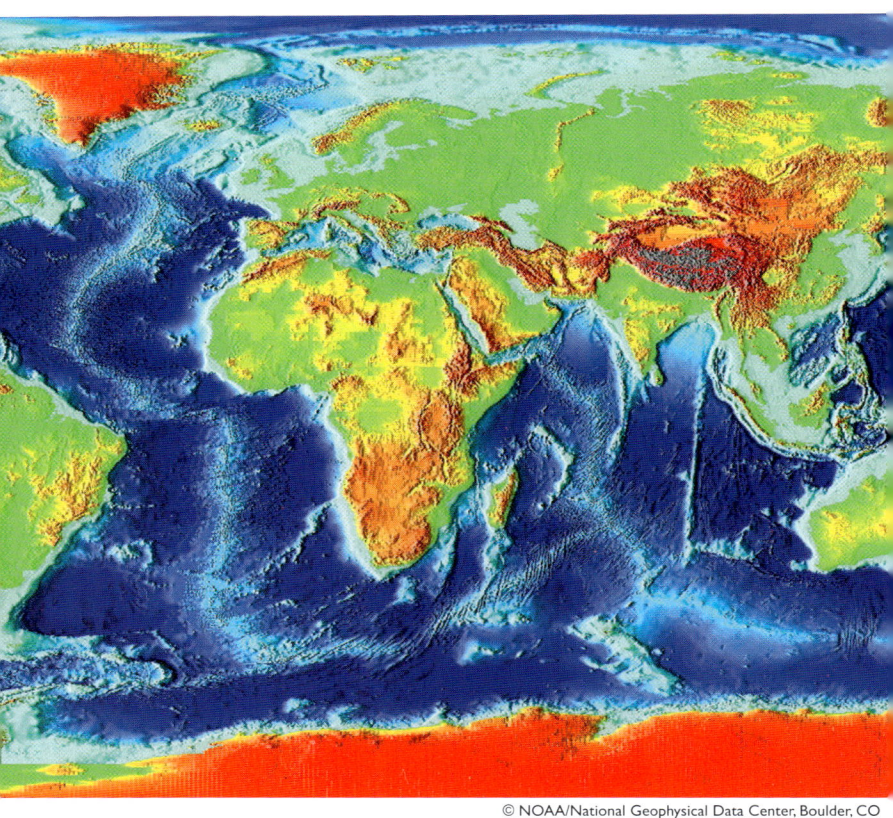

© NOAA/National Geophysical Data Center, Boulder, CO

Höhenstruktur der Erdoberfläche mit am Meeresboden deutlich erkennbaren Plattengrenzen. Das Bild entstand aus einer Kombination von Satelliten-Radarhöhenmessungen mit Echolotaufnahmen des Meeresbodens.

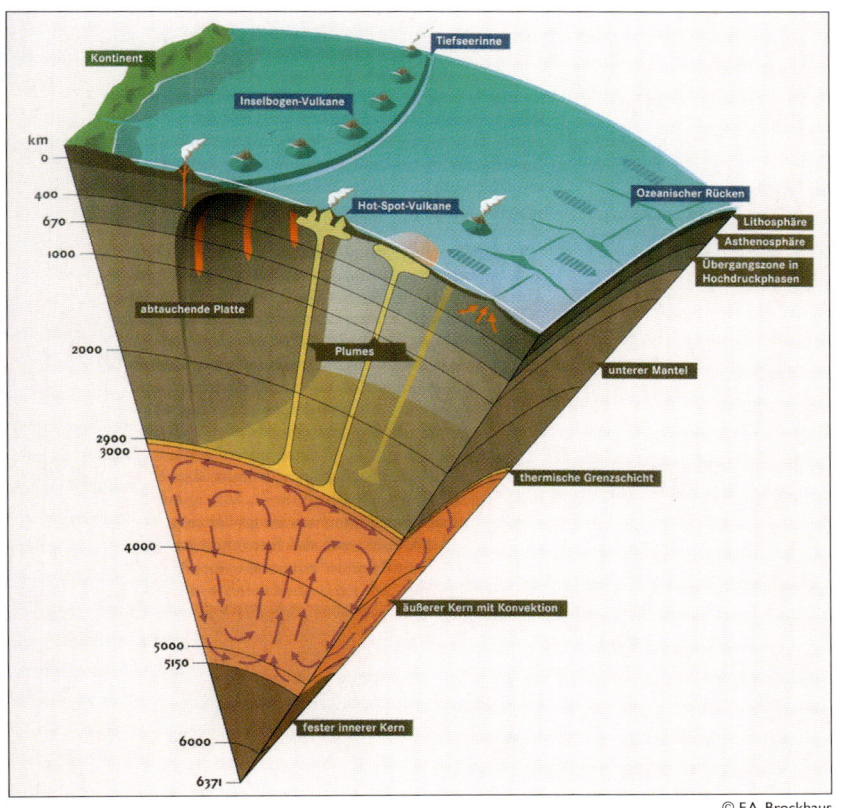

Schnitt durch den Erdkörper. Über einem festen Kern erstreckt sich großräumig die Konverktionszone, die den Motor für die Plattenbewegung darstellt. Tiefseerinnen entstehen durch abtauchende Platten, Vulkane durch aus bis zu 3000 Kilometern Tiefe aufsteigendem Magma.

Der Mond

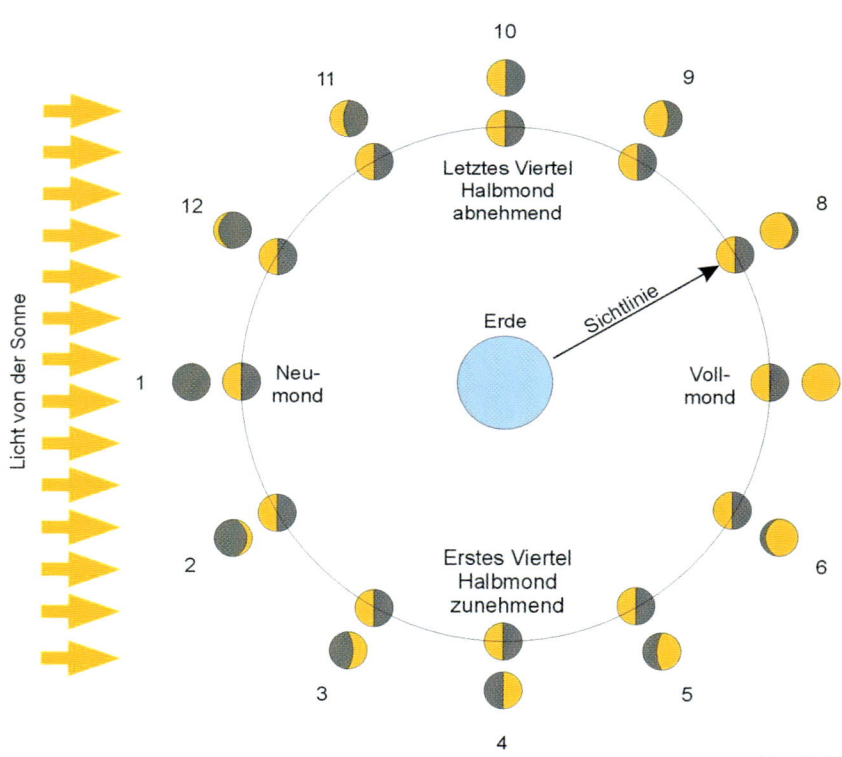

Entstehung der Mondphasen.

Der Mond, aufgenommen mit dem Teleskop des Lick Observatoriums der University of California. Man erkennt deutlich die Einschlagkrater, die dunklen so genannten Meere und die hellen gebirgigen Hochflächen.

Der Mond im Schatten der Erde. Bei einer Mondfinsternis entsteht das rötliche Aussehen des Mondes durch in der Atmosphäre der Erde gestreutes Sonnenlicht.

© Lick Observatory

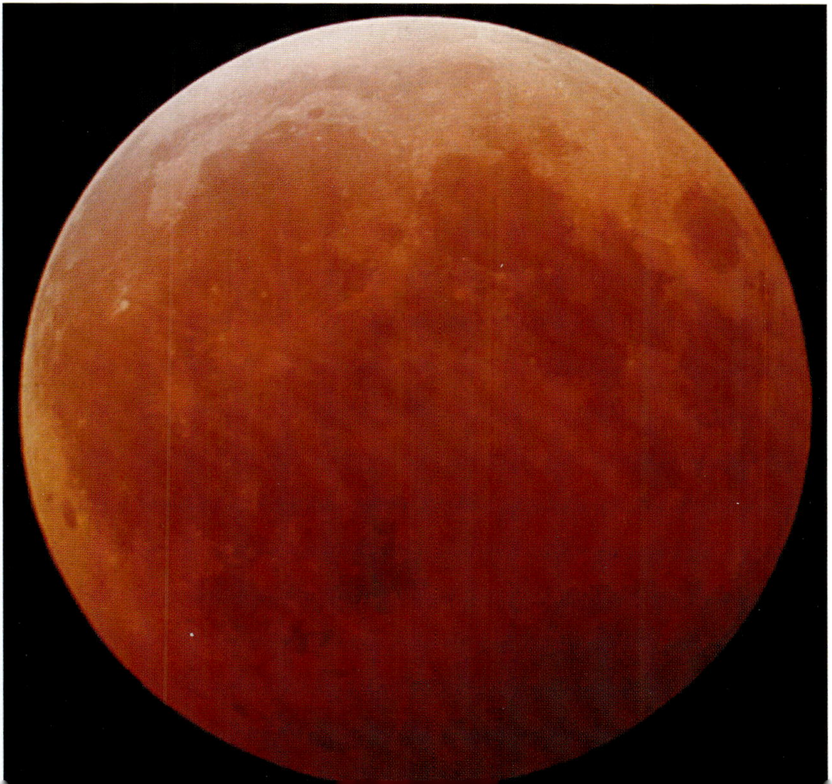

© Tunc Tezel

Die Sonne

© SOHO - EIT Consortium, ESA, NASA

Die Sonne: ein an der Oberfläche rund 5800 Grad heißer Kernfusionsreaktor, an dessen Oberfläche magnetische Kräfte immer wieder gewaltige Plasmaeruptionen auslösen.

Der innere Aufbau der Sonne. Am linken Bildrand ist der Sonnenradius in Einheiten von 700 000 Kilometern angegeben. Die Sonnenaktivität führt zu einer Korona, die um Vieles heißer ist als die Sonnenoberfläche.

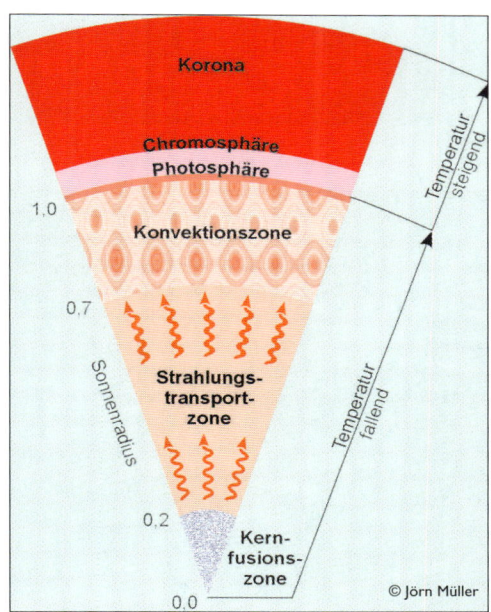

Abgelenkt durch das Magnetfeld der Erde erzeugen die geladenen Teilchen des Sonnenwindes beim Auftreffen auf die Moleküle der Erdatmosphäre die Leuchterscheinungen des Polarlichts.

Das Sonnensystem

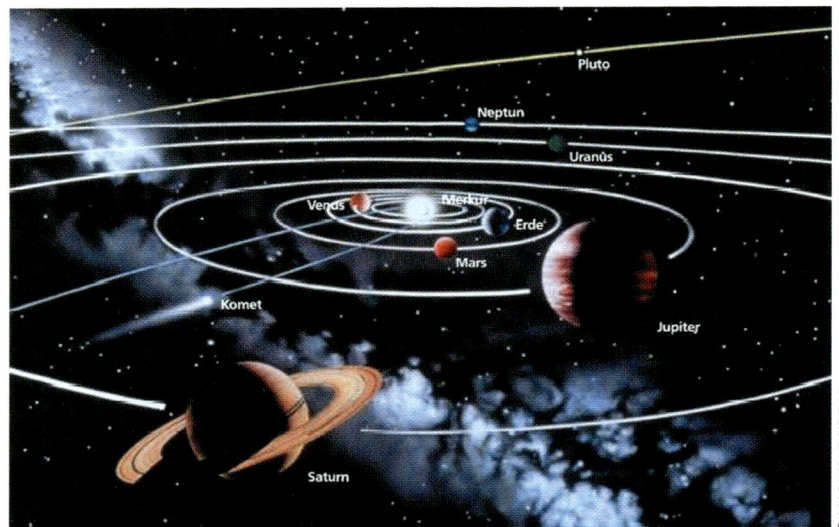

Unser Sonnensystem mit den inneren terrestrischen Planeten und den äußeren Gasriesen.

Die terrestrischen Planeten im Größenvergleich.

Die Gasplaneten im Größenvergleich. Gegenüber diesen Riesen erscheint die Erde vergleichsweise klein, noch kleiner der »Quasi-Planet« Pluto, vermutlich ein entlaufener Mond des Neptun.

Entfernungen

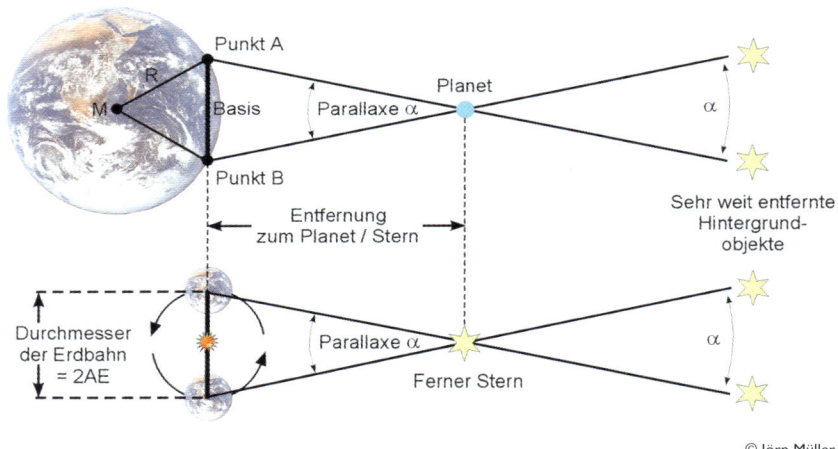

© Jörn Müller

Entfernungsbestimmung mit Hilfe der trigonometrischen Parallaxe. Oben: tägliche Parallaxe für vergleichsweise nahe Objekte wie z.B. Planeten. Unten: jährliche Parallaxe für weit entfernte Sterne.

Was ist ein Stern?

Ein alter, großer Sternhaufen mit einigen 100 000 Sternen. Im Vergleich dazu enthält die Milchstraße ca. 100 Milliarden Sterne.

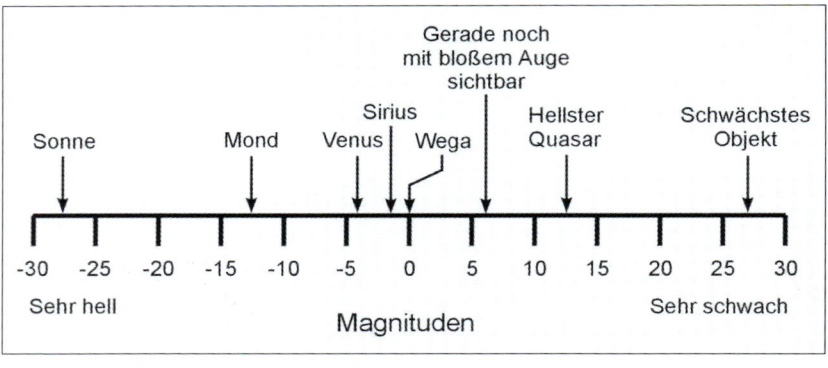

Einige bekannte Objekte am Himmel, geordnet nach ihrer Helligkeit, der so genannten scheinbaren Helligkeit, wie wir sie auf der Erde wahrnehmen. Ohne eine Kenntnis der Entfernung des Objekts sagt die scheinbare Helligkeit nichts aus über dessen tatsächliche Leuchtkraft. Ein Quasar ist billionenfach leuchtkräftiger als die Sonne, erscheint aber aufgrund seiner großen Entfernung viel schwächer.

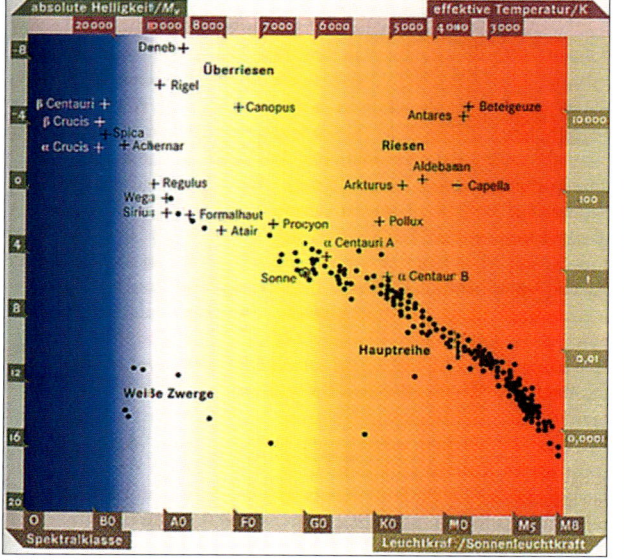

Das Hertzsprung-Russell-Diagramm ordnet die Sterne nach absoluter Helligkeit bzw. Leuchtkraft und Oberflächentemperatur. Die längste Zeit seines Lebens verbringt ein sonnenähnlicher Stern auf der diagonalen Hauptreihe. Geht der Wasserstoffvorrat zur Neige, wandert er in das Reich der Riesen und wird am Ende seines Lebens zu einem Weißen Zwerg.

© F.A. Brockhaus

Schwarze Löcher

Das Aufsammeln von Gas durch ein Schwarzes Loch von mehreren Millionen Sonnenmassen erzeugt eine schnell rotierende Gasscheibe. Zu beiden Seiten der Akkretionsscheibe entlang der Drehachse bohrt sich ein Gasstrahl, ein so genannter Jet, mit nahezu Lichtgeschwindigkeit über Entfernungen von mehreren zehntausend Lichtjahren in den Raum hinaus.

Der Jet von M 87, einer Galaxie, in deren Zentrum ein Schwarzes Loch von ca. 3 Milliarden Sonnenmassen vermutet wird. (Aufgenommen vom Hubble Space Teleskop im sichtbaren Bereich des Spektrums)

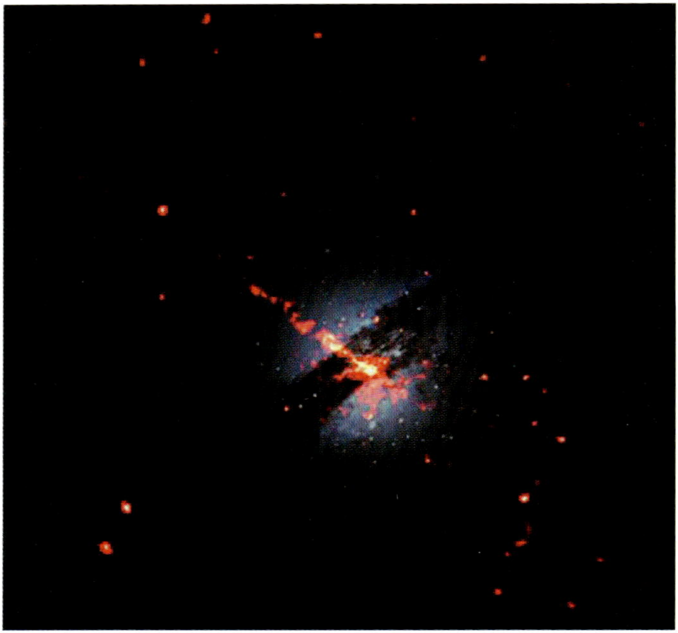

Der Röntgen-Jet von Centaurus A, der zu uns nächsten aktiven Galaxie. (Aufgenommen vom Röntgensatelliten Chandra)

Kosmologie für Fußgänger

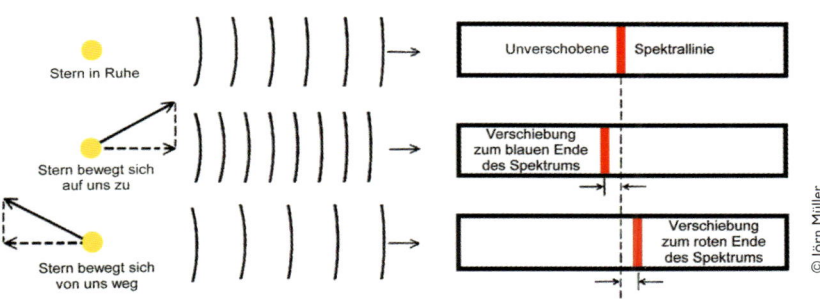

Durch die Bewegung der Sterne und Galaxien von uns weg bzw. auf uns zu verschieben sich die Spektrallinien in den roten bzw. blauen Bereich des elektromagnetischen Spektrums.

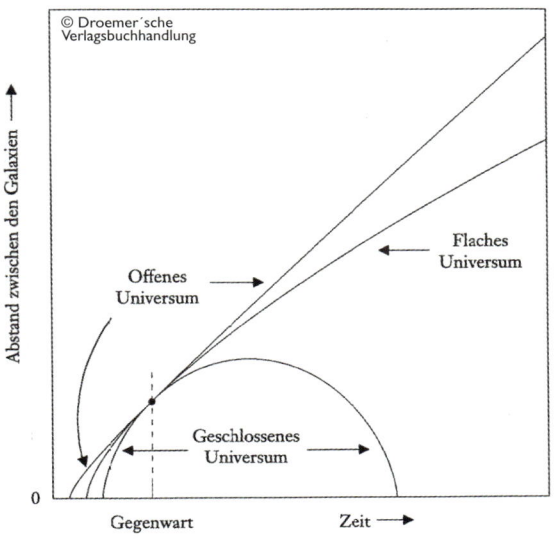

Theoretische Möglichkeiten für die Entwicklung unseres Universums. Eine hohe Massendichte führt zu einem geschlossenen, eine kleine Massendichte zu einem offenen und eine Grenzmassendichte zwischen diesen Werten auf ein flaches Universum. Alle Beobachtungen deuten darauf hin, dass wir in einem flachen Universum leben.

In einem für das menschliche Auge völlig dunkel erscheinenden streichholzschachtelgroßen Himmelsausschnitt enthüllt das Hubble Space Teleskop nach 10-tägiger Belichtung eine riesige Ansammlung von Galaxien. Einige der roten Galaxien gehören zu den ältesten Objekten des Universums, werden von uns jedoch aufgrund ihrer enormen Entfernung und der endlichen Ausbreitungsgeschwindigkeit des Lichts so gesehen, wie sie vor Milliarden von Jahren waren.

kannt, für die es eine exakte Lösung des Dreikörperproblems gibt, nämlich dann, wenn sich einer der drei Körper an einem Punkt befindet, wo sich die von den beiden anderen Körpern ausgeübten Anziehungskräfte und die Zentrifugalkräfte genau die Waage halten. Zu Ehren des Mathematikers Joseph Louis de Lagrange, dem diese Lösungen als Erstem geglückt sind, bezeichnet man solche Punkte auch als Lagrange-Punkte.

Doch was kann man tun, wenn eine exakte Lösung nicht möglich ist? Man kann zunächst die Sonne vernachlässigen und ihren Einfluss auf die Bewegung von Erde und Mond als eine Störung des Zweikörperproblems betrachten. Das liefert aber nur eine Bahnvorhersage über einen relativ kurzen Zeitraum, da ja das Ausmaß der Störung nicht konstant bleibt, sondern sich aufgrund der Einflüsse der beiden anderen Partner ebenfalls ändert. Das wird noch um ein Vielfaches schlimmer, wenn man sich vergegenwärtigt, dass ja auf den Mond nicht nur die Gravitationskräfte von Sonne und Erde einwirken, sondern auch die aller anderen Planeten, Monde, Kometen und Asteroiden im Sonnensystem, im Prinzip sogar aller Massen im Universum. Natürlich können diese Einflüsse aufgrund der großen Entfernung dieser Körper beliebig klein ausfallen, aber niemals völlig verschwinden. Es ist jedoch unmöglich, die gegenseitigen Auswirkungen der Gravitation all dieser Körper bei der Berechnung der Bahn zu berücksichtigen. Dass nach wie vor alles »rund« läuft, ist lediglich dem Umstand zu verdanken, dass sich die meisten Störungen eben nur verschwindend gering auswirken. Theoretisch können sich aber Störungen so aufsummieren, dass sie letztlich doch eine kleine Verzerrung der ursprünglich stabilen Bahn eines Planeten hervorrufen und ihn somit geringfügig näher in den Anziehungsbereich eines anderen kosmischen Körpers rücken. Die Bahn des Planeten wird auf diese Weise mehr und mehr deformiert. Schließlich kann es sogar zum Zusammenstoß mit einem anderen Planeten kommen, oder die Kräfte wachsen dermaßen an, dass sie den Planeten ganz aus seiner Bahn schleudern.

Pluto, der Kleinste der Planeten, ist einem solchen Schicksal gerade noch entgangen. Es darf als sicher angenommen werden, dass Plutos Bahn in der Frühzeit des Sonnensystems in der gleichen Ebene verlief wie die der anderen Planeten. Im Laufe der Zeit muss jedoch Neptun dem kleinen Pluto bei jeder Begegnung einen kleinen Rempler verpasst haben, der dazu geführt hat, dass sich die Ebene der Bahn Plutos aus der Bahnebene des Neptun herausgedreht hat und zudem relativ elliptisch wurde. Daher kreuzen sich die Bahnen beider Planeten, sodass Pluto gelegentlich sogar innerhalb der Neptun-Bahn die Sonne umkreist. Heute beträgt die Neigung gegen die Ebene, in der die übrigen Planeten ihren Bahnen folgen, rund 17 Grad. Entscheidend aber ist, dass sich dabei zwischen Plutos Bahn um die Sonne und Neptuns Periode eine Drei-zu-zwei-Resonanz eingestellt hat. Das bedeutet, in der Zeit, in der Neptun die Sonne dreimal umrundet, schafft es Pluto gerade zweimal. Auf diese Weise ist sichergestellt, dass immer dann, wenn sich die Bahnen kreuzen, die beiden Planeten weit voneinander entfernt sind und sich gegenseitig so wenig wie möglich stören können.

Einige Wissenschaftler haben sich die Frage gestellt, ob es im Sonnensystem Platz für einen weiteren Planeten geben könnte, ohne dass dadurch die Stabilität des Systems gefährdet würde. Sie vermuten, dass ein zusätzlicher Körper aus dem Sonnensystem herausgeschleudert würde. Diese Art von »Ausschlussverfahren« könnte genau zu der Konfiguration im Sonnensystem geführt haben, die wir heute vorfinden und bei der vor allem die massereichen Brocken überlebt haben. Solche großen massiven Körper sind eben viel schwerer abzulenken und aus der Bahn zu werfen als die kleinen. Einige Wissenschaftler glauben sogar, das Sonnensystem könnte ursprünglich eine ganze Reihe zusätzlicher Planeten besessen haben. Anhand von Computersimulationen konnten die Wissenschaftler zeigen, dass die Umlaufbahnen von Körpern, die so groß sind wie der Mond, relativ schnell so exzentrisch werden, dass es zu Zusammenstößen und schließlich zum Hinauswurf dieser Objekte kommen kann. Hat sich also die momentane Stabilität unseres Sonnensystems aus einer zunächst größeren Ansammlung von Körpern um die Sonne erst herausgebildet? Wir wissen es nicht genau, aber es ist keinesfalls unwahrscheinlich.

Für die nahe Zukunft müssen wir ein solches Szenario nicht befürchten. Aus Computersimulationen, welche die Bewegungen in unserem Sonnensystem über sehr lange Zeit verfolgen, wobei hunderte von störenden Einflüssen berücksichtigt wurden, wird ersichtlich, dass sich die Planeten zwar in Grenzen chaotisch verhalten, dass dabei aber keine größeren »Unfälle« passieren. Chaos und Katastrophe sind also nicht unbedingt gleichbedeutend. Was die Erde betrifft, so wird sich ihre Bahn um die Sonne in den nächsten 100 Millionen Jahren wahrscheinlich nicht verändern. Aber absolut sicher können wir uns dessen nicht sein.

Was ist ein Stern?

*Wir hatten den Himmel da droben, übersät mit
Sternen, und legten uns oft auf den Rücken
und schauten zu ihnen hinauf und unterhielten uns
darüber, ob sie erschaffen oder nur zufällig da wären.*

Mark Twain: *Huckleberry Finn*

Man kann sich gut vorstellen, wie die beiden Ausreißer irgendwo am Mississippi liegen, an einem warmen Sommerabend die funkelnden Lichter am Himmel betrachten, und Tom Sawyer fragt Huck Finn: Was sind denn das für Lichter da am Himmel? Und Huck Finn wird ihm irgendeine haarsträubende Geschichte erzählen. Aber was ist denn nun ein Stern?

Tja, eine gute Frage – nächste Frage, bitte... Schon gut, so einfach können wir uns nicht aus der Affäre ziehen. Aber vielleicht sollten wir ja mal das Pferd von hinten aufzäumen. Sicher jedenfalls ist: Nicht überall, wo »Stern« draufsteht, ist auch ein Stern drin. Da gibt es zum Beispiel den Morgen- oder Abendstern, die Sternschnuppen, die Wandelsterne und die Schweifsterne. Sind das wirklich Sterne?

Keineswegs! Dieser viel besungene Abend- beziehungsweise Morgenstern ist nichts anderes als die von der Sonne hell beleuchtete Venus, also ein Planet unseres Sonnensystems. Auch die Wandelsterne, die ihren Namen der Tatsache verdanken, dass sie scheinbar nicht, wie gewohnt, ruhig und gleichmäßig ihre Bahn am Himmel ziehen, sondern einmal schneller und einmal langsamer, ja sogar zeitweise rückwärts laufen, sind keine Sterne, sondern ebenfalls Planeten unseres Sonnensystems. Und, man ahnt es schon, auch die Sternschnuppen haben nichts mit einem Stern zu tun. Es sind Kleinmeteorite, die beim Eintritt in die Atmosphäre unseres Planeten aufgrund der Reibung an den Luftmolekülen als heller Lichtpunkt verglühen und dabei ihr Leben aushauchen. Schließlich entpuppen sich auch die Schweifsterne nicht als eine Abart von Sternen, sondern als Kometen, mit einem Kopf hauptsächlich aus Wassereis, umgeben von einer dicken Staubkruste, und einem Schweif aus Gas und Staub. Das Sonnenlicht, das die Kometen reflektieren, verleiht ihnen ihre Leuchtkraft und ihr eindrucksvolles Erscheinungsbild.

Was also ist ein Stern? Die Sonne ist ein Stern. Wenn wir versucht sind, die oben genannten Beispiele zu den Sternen zu rechnen, so scheint ein gemeinsames Merkmal der Sterne darauf zu beruhen, dass sie hell leuchten. Aber was heißt hell leuchten? Ist dies das gleißende Weiß der vielen Punkte am dunklen Nachthimmel oder darf es vielleicht auch ein bisschen dunkler, röter sein? Gibt es also nur eine Art von Stern oder umfasst der Begriff Stern in der Astronomie eine ganze Palette von kosmischen Körpern unterschiedlicher Erscheinungsformen und Eigenschaften? Wie es scheint, wächst sich die Antwort auf unsere Frage doch zu einer längeren Geschichte aus, die ziemlich spannend werden könnte. Fangen wir doch mal an!

Für Goethes Dr. Faust war am Anfang aller Dinge zunächst das Wort, dann der Sinn, dann die Kraft und schließlich die Tat. Keines davon war am Anfang eines Sterns. Hier muss es heißen: Am Anfang war das Gas! Sterne bilden sich nämlich aus interstellaren Wasserstoff- und Heliumwolken, die sich unter ihrer Schwerkraft zusammenballen und zu einer Kugel formen. Je mehr sich diese Kugel verdichtet, desto heißer wird es in ihrem Inneren. Schließlich kommt der Augenblick, in dem Temperatur und Druck so groß geworden sind und die Wasserstoffkerne so heftig aneinander stoßen, dass sie sich zum nächst schwereren Element Helium vereinigen können. Die Physiker bezeichnen diesen Vorgang als Kernfusion, im

Gegensatz zur Kernspaltung, wie sie in unseren irdischen Kernkraftwerken stattfindet.

Bei diesem Prozess wird Energie frei, vor allem in Form von harter Röntgenstrahlung. Träger dieser Energie sind die Photonen. Auf ihrem Weg durch die dichte Gaskugel stoßen die Photonen laufend mit anderen Kernteilchen zusammen und verteilen dabei ihre Energie auf mehr und mehr Photonen. Wenn die Strahlung schließlich die Oberfläche erreicht hat, ist aus der harten Röntgenstrahlung sichtbares und infrarotes Licht geworden, und die Gaskugel erstrahlt in blendender Helligkeit. Ein neuer Stern ist geboren!

Damit haben wir die Definition für einen Stern gefunden. Von einem Stern kann man also nur dann sprechen, wenn es sich um ein Objekt handelt, das aus eigener Kraft leuchtet und seine Energie aus Kernfusionsprozessen in seinem Inneren bezieht. Das unterscheidet einen Stern prinzipiell von Planeten, Asteroiden, Kometen und Sternschnuppen. All diese Objekte erhalten ihre Leuchtkraft nicht aus einer eigenen Quelle, sondern sind auf das abgestrahlte Licht eines nahen Sterns angewiesen, das sie reflektieren können.

Obwohl nun das Geheimnis der Sterne gelüftet ist, sind nicht alle Sterne gleich. Je nachdem, wie groß die Gaswolke war, aus der sich der Stern gebildet hat, unterscheidet man große – besser: massereiche – und kleine – besser: massearme Sterne. Nehmen wir einmal unsere Sonne als Vergleichsstern und bezeichnen ihre Masse als eine Sonnenmasse. Die kleinsten Sterne, die sich am Himmel zeigen, haben gerade mal eine Masse von etwa einem Zwölftel der Masse unserer Sonne. Kleinere Sterne gibt es nicht, da bei Gaswolken geringerer Masse die Schwerkraft nicht ausreicht, die Gaskugel so zu verdichten, dass Temperatur und Druck im Inneren die für eine Kernfusion nötigen Werte erreichen. Die obere Grenze bilden Sterne mit einer Masse von ungefähr dem 120-fachen unserer Sonne. Vielleicht gibt es auch noch massereichere Sterne, aber man hat bisher noch keine entdeckt. Warum das so sein könnte, darauf kommen wir noch zu sprechen.

Die Masse ist nun die entscheidende Größe, die das Erscheinungsbild und das Leben eines Sterns bestimmt. Das zeigt sich besonders deutlich bei der Leuchtkraft. Je massereicher ein Stern ist, desto leuchtkräftiger ist er, und desto mehr Hitze entwickelt er auch an seiner Oberfläche. Man hat herausgefunden, dass sich die Leuchtkraft eines Sterns proportional mit der 3,5-fachen Potenz seiner Masse ändert. Das bedeutet, dass ein Stern mit doppelter Sonnenmasse etwa zehnmal so hell wie unsere Sonne strahlt. Sterne am oberen Ende der Massenskala bringen es somit auf eine Leuchtkraft von einigen Millionen Sonnen, wogegen Sterne am unteren Ende eher trübe Tranfunzeln sind, deren Leuchtkraft etwa einem Zehntausendstel der unserer Sonne gleichkommt. Derartig leuchtschwache Sterne kann man natürlich auch nur erkennen, wenn sie sich in relativ geringer Entfernung zu unserer Erde befinden.

Aber auch die Temperatur des Sterns wird durch seine Masse festgelegt. Wieder gilt: Je massereicher ein Stern ist, desto heißer ist er auch. Das trifft nicht nur für seine Oberfläche zu, sondern auch für sein Inneres. Die Oberflächentemperatur des Sterns bezeichnen die Astronomen auch als die so genannte Effektivtemperatur. Das ist genau die Temperatur, die ein schwarzer Körper von der Größe des betrachteten Sterns haben müsste, um die beobachtete Leuchtkraft des Sterns zu erzeugen. Die Physiker definieren einen schwarzen Körper als eine vollkommene Strahlungsquelle, also als strahlende Materie, die sich im thermodynamischen Gleichgewicht mit ihrer Umgebung befindet. Das heißt, Materie und Umgebung weisen die gleiche Temperatur auf. Das Licht, das von einem schwarzen Körper ausgeht, besteht aus einem Strahlungsgemenge unterschiedlicher Wellenlängen von verschiedenartiger Intensität. Trägt man in einem Diagramm die Intensität der Strahlung gegen die Wellenlänge auf, so entsteht eine Kurve mit einem Maximum bei einer bestimmten Wellenlänge, die zu kürzeren Wellenlängen hin steil und zu längeren Wellenlängen hin flach gegen null abfällt. Je nach Temperatur des schwarzen Körpers verschiebt sich das Intensitätsmaximum nach kürzeren oder längeren Wellenlängen und mit ihm auch die ganze Kurve. Kühlere Körper strahlen mehr rotes Licht ab, heißere mehr blaues.

Das Licht, das von einem Stern ausgeht, weicht in seiner Spektral- und Intensitätsverteilung mehr oder weniger, manchmal aber ganz erheblich, von dem eines schwarzen Körpers gleicher Effektivtemperatur ab. Das hängt damit zusammen, dass Licht nicht nur von der Sternoberfläche abgestrahlt wird, sondern auch aus etwas tieferen Bereichen. Da die Temperatur zum Sterninneren hin aber zunimmt, hat das Licht von dort auch eine andere spektrale Zusammensetzung als das von der Oberfläche. In erster Näherung jedoch dominiert die Effektivtemperatur die Spektralverteilung des abgestrahlten Lichts.

Unsere Sonne, die es auf eine Effektivtemperatur von etwa 5800 Kelvin bringt (0 Kelvin entspricht dem absoluten Temperaturnullpunkt, 273 Kelvin entsprechen 0 Grad Celsius, sodass gilt: Grad Celsius plus 273 ist gleich Kelvin) leuchtet leicht gelblich. Ein Stern größerer Masse hat eine wesentlich höhere Effektivtemperatur. Bei sehr massereichen Sternen geht das bis zu einigen zehntausend Kelvin! Damit verschiebt sich auch das Licht zu kürzeren Wellenlängen, und diese Sterne leuchten in einem bläulichen Weiß. Sehr massearme Sterne bringen es dagegen lediglich auf Effektivtemperaturen von wenigen tausend Kelvin. Ihr Strahlungsmaximum liegt schon fast im nahen Infrarot, sodass sie uns ziemlich rötlich erscheinen. Anhand der »Farbe« des Sternenlichts kann man also bereits entscheiden, ob man es mit einem massereichen und damit heißen oder eher mit einem massearmen und damit relativ kalten Stern zu tun hat.

Doch die Masse des Sterns bestimmt nicht nur seine Leuchtkraft, seine Oberflächentemperatur und seine Spektralfarbe, sondern auch seine Lebensdauer. Der Stern »lebt« ja davon, dass er im Inneren seinen Wasserstoffvorrat zu Helium verbrennt. Je massereicher nun ein Stern ist, desto höher ist natürlich auch die Temperatur in seinem Kern, und desto schneller gehen die Fusionsprozesse vonstatten. Ein Stern mit 120 Sonnenmassen verbrennt seinen Wasserstoff in wenigen zehntausend Jahren, unsere Sonne braucht dazu etwa acht Milliarden Jahre, und Sterne von einem Zehntel Sonnenmasse leben etwa 200 Milliarden Jahre. Wenn ein so kleiner Stern vor etwa zehn Milliarden Jahren, also in der Frühzeit unseres Universums, geboren wurde, dann hat er bis heute gerade mal fünf Prozent seines Lebens hinter sich. Gegenwärtig ist er sozusagen noch ein richtiges Baby. Im Vergleich zu dieser enormen Zeitspanne führen die massereichen Sterne das Leben von Eintagsfliegen und blitzen nur kurz auf, ehe sie wieder vergehen. Das ist vermutlich mit ein Grund, warum sehr massereiche Sterne schwer zu finden sind. Ihr Leben ist so kurz, dass eine Entdeckung in den Weiten des Universums eher zufällig ist.

Kommen wir nochmals auf die Leuchtkraft der Sterne zurück. Es kann passieren, dass uns ein sehr leuchtkräftiger Stern schwächer erscheint als ein leuchtschwacher. Das geschieht meist dann, wenn der leuchtschwache Stern in großer Nähe, der leuchtstarke Stern aber in großer Entfernung von uns entfernt steht. Um diesem Dilemma zu entgehen, haben die Astronomen den Begriff »absolute Helligkeit« eingeführt. Darunter versteht man die Helligkeit, die ein Stern für einen Beobachter auf der Erde hätte, wenn er sich in einer genau definierten Normentfernung befinden würde. Diese Normentfernung entspricht einer Strecke, für die das Licht, das sich mit einer Geschwindigkeit von 300 000 Kilometern pro Sekunde ausbreitet, 32,6 Jahre benötigen würde. Die Helligkeit eines Sterns geben die Astronomen in »Magnituden« an, beziehungsweise in »Größen«. Je kleiner der Magnitudenwert beziehungsweise die Größe des Sterns ist, desto heller erstrahlt er. Die »Größe« hat in diesem Fall jedoch nichts mit den Abmessungen des Sterns zu tun, sondern ist lediglich ein Maß für dessen Helligkeit.

Sterne mit einer Helligkeit von sechs Magnituden beziehungsweise sechster Größe kann man gerade noch mit bloßem Auge erkennen. Ein Stern nullter Größe erscheint uns viel heller, so hell wie der Stern Wega. Noch hellere Sterne haben sogar negative Größen. So ist unsere Sonne ein Stern mit einer Helligkeit von minus 27 Magnituden! Dass sie uns so hell erscheint, ist jedoch nicht Ausdruck ihrer großen Leuchtkraft, sondern hängt damit zusammen, dass sie mit 150 Millionen Kilometern für astronomische Verhältnisse nur einen Katzensprung von der Erde entfernt ist. Könnte man die Sonne auf die Normentfernung in das Weltall hinausschieben, so hätte sie nur noch eine absolute Helligkeit von viereinhalb Magnituden. Das heißt, sie erschiene uns rund eine Billion Mal weniger hell und wäre nur noch als ein sehr schwacher Stern zu erkennen. Um Sterne miteinander vergleichen zu können, muss man also ihre absolute Helligkeit kennen.

Nun sind Astronomen in der Regel ordentliche Leute und können es folglich nicht leiden, wenn es im Zoo der Sterne kunterbunt zugeht. Infolgedessen haben einige versucht, Ordnung in das Gewirr von Helligkeiten, Leuchtkräften, Massen und Sterntemperaturen zu bringen. Was dabei herausgekommen ist, bezeichnen die Astronomen nach den Erfindern dieser Ordnung als Hertzsprung-Russell-Diagramm. Die Astronomen Einar Hertzsprung und Henry Norris Russell waren es nämlich, die als Erste, und zwar unabhängig voneinander, auf die Idee kamen, die Sterne nach Helligkeit und Oberflächentemperatur zu klassifizieren. Dazu erstellten sie ein Diagramm, auf dessen waagerechter Achse die Temperatur und senkrecht dazu die absolute Helligkeit eingetragen war. Auf der senkrechten Achse nahm die absolute Helligkeit von unten nach oben zu, auf der horizontalen Achse fiel die Temperatur von links nach rechts ab.

Nachdem die Astronomen die damals bekannten Sterne in dem Diagramm erfasst hatten, ergab sich ein ziemlich überraschendes Bild. Man hätte erwarten können, dass sich die Fläche des Diagramms relativ gleichmäßig mit Sternen füllt, aber bis auf wenige Sterne lagen alle auf einem ziemlich schmalen Band, das nahezu in gerader Linie schräg das Diagramm durchquerte. Dieses Band beginnt bei hoher Helligkeit und hoher Temperatur in der oberen linken Ecke und endet mit geringer Helligkeit und niedriger Temperatur in der rechten unteren Ecke des Diagramms. Bis auf einen weiteren, jedoch nicht sehr ausgeprägten Ast, der bei gleich bleibend hoher absoluter Helligkeit nahezu horizontal von links nach rechts das Diagramm querte und auf den wir noch zu sprechen kommen werden, blieb der Rest des Diagramms praktisch leer.

Nach eingehender Untersuchung stellte sich heraus, dass alle Sterne, die in dem schmalen Band lagen, gerade dabei waren, ihren Wasserstoff im Kern zu verbrennen. Dass man fast nur solche Sterne gefunden hatte, beruhte natürlich darauf, dass Sterne die längste Zeit ihres Lebens im Stadium des Wasserstoffbrennens verbringen. Sterne, die diesen Entwicklungsabschnitt bereits hinter sich haben, sind nur noch relativ kurze Zeit aktiv und somit viel seltener zu beobachten. Fortan bezeichnete man das Band als Hauptreihe des Diagramms und Sterne, die zu diesem Band gehörten, als Hauptreihensterne.

Damit war eine eindeutige Beziehung zwischen der Helligkeit beziehungsweise Leuchtkraft eines Sterns und seiner Oberflächentemperatur entdeckt. Da die Leuchtkraft, wie wir schon erfahren haben, durch die Masse des Sterns festgelegt wird, lässt sich hinsichtlich der Hauptreihe das Hertzsprung-Russell-Diagramm auch als ein Masse-Temperatur-Diagramm interpretieren.

Aber auch die Temperatur auf der horizontalen Achse des Diagramms kann man durch eine andere »Einteilung« ersetzen. Wir wissen ja schon: Die Effektivtemperatur bestimmt im Wesentlichen die spektrale Verteilung des vom Stern ausgehenden Lichts und somit auch seine »Farbe«. Folglich ist es möglich, die Sterne, anstelle sie nach ihrer Effektivtemperatur zu ordnen, in so genannte Spektralklassen einzuteilen. Die Klasse der O-Sterne umfasst die heißesten Sterne, dann folgen die B-, die A-, die F-, die G-, die K- und schließlich als kälteste Sterne die M-Sterne. In dieser Skala ist unsere Sonne ein G-Klassen-Stern.

Doch nun zum bereits erwähnten so genannten Horizontalast, der nahezu waagerecht bei gleich bleibend hoher absoluter Helligkeit von links nach rechts das Diagramm überquert. Sterne, die am rechten Ende dieses Astes liegen, haben zwar die gleiche Helligkeit wie ein Stern am linken Ende des Astes, aber eine viel niedrigere Temperatur! Wie kann das sein? Des Rätsels Lösung liegt in der Größe des Sterns. Damit ein Stern niedriger Temperatur mit der gleichen Helligkeit leuchten kann wie ein Stern hoher Temperatur, muss seine Oberfläche entsprechend größer sein. Da Sterne aber Gaskugeln sind, ist eine größere Oberfläche gleichbedeutend mit einem größeren Radius. Die Sterne am rechten Rand dieses Astes müssen also riesengroß sein. Betrachten wir als Beispiel den Stern Beteigeuze im Sternbild Orion. Seine absolute Helligkeit ist um rund 13 Magnituden größer als die unserer Sonne, doch seine Temperatur beträgt lediglich etwa 3300 Kelvin. Anhand dieser Werte können die Astronomen berechnen, dass Beteigeuze etwa 1300-mal so groß sein muss wie unsere Sonne – im wahrsten Sinne des Wortes also ein echter Riesenstern. Aus diesem Grund bezeichnet man den Horizontalast auch als Riesenast.

Im Laufe der Zeit erhielten die Astronomen von immer mehr Sternen Kenntnis über deren Temperatur und absolute Helligkeit. Damit musste das Hertzsprung-Russell-Diagramm durch weitere Äste ergänzt werden. So kennt man heute neben dem bereits erwähnten Riesenast noch den Ast der Überriesen und den der Hyperriesen. Beide liegen aufgrund noch höherer absoluter Helligkeiten oberhalb des Riesenastes. Unterhalb des Riesenastes findet man den Ast der Unterriesen und unterhalb der Hauptreihe schließlich den Ast der Weißen Zwerge. Auf all diese Feinheiten wollen wir hier aber nicht näher eingehen, sondern uns stattdessen lieber dem letzten Lebensabschnitt eines Sterns zuwenden.

Die Masse eines Sterns entscheidet nicht nur über sein Leben – ob es nun kurz und turbulent ist oder eher lang, dafür aber träge –, sondern auch über die Art, wie der Stern vergeht. Sterne, die bei ihrer Geburt nicht mehr als etwa acht Sonnenmassen groß sind, sterben relativ unspektakulär. Nachdem sie ihren Wasserstoffvorrat zu Helium verbrannt haben, schalten sie um auf die Fusion von Helium zu Kohlenstoff und Sauerstoff. Im Vergleich zum Wasserstoffbrennen ist dieses so genannte Heliumbrennen jedoch schon nach relativ kurzer Zeit beendet. Jetzt hat der Stern keine innere Energiequelle mehr. Der verbleibende Kohlenstoff-Sauerstoff-Kern, den man auch als Weißen Zwerg bezeichnet, kühlt im Laufe der Zeit immer mehr aus, bis er schließlich so kalt und leuchtschwach ist, dass er nicht mehr zu sehen ist. Ehe dieser Moment jedoch eintritt, beleuchtet der anfangs noch heiße Weiße Zwerg eine bereits während des Heliumbrennens abgeblasene Gaswolke, den bereits erwähnten Planetarischen Nebel. Aber auch der löst sich mit der Zeit auf, und übrig bleibt nur noch der kalte Aschehaufen des Kohlenstoff-Sauerstoff-Kerns.

Anders verläuft die Sache, wenn der Stern bei seiner Geburt schwerer als acht Sonnenmassen ist. Das Leben eines solchen Sterns ist nicht mit dem Heliumbrennen beendet. Zunächst folgen noch vier weitere Fusionsprozesse, während deren im Wesentlichen Neon und Magnesium, dann Magnesium und Silizium, danach Silizium und Schwefel und schließlich Eisen und Nickel erbrütet werden. Doch dann geht es richtig los! Jetzt bricht der Stern unter seiner eigenen Schwerkraft in weniger als einer Sekunde in sich zusammen! Dabei schleudert er in Form einer gewaltigen Supernova seine gesamte Hülle in das Weltall! Bei diesem Kollaps wird so viel Energie freigesetzt, dass die Supernova kurzfristig sogar heller leuchtet als die Gesamtheit aller Sterne einer Galaxie. Nach diesem wahrlich feurigen Begräbnis bleibt von dem Stern nur noch ein wenige zig Kilometer großer, superdichter Kern aus Neutronen übrig, den man auch als Neutronenstern bezeichnet.

War das Geburtsgewicht unseres Sterns größer als etwa 25 Sonnenmassen, so kracht auch noch der Neutronenstern in sich zusammen und es entsteht schließlich ein Schwarzes Loch. Dessen Schwerkraft ist so groß, dass es nicht einmal dem Licht gelingt, den »Gravitationsfängen« dieses alles verschlingenden »Ungeheuers« zu entkommen.

Zum Schluss unserer Betrachtungen kommen wir nochmals zurück zur Geburt der Sterne. Bisher haben wir uns immer nur mit einem Einzelstern befasst. Aber die sind eher die Seltenheit. Nahezu drei Viertel aller Sterne werden nicht als »Einzelkinder«, sondern als Doppel- oder sogar Dreifachsterne geboren. In einer solchen Konstellation liegen zwei oder drei Sterne relativ nahe zusammen und umkreisen sich gegenseitig. Das bedeutet aber auch, dass sie einander aufgrund ihrer Gravitationskräfte beeinflussen können. Sehen wir uns mal ein Doppelsternsystem genauer an. Sind beide Sterne nicht gleich schwer, also nicht von gleicher Masse, so entwickelt sich der an Masse reicheren der beiden Sterne schneller als sein Partner. Am Ende ihrer Entwicklung beginnen die Sterne sich aufzublähen und nehmen an Größe zu. In einer solchen Phase kann es dazu kommen, dass die äußeren Schichten des älteren und im Durchmesser stark gewachsenen Sterns in den Anziehungsbereich des masseärmeren Sterns gelangen. Ist das der Fall, so kann Masse vom großen auf den kleinen Stern überströmen.

Damit ergibt sich eine paradoxe Situation. Infolge des Massenverlusts wird der ursprünglich schwerere Stern immer leichter, während andererseits der anfänglich kleine Stern stetig an Masse gewinnt. Nach einiger Zeit haben sich die Verhältnisse sogar umgekehrt. Jetzt ist der ursprünglich kleine Stern der massereichere von beiden. Betrachtet man ein solches System in diesem Stadium, so sieht man zwei Sterne, von denen entgegen der Regel der massereiche Stern jünger ist als der massearme. Da man dieses Phänomen erstmals bei dem Stern Algol beobachtet hat, sprechen die Astronomen hier auch vom Algol-Paradoxon.

Aber es ist auch noch eine andere Variante möglich. Ist zum Beispiel in einem Doppelsternsystem der eine Stern schon gestorben und umkreist seinen Partner als Weißer Zwerg, so kann eventuell der andere Stern den Weißen Zwerg nochmals für kurze Zeit zum Leben erwecken. Die Materie, im Wesentlichen Wasserstoff, die vom sich aufblähenden anderen Stern abströmt, spiralt auf die Oberfläche des Weißen Zwerges und heizt sich dabei gewaltig auf. Schließlich erreicht die Temperatur so hohe Werte, dass der Wasserstoff wie in einer Wasserstoffbombe explosionsartig zu Helium fusioniert. Die Energie, die dabei frei wird, ist so gigantisch, dass der alte Weiße Zwerg nochmals für kurze Zeit hell aufleuchtet. Die Astronomen bezeichnen einen derartigen Ausbruch auch als eine Nova.

Noch gewaltiger geht es zu bei einer Supernova vom Typ I.

Sie entsteht, wenn beim Überströmen der Masse auf den Weißen Zwerg dieser eine kritische Massengrenze von 1,44 Sonnenmassen überschreitet, noch bevor es zu einer Novaexplosion kommen kann. Jetzt zündet nicht allein die übergeströmte, erhitzte Materie, sondern der gesamte Kohlenstoff des Weißen Zwerges. In diesem atomaren Inferno wird der Weiße Zwerg völlig zerstört, und seine Bestandteile schießen hinaus in das Universum. Die freigesetzte Energie ist so groß, dass Supernovaexplosionen noch in den entferntesten Galaxien zu beobachten sind, ja diese sogar mit ihrer ernormen Helligkeit überstrahlen.

Damit wollen wir es mit der Untersuchung der Sterne bewenden lassen. Natürlich war das nur ein kleiner Ausschnitt aus der Geschichte, die man über die Sterne erzählen kann. Viele ihrer Verhaltensweisen sind so komplex, dass ihre Erklärung den Rahmen dieses Kapitels sprengen würde, manche sind sogar den Astronomen noch immer ein Rätsel. Mag sein, dass wir niemals alle Prozesse im Leben eines Sterns völlig verstehen werden. Aber staunen werden wir wohl immer, wenn wir zu ihnen aufschauen.

> *Ich habe... ein schreckliches Bedürfnis...*
> *soll ich das Wort sagen?... nach Frömmigkeit.*
> *Dann gehe ich in die Nacht hinaus und male die Sterne.*
>
> Vincent van Gogh

Kosmologie für Fußgänger

*Das Universum wird nicht erzeugt,
denn es hat kein anderes Sein,
welches es ersehnen oder erwarten könnte;
hat es doch selber alles Sein.
Es vergeht nicht,
denn es gibt nichts anderes,
worin es sich verwandeln könnte –
es ist doch selber alles.*

Giordano Bruno

Wenn Sie, verehrte Leserinnen und Leser, jetzt verwundert fragen, was der Titel »Kosmologie für Fußgänger« besagen soll, dann geht es Ihnen ähnlich wie uns, als wir zum ersten Mal mit dem Vorschlag konfrontiert wurden, eine kleine Abhandlung zu diesem Thema zu schreiben. Schon klar, der Begriff Kosmologie umfasst das weite Feld der Lehre von der Entstehung und Entwicklung des Universums – aber eine derartige Lehre für Fußgänger? Wie ist das gemeint? Nun, die Kosmologie widmet sich einem Themenkreis, der auch unter Fachleuten wahrlich nicht als einfach oder gar leicht verständlich gilt. Ohne Einsteins Spezielle und Allgemeine Relativitätstheorie, ohne Quantenmechanik und ohne einen gewaltigen Formelapparat kann man auf diesem Gebiet keine ernsthafte Wissenschaft betreiben. Insbesondere auf den ersten Blick so einfach erscheinende Wörter wie Raum, Zeit, Vakuum oder Materie entpuppen sich bei genauerem Hinsehen als teilweise schwer verdauliche Begriffe, hinter denen sich Aussagen verstecken, die unser Vorstellungsvermögen oft völlig überfordern. Auch die Bandbreite der Größen, der Massen, der Entfernungen und der Zeiten, die im Rahmen der kosmologischen Ereignisse von Bedeutung sind, reicht von unvorstellbar klein bis unvorstellbar groß.

Damit sich gewisse Prozesse verstehen lassen, müssen manchmal sogar Dinge postuliert werden, über deren Wesen sich nicht mal die Kosmologen ganz im Klaren sind. Ein Beispiel ist die so genannte Dunkle Materie, ohne die die Strukturbildung im frühen Universum nicht zu erklären ist. Was sich aber hinter der Dunklen Materie verbirgt, aus welchen Teilchen sie sich zusammensetzt, das weiß zurzeit noch niemand ganz genau.

Andererseits ist aber gerade die Kosmologie eine Wissenschaft, von der sich viele Menschen eine Antwort auf wahrlich grundlegende Fragen unserer Existenz erwarten: Wie ist die Welt entstanden? Was war vor der Entstehung des Universums? Wie sieht unsere Zukunft aus? Jede dieser Fragen ist so komplex und so schwer zu beantworten – wenn sie denn überhaupt zu beantworten ist –, dass man damit mehrere Bücher füllen könnte. Angesichts dieser Tatsache scheint es ziemlich vermessen, in dem beschränkten Rahmen unseres Buches die Kosmologie abhandeln zu wollen. Aber das ist ja auch nicht beabsichtigt. Hier geht es lediglich darum, auf einige Grundaussagen und Gedanken einzugehen, auf die sich die moderne Kosmologie stützt. Schlagwörter wie »Big Bang«, »Expansion des Universums« oder »Schwarze Löcher – gefräßige Monster« gehen mittlerweile fast jedem flüssig über die Lippen. Doch nicht immer ist das, was darunter verstanden wird, auch richtig. In diesem Zusammenhang eventuell bestehende Unklarheiten zu beseitigen beziehungsweise manch schiefe Vorstellung vom Universum zurechtzurücken, soll im Folgenden versucht werden. Auf Mathematik wird dabei ganz verzichtet. Das allgemein Verständliche hat Vorrang gegenüber der exakten Wissenschaft. In diesem Sinne ist der Titel »Kosmologie für Fußgänger« zu verstehen. In Analogie dazu könnte man Literatur, welche die Kosmologie tief schürfender, umfassender und unter Zuhilfenahme des mathematischen Rüstzeugs behandelt, als »Kosmologie für Autofahrer« bezeichnen. Aber das vielleicht zu einem späteren Zeitpunkt an anderer Stelle.

Erschaffung des Universums

Der griechische Philosoph Parmenides erklärte etwa 500 Jahre vor Christi Geburt: »Das Sein hat keinen Anfang und kein Ende.« Mit anderen Worten: Es gab keine Schöpfung, das Universum ist unveränderlich und unendlich alt. Auch Aristoteles hielt die Welt für unentstanden und ewig. Folgt man dieser Ansicht, so hat man sich ein Universum vorzustellen, das schon immer bestand, für alle Zeiten existieren wird und das sich nicht entwickelt hat noch verändern wird. Alles, was wir darin vorfinden, die Planeten, die Sterne, die riesigen Galaxien, ist einfach da – eben weil es da ist. Alles läuft in geregelten Bahnen, nichts gerät aus der Reihe, nichts kommt hinzu oder vergeht. Wie bei einer Uhr, die nie aufgezogen werden muss und die immer wieder exakt die Zeit angibt, wiederholen sich alle Zustände dieses Universums in regelmäßigen Intervallen.

Einem solchen Verständnis von Universum konnten sich natürlich insbesondere die christlichen Religionen nicht anschließen. Nach deren Glaubensgrundsätzen wurde ja die Welt durch eine Kraft, die außerhalb unseres Begreifens liegt, aus dem Nichts erschaffen, und sie wird am Jüngsten Tag auch wieder untergehen. Außerdem, wenn alles zyklisch wiederkehrt, bleibt kein Platz für das Eingreifen eines lenkenden Geistes in den Ablauf des Weltgeschehens. Die Anerkenntnis eines erschaffenden und steuernden Schöpfers, eines Demiurg (Weltenschöpfers) im Sinne Platons, hat zur Folge, dass das Universum einen Anfang gehabt haben muss und eine Entwicklung durchmacht. Ein Ende ist dabei aber nicht unbedingt zu erwarten.

Auch die moderne Kosmologie kann sich mit diesen Postulaten einverstanden erklären, wenn man ihr nur die Freiheit einräumt, die Entwicklung des Universums nach dem Abfeuern des »Startschusses« zu seiner Entstehung als ein kausales Wirken der Naturgesetze zu betrachten. Wer da geschossen beziehungsweise den Abzug an der Startpistole betätigt hat oder ob sich der Schuss gar von ganz allein gelöst hat, ist zumindest für die Kosmologie nicht so bedeutsam. Wichtig ist, was danach geschah, wie die Entwicklung ablief, die zu jenem Universum geführt hat, wie wir es heute vorfinden, und welche Rolle die Naturgesetze dabei gespielt haben. Deren Ursprung wird nicht hinterfragt. Ob sie Teil einer göttlichen Ordnung oder mit der Entstehung des Kosmos zufällig in dieser uns bekannten Form in die Welt gekommen sind, ändert nichts an ihrem Wirken. Von Bedeutung ist, dass sie wirken und wie sie wirken. In Analogie zur Mathematik könnte man sie als die Axiome der Natur bezeichnen.

Was weiß man über den Urknall?

Dass das Universum seine Entstehung einem »Big Bang«, einer etwa 10 bis 20 Milliarden Jahre zurückliegenden Explosion, verdankt, wird heute von fast keinem Kosmologen mehr angezweifelt. Was die im Universum vorhandene Materie anbelangt, so nimmt man an, dass sie von Beginn an gegeben war. Sicher, der Zustand der Materie muss ein völlig anderer gewesen sein, sehr wahrscheinlich eine Form von Energie, aber sie war in ihrer Gesamtheit bereits vorhanden. Diese Vorstellung ist Grundlage der klassischen »Urknalltheorie«. Sie beschreibt die Entwicklung des Universums, beginnend Bruchteile von Sekunden nach dem Urknall bis heute, aber sie versucht nicht zu erklären, was beim Urknall selbst und unmittelbar danach geschah beziehungsweise wie und warum es »geknallt« hat.

Natürlich möchten die Kosmologen gerne wissen, was im

Augenblick des »Knalls« passierte, wie zu diesem Zeitpunkt das Baby, genannt Universum, aussah. Aber das ist ein zurzeit noch unlösbares Problem. Die Natur erlaubt es uns nicht, beim Geburtsvorgang zuzusehen. Mit unseren Teleskopen können wir Objekte in schier unermesslicher Distanz zur Erde aufspüren, Millionen von Lichtjahren entfernt. Das ist gleichbedeutend mit einem Blick in die Vergangenheit. Denn das Licht, das wir von einem so weit entfernten Objekt empfangen, hat ja Millionen von Jahren gebraucht, um von dort zu uns zu gelangen. Es hat seine Quelle, zum Beispiel einen Stern, vor dieser nahezu endlosen Zeit verlassen, sodass wir den Stern so wahrnehmen, wie er vor Millionen von Jahren ausgesehen hat. Ob es ihn heute noch gibt, werden wir wiederum erst in Millionen von Jahren erfahren können. Aber warum ist es auf diese Weise nicht möglich, bis zum Anfang des Universums »zurückzuschauen«? Wie schon gesagt, die Natur erlaubt es nicht, 300 000 Jahre vor »dem freudigen Ereignis« ist Schluss! Warum? Licht besteht aus Photonen, die auf kürzestem Wege von der Quelle zum Empfänger fliegen. In den ersten 300 000 Jahren nach der Geburt konnten sich diese Photonen jedoch nicht ungestört ausbreiten. Ständig wurden sie von den damals sehr zahlreich vorhandenen Elektronen hin und her geschubst. Die Quelle, von der sie ausgingen, wurde dadurch völlig verzerrt und verwaschen, dass keine Kontur mehr zu erkennen ist. Erst 300 000 Jahre nach dem Urknall verschwanden dann die Elektronen größtenteils, und das Universum wurde durchsichtig. Somit hat die Natur eine »optische Mauer« im Abstand von 300 000 Lichtjahren um den Kreißsaal unseres Universums gelegt, die wir mit unseren Teleskopen nicht durchdringen können.

Nun gut, sehen können wir nichts, aber vielleicht lässt sich ja was berechnen. Und in der Tat sind die Kosmologen in der Lage, mittels einer konsequenten Anwendung der Naturgesetze Theorien über den Zustand und das Aussehen des Universums unmittelbar nach seiner Geburt zu entwickeln. Theorien sind wissenschaftlich begründete Aussagen zur Erklärung gewisser Erscheinungen und der ihnen zugrunde liegenden Gesetzmäßigkeiten. Eine Theorie ist jedoch nicht gleichzusetzen mit der absoluten Wahrheit. Sie hat vielmehr nur so lange Gültigkeit, bis sie durch empirische Beobachtungen oder Experimente beziehungsweise mathematische Beweise widerlegt wird und dann durch eine neue, bessere Theorie ersetzt werden muss. Im Rahmen der Kosmologie muss eine Theorie, welche die Anfänge des Kosmos beschreiben will, die Prozesse der einzelnen Entwicklungsstufen im Einklang mit den Naturgesetzen so darstellen, dass dabei am Ende ein Universum herauskommt, wie wir es heute vorfinden. Dass das nicht einfach ist, kann man sich leicht vorstellen.

Die Theorien, über die die Kosmologie verfügt, sind jedoch nicht fähig, die Ereignisse unmittelbar bei der Geburt beziehungsweise den Zustand des Universums zu diesem Zeitpunkt zu beschreiben. Das liegt an einer natürlichen Grenze, die uns die Naturgesetze ziehen und die wir – noch – nicht überschreiten können. Mithilfe gewisser Naturkonstanten lassen sich nämlich eine kürzeste Zeit, eine kürzeste Länge und eine kleinste Masse definieren. Alles, was sich jenseits dieser minimalen Größen abspielt, ist uns unzugänglich. Die einen sagen, weil jenseits dieser Grenze die Naturgesetze versagen. Richtig ist vielmehr, dass wir keine Vorstellung davon haben, wie die Naturgesetze auf so kleinen Dimensionen beziehungsweise in solch kurzen Zeiträumen wirken. Das Problem liegt insbesondere auf der Seite der Gravitation, dieser universellen Kraft, mit der sich alle Massen gegenseitig anziehen. Wie diese Kraft über große und größte Entfernungen wirkt, wissen wir sehr genau. Aber wir haben keine Ahnung, was über extrem kurze Abstände hinweg passiert. Solange uns eine Theorie fehlt, die die bekannte Quantentheorie, welche die Vorgänge im Bereich atomarer Dimensionen beschreibt, mit der Gravitation verknüpft – also eine so genannte Quantengravitationstheorie –, können die Kosmologen auch keine Theorien aufstellen, die Auskunft geben über das Geschehen zum Zeitpunkt des Urknalls. Das heißt jedoch nicht, dass man überhaupt keine Vorstellung hat davon, was war und was geschah. Aber es sind eben nur sehr ungenaue, vielleicht auch völlig falsche Vorstellungen, so genannte Hypothesen, unbewiesene Annahmen, deren Wahrheitsgehalt sich erst noch zeigen muss.

Herr Olbers denkt nach

Wenn wir weder in der Lage sind, den Ursprung unseres Universums mit Teleskopen zu sehen, noch eine exakte Vorstellung davon haben, was beim Urknall geschah – woher beziehen wir dann den Mut zu behaupten, dass es einen Urknall gegeben hat? Dass das Universum einst aus dem »Nichts« entstanden ist und seitdem größer und größer wird? Isaac Newton war ja fest davon überzeugt, dass das Universum unendlich und statisch ist, sich also nicht ausdehnt. Auch Einstein glaubte zunächst noch an ein starres Universum. Einer der Ersten, die sich bereits zu Beginn des 19. Jahrhunderts bezüglich dieses Themas Gedanken gemacht haben, war Heinrich Wilhelm Olbers. Er beschäftigte sich damals mit der Frage: Warum ist der Nachthimmel dunkel? Auf den ersten Blick erscheint diese Frage ziemlich einfältig. Dunkel ist es einfach deshalb, weil sich die Erde so gedreht hat, dass die Sonne nicht über uns am Himmel steht, sondern die andere Erdhälfte beleuchtet. Aber Olbers dachte viel weiter. Für seine Überlegung ging er davon aus, dass das Universum unendlich ist, sich nicht ausdehnt und dass die leuchtende Materie, also die Sterne, einheitlich im Raum verteilt sind. Eine Annahme, die durchaus mit unseren Erfahrungen im Einklang zu sein scheint. Wenn dem aber so ist, dachte Olbers, dann trifft unser Blick, ganz egal in welche Richtung wir schauen, in irgendeiner Entfernung immer auf einen Stern. Und wenn das Universum unendlich ist, dann stehen die Sterne in der Tiefe gestaffelt so dicht wie die Bäume in einem Wald. Auch hier trifft unser Blick nach einer gewissen Entfernung stets auf einen Baum. Nun wissen wir aber, dass die Intensität des Sternenlichts, das auf die Erde fällt, mit dem Quadrat der Entfernung abnimmt. Weit entfernte Sterne leuchten also nur noch ganz schwach. Andererseits nimmt aber die Anzahl der Sterne, die sich beispielsweise in einer Kugelschale um die Erde befinden, mit dem Radius der Kugelschale im Quadrat zu. Das Licht der Sterne in dieser Schale wird zwar mit wachsendem Durchmesser der Schale schwächer, dafür jedoch erhöht sich die Anzahl der Sterne in dieser Schale. Beide Effekte heben sich gegenseitig auf. Das bedeutet, dass jede Schale, welchen Radius sie auch haben mag, stets gleich viel Licht zu uns schickt. Der Himmel müsste also des Nachts in jeder Richtung so hell sein wie die leuchtende Oberfläche unserer Sonne.

Dass dies nicht stimmt, davon können wir uns jede Nacht leicht überzeugen. Wie aber kommen wir aus diesem Paradoxon heraus? Mehrere Lösungen bieten sich an. Erstens: Das Universum ist nicht unendlich, also muss es Lücken geben, in denen unser Blick nicht auf einen Stern fällt. Zweitens: Das Universum ist zwar unendlich, doch ist es nicht unendlich alt. Dann existieren auch die Sterne erst seit einer gewissen Zeit, und diese Zeit ist zu kurz, als dass uns das Licht sehr weit entfernter Sterne schon erreichen könnte. Und drittens: Das Universum dehnt sich aus, das heißt, die Sterne scheinen alle von uns wegzufliegen. Die Sterne, die am weitesten von uns entfernt sind, müssen natürlich auch mit der größten Geschwindigkeit davonfliegen, sonst wären sie ja nicht so weit gekommen. Wenn sich aber ein Stern von uns wegbewegt, dann wird sein Licht immer röter, also langwelliger. Das ist der gleiche Effekt, den wir auch bei einer Schallquelle wahrnehmen, zum Beispiel einem Krankenwagen mit eingeschaltetem Martinshorn, der an uns vorbeifährt. In dem Augenblick, in dem das Auto auf unserer Höhe ist und sich von uns entfernt, ertönt das Martinshorn in einem tieferen Ton, der umso tiefer, also langwelliger ist, je schneller das Auto fährt. Je schneller sich die weit entfernten Sterne von uns wegbewegen, desto röter und damit langwelliger und energieärmer wird also ihr Licht, bis es schließlich so schwach geworden ist, dass wir es nicht mehr sehen können.

Aus diesen möglichen Lösungen des Olbers'schen Paradoxons lassen sich nun verschiedene Schlüsse ziehen. Dass das Universum nicht unendlich groß und unendlich alt sein kann, ist klar. Ist es nicht unendlich alt, aber unendlich groß, so muss es logischerweise vor einer gewissen Zeit einmal entstanden sein, und es muss sich ausgedehnt haben, damit es unendlich groß wurde. Andererseits, wenn sich das Universum ausdehnt, kann es nicht gleichzeitig unendlich sein, denn eine unendliche Größe ist erst nach einer unendlichen Zeit zu erreichen. Die These von einem unendlichen und statischen Universum ist also nicht aufrechtzuerhalten. Wie aber ist das Universum wirklich? Wir wollen es hier gleich einmal verraten: Es ist endlich, es hat ein begrenztes Alter, und es dehnt sich aus!

Hubble und die Expansion des Universums

Nun gut, Herr Olbers in allen Ehren, aber man hätte doch gerne neben diesen trickreichen Überlegungen auch etwas Messbares in der Hand. Dafür hat als Erster der Astronom Edwin P. Hubble im Jahre 1929 gesorgt. Hubble war aufgefallen, dass das

Licht fast aller Galaxien eine Rotverschiebung zeigt, das heißt, das Licht, das beispielsweise von einem angeregten Atom in einer dieser Galaxien emittiert wird, ist röter beziehungsweise langwelliger, als wenn sich dieses Atom bei uns auf der Erde befinden würde. Bei der Diskussion des Olbers'schen Paradoxons haben wir ja bereits gesehen, dass eine Rotverschiebung immer dann eintritt, wenn sich ein Objekt von uns entfernt. Auf der Basis dieser Messungen konnte Hubble schon einmal zweifelsfrei belegen, dass sich das Universum tatsächlich ausdehnt.

Aber Hubble ging noch einen Schritt weiter. Er wollte wissen, ob alle untersuchten Galaxien, egal in welcher Entfernung, gleich schnell von uns wegdrifteten. Die Rotverschiebung ist ja nicht nur ein Indiz dafür, dass sich etwas von uns wegbewegt, sondern auch ein Maß dafür, wie schnell es sich bewegt. Je größer die Rotverschiebung, je größer also der Unterschied zwischen der Wellenlänge des vom Atom in der Galaxie ausgesandten Lichts und des Lichts eines gleichen Atoms auf der Erde, desto schneller bewegt sich die Galaxie. Nachdem Hubble noch die Entfernungen der einzelnen Galaxien bestimmt hatte, konnte er in einem Diagramm die Rotverschiebung gegen die Entfernung erfassen. Und siehe da: Mit zunehmender Entfernung fliegen die Galaxien immer schneller von uns weg! Damit war eines der wichtigsten Gesetze für die Astronomie des 20. Jahrhunderts entdeckt. Es besagt: Die Fluchtgeschwindigkeit von Objekten im Universum wächst proportional zu ihrer Entfernung. Die Proportionalitätskonstante ist die zu Ehren von Hubble so genannte Hubblekonstante, deren Wert ungefähr 75 km/s pro Megaparsec beträgt (ein Megaparsec oder ein Mpc entspricht einer Entfernung von 3,26 Millionen Lichtjahren). »Übersetzt« heißt das, dass sich zum Beispiel eine Galaxie, die vom Beobachter ein Megaparsec weit weg ist, sich von ihm mit einer Geschwindigkeit von 75 Kilometern pro Sekunde entfernt. Der enorme Vorteil dieser Beziehung liegt nun darin, dass man nur noch die Rotverschiebung messen muss, um dann mithilfe der Hubblekonstanten sofort die Entfernung des betrachteten Objektes berechnen zu können. Wenn wir hier den Wert für die Hubblekonstante lediglich mit »ungefähr« angeben können, dann deshalb, weil ihre Größe auch heute noch nicht genau bekannt ist. Das liegt hauptsächlich daran, dass es ungeheuer schwierig ist, die Entfernung sehr weit weg stehender Sterne oder Galaxien mit der nötigen Genauigkeit zu bestimmen, sodass immer ein entsprechender Spielraum verbleibt.

Das Besondere am Hubble'schen Gesetz ist, dass sich mit ihm nicht nur die Fluchtbewegungen einiger bestimmter Galaxien, sondern die aller fernen kosmischen Objekte ermitteln lassen. Man beobachtet also keine zufälligen Bewegungen im Kosmos, sondern eine Expansion des gesamten Universums! Als Modell für eine derartige Ausdehnung wird meist ein mit Punkten bemalter Luftballon oder ein mit Rosinen gefüllter Kuchenteig herangezogen. Bläst man den Ballon auf beziehungsweise fängt der Teig aufgrund der darin enthaltenen Hefe an aufzugehen, so entfernen sich alle Punkte respektive Rosinen voneinander, und dies umso schneller, je größer der Abstand zwischen ihnen ist.

Mit diesem Ergebnis scheint unsere Welt ja wieder in Ordnung zu sein. Hat uns doch schon einmal Kopernikus aus dem Zentrum des Sonnensystems verbannt, und dann stellt sich auch noch heraus, dass unsere Sonne ihren Platz nicht in der Mitte unserer Galaxis hat, sondern zwischen zwei Spiralarmen, nahezu am Rande der galaktischen Scheibe, so sind wir dank Hubble jetzt wenigstens der Mittelpunkt des gesamten Universums, da ja alles von uns wegzufliegen scheint. Doch Vorsicht, Freunde, mit solch voreiligen Schlüssen! Zuerst wollen wir nochmals in die Teigschüssel zu unserem Kuchen springen und uns auf eine der vielen Rosinen setzen. Wenn der Teig anfängt aufzugehen, dann driften in der Tat alle anderen Rosinen von uns weg, und wir sind scheinbar in der Mitte des Kuchenteigs gelandet. Doch plötzlich springt noch jemand in den Teig und setzt sich auf eine andere Rosine. Nach einiger Zeit teilt er uns mit: Stell dir vor, ich bin genau in der Mitte des Teigs angekommen, um mich herum fliegt alles auseinander. Wenn dann noch ein Dritter kommt und uns das Gleiche erzählt, dann wird uns allmählich klar, dass es völlig egal ist, auf welche Rosine wir uns setzen, denn von jedem Punkt im Teig entfernen sich alle übrigen Objekte, so wie Hubble es gemessen hat. Das heißt aber, dass es in einem sich ausdehnenden Universum keinen bevorzugten Ort und keine Mitte geben kann, alle Stellen sind einander gleichberechtigt. Das Universum scheint sich somit von jedem Punkt aus in alle Richtungen gleich zu verhalten. Eine solche Eigenschaft bezeichnet man auch als Isotropie.

Heute glauben die Kosmologen, dass sich der Kosmos in den ersten Sekundenbruchteilen nach dem Urknall zunächst linear, also mit praktisch konstanter Geschwindigkeit, dann aber für sehr kurze Zeit stark beschleunigt ausgedehnt hat. Diese stark beschleunigte – oder anders ausgedrückt, exponentielle – Ausdehnung bezeichnet man auch als inflationäre Expansion. Nach dieser Phase soll es dann wieder nahezu linear weitergegangen sein. Aufgrund der inflationären Expansion erreichte das Universum eine Ausdehnung, die das heute sichtbare Universum um viele Größenordnungen übertrifft. Sichtbar aber sind nur solche Objekte im Universum, deren Licht nicht länger braucht, um in unsere Teleskope zu gelangen, als das Universum alt ist. Mithin hat das sichtbare Universum zurzeit einen Radius, der dem Produkt aus dem Alter des Universums und der Lichtgeschwindigkeit entspricht. Das sind zurzeit etwa 15 Milliarden Lichtjahre, die Strecke also, die das Licht in 15 Milliarden Jahren zurücklegen kann. Dieser Radius wächst jede Sekunde um rund 300000 Kilometer. Bis sich jedoch das Universum auf das Doppelte seiner heutigen Größe ausgedehnt hat, wird es knapp dreimal so alt sein wie heute.

Was man bei der Expansion des Kosmos nicht durcheinander bringen darf, sind der Begriff Raum und die darin befindlichen Objekte. Nur der Raum dehnt sich aus, indem die Entfernung zwischen den Objekten wächst. Die Objekte selbst bleiben dabei unverändert groß. Das ist genau wie in unserem Kuchen, in dem sich die Rosinen beim Aufgehen des Hefeteigs ja auch nicht in Pflaumen verwandeln.

Gab es den Urknall wirklich?

Bis hierher haben wir schon viel über die Ausdehnung des Universums erfahren. Aber ist das auch ein Beweis dafür, dass es einmal einen Urknall gegeben hat? Die Kosmologen sind sich da ziemlich sicher. Ihre Argumentation läuft wie folgt: Wenn sich das Universum ausdehnt, dann muss es wohl vor einiger Zeit auch mal kleiner gewesen sein. Könnte man die Zeit zurückdrehen, dann müsste wie in einem rückwärts laufenden Film sich auch das Universum zurückentwickeln. Anstatt sich auszudehnen, würde das Universum wieder schrumpfen. Der Abstand zwischen den Objekten verringert sich dabei mehr und mehr, so lange, bis alle Objekte in der fernen Vergangenheit wieder in einem Punkt zusammentreffen. Da die weiter entfernten Objekte schneller fliegen, kommen sie alle zur gleichen Zeit am selben Punkt an. Was beim Schrumpfen des Universums passiert, kann man sich anhand einer Luftpumpe klarmachen. Verschließt man die Öffnung der Pumpe mit dem Daumen und drückt den Kolben ein paar Mal kräftig hinein, presst also die Luft in der Pumpe zusammen, so wird die Pumpe warm. Ähnliches geschieht mit unserem Universum. Beim Zusammenschnurren wird es immer heißer. Dabei werden die Strukturen der Objekte schrittweise aufgelöst. Die Sterne zerfallen in ihre Atome, die Atome in ihre Elementarbausteine, die Protonen, Neutronen und Elektronen, dann in die Quarks, Neutrinos und andere Elementarteilchen. Schließlich ist alles unendlich heiß geworden und auf unvorstellbar kleinem Raum vereint. Wir wollen hier nicht behaupten zu wissen, wie die Materie, all die Sterne und Galaxien, ausgesehen hat, als sie auf einen Punkt zusammengepresst war. Vermutlich bestand sie nur noch aus reiner Energie. Energie, die nach der berühmten Gleichung Einsteins, $E = mc^2$, der Masse des ursprünglichen Universums äquivalent ist. Aber darauf kommt es hier gar nicht an. Entscheidend ist, dass am Ende der Rückentwicklung unser Universum unendlich klein, unendlich heiß und von unendlicher Energiedichte ist. Man bezeichnet das auch als eine Singularität. Damit sind wir genau da angekommen, von wo aus alles seinen Anfang nahm: nämlich beim Urknall.

Die kosmische Hintergrundstrahlung

Ein weiterer Beweis für die Expansion des Universums wurde mit der Entdeckung der so genannten kosmischen Hintergrundstrahlung erbracht. Wie der Name schon besagt, handelt es sich dabei um eine Strahlung, welche sozusagen aus dem Hintergrund aus allen Richtungen auf die Erde einfällt. Aber was für eine Strahlung?

Wie wir schon wissen, waren im frühen Universum, also kurz nach dem Urknall, die Materiedichte und die Temperatur sehr hoch. Beim Urknall entstand aber nicht nur Materie, im

Wesentlichen nämlich Wasserstoff und Helium im Verhältnis drei zu eins, sondern auch hochenergetische Strahlung, also Licht in Form von Gammaquanten. Aufgrund der hohen Energie der »Lichtteilchen«, also der Photonen, konnten Wasserstoff und Helium jedoch nicht als Atome bestehen, das heißt in Form eines Atomkerns mit einem beziehungsweise zwei Elektronen, die den Kern umkreisen. Die hochenergetischen Photonen fuhren sozusagen fortwährend zwischen die Kerne und die Elektronen und trennten die Partner voneinander. Diesen Vorgang bezeichnet man auch als Ionisation. Er kann nur ablaufen, solange die Energie der Photonen größer ist als die Bindungsenergie der Elektronen an die Atomkerne. Die Materie kurz nach dem Urknall bestand also aus Atomkernen und freien Elektronen, eine Materieform, für die es auch einen anderen Ausdruck gibt: Plasma.

Nun dehnte sich aber das Universum immer weiter aus und wurde dabei zunehmend kälter. Das blieb nicht ohne Folgen für die Strahlung. Je größer das Universum wurde, desto mehr wurde auch die Wellenlänge der Strahlung gedehnt. Eine größere Wellenlänge ist aber gleichbedeutend mit einer geringeren Energie der Strahlung. Irgendwann musste also der Moment kommen, in dem die Strahlung nicht mehr ausreichend Energie besaß, die Elektronen von den Kernen zu trennen beziehungsweise die Materie zu ionisieren. Dieser Fall trat ziemlich genau 300 000 Jahre nach dem Urknall ein, als das Universum noch rund 1000-mal kleiner war als heute und »nur« noch etwa 3000 Kelvin heiß (0 Kelvin entsprechen minus 273 Grad Celsius, der tiefsten, physikalisch sinnvollen Temperatur). Dass wir jetzt plötzlich von der Wellenlänge des Lichts sprechen, darf Sie als Leser nicht irritieren. Licht ist ein duales Phänomen, das man sowohl als einen Teilchenstrom, also einen Strom von Photonen, als auch als eine elektromagnetische Welle auffassen kann. Einige Vorgänge lassen sich besser im Teilchenbild, andere wiederum besser mit der Wellennatur des Lichts erklären. In unserem Fall ist die Energieabnahme der Strahlung durch eine Dehnung der Wellenlänge verständlicher.

3000 Kelvin stellen ungefähr die Grenztemperatur dar, bei der die Energie der Photonen gerade noch groß genug ist, um die Wasserstoffatome zu ionisieren. Bei einer etwas niedrigeren Temperatur sind alle Elektronen an die Protonen gebunden und nicht mehr frei. Bis die Wasserstoffatome ihre Elektronen jedoch wieder eingefangen hatten, vergingen immerhin rund 30 000 Jahre. Doch von da an konnten sich die Photonen, die vorher, wie wir schon erfahren haben, von den Elektronen hin und her geschubst wurden, geradlinig ausbreiten. Anders ausgedrückt heißt das, das Universum wurde durchsichtig, ähnlich wie sich an einem Herbstmorgen der Nebel langsam lichtet und den Strahlen der Sonne weicht. Dies ist auch der Moment der Geburt der kosmischen Hintergrundstrahlung. Jetzt können sich die Photonen in alle Richtungen frei ausbreiten.

An dieser Stelle müssen wir ein klein wenig Physik betreiben. Anfangs haben wir gefragt: Was ist das für eine Strahlung, die aus allen Richtungen auf die Erde fällt? Die Physiker bezeichnen sie als »Strahlung eines Schwarzen Körpers«, kurz auch Schwarzkörperstrahlung genannt. Wie wir im Kapitel »Was ist ein Stern« schon erfahren haben, versteht man darunter eine vollkommene Strahlungsquelle, nämlich strahlende Materie, die sich im thermodynamischen Gleichgewicht mit ihrer Umgebung befindet, das heißt, Materie und Umgebung haben die gleiche Temperatur.

Nun muss man wissen, dass alle Materie Strahlung emittiert. Man kann das an jedem Heizkörper oder an einem glühenden Stück Eisen erkennen. Beim glühenden Eisen ist die Strahlung direkt zu sehen, es leuchtet in umso hellerem Rot, je heißer das Eisen ist. Das Licht, das von dem Eisen ausgeht, liegt im sichtbaren Bereich des elektromagnetischen Spektrums, also in einem Bereich, in dem unser Auge empfindlich ist. Das »Licht«, das von einer Dampfheizung ausgeht, ist unsichtbar, aber man kann es »fühlen«. Unsere Hand wird warm, auch wenn wir den Heizkörper nicht direkt berühren, sondern uns mit der Hand nur bis auf kurze Distanz nähern. Die Strahlung der Dampfheizung liegt im infraroten Bereich des elektromagnetischen Spektrums. Allgemein gilt: Je höher die Temperatur des strahlenden Körpers, desto kurzwelliger ist die Strahlung beziehungsweise desto energiereicher sind die Photonen, die von ihm ausgehen. Die von der Dampfheizung emittierte Strahlung ist also langwelliger, das heißt, die Photonen sind energieärmer als das sichtbare Licht. Die Temperatur des Schwarzen Körpers respektive der strahlenden Materie ist somit entscheidend für die Wellenlänge der emittierten Strahlung.

Da ein Schwarzer Körper sich mit seiner Umgebung im Temperaturgleichgewicht befindet, ist es auch gerechtfertigt, der von ihm ausgehenden Strahlung die Temperatur des Schwarzen Körpers zuzuordnen. Man spricht dann von der Temperatur der Schwarzkörperstrahlung.

Nun gibt ein Schwarzer Körper nicht nur Strahlung einer genau definierten Wellenlänge ab, sondern ein so genanntes Schwarzkörperspektrum. Der Physiker Max Planck war der Erste, der das in seiner berühmten Strahlungsformel ausdrücken konnte. Trägt man die Intensität der emittierten Strahlung gegen die Wellenlänge auf, so erhält man eine ganz charakteristische Kurve mit einem Maximum bei einer bestimmten Wellenlänge, von dem die Kurve nach kürzeren Wellenlängen steil und nach längeren Wellenlängen flach gegen null abfällt. Je nach Temperatur des Schwarzen Körpers verschiebt sich das Maximum der Kurve: bei hohen Temperaturen zu kurzen Wellenlängen hin, bei niedrigen zu langen Wellenlängen. Die charakteristische Form der Kurve bleibt aber immer erhalten. Um das gesamte Spektrum eines Schwarzen Körpers zu erfassen, muss man also nicht nur die Stärke der Strahlung bei einer bestimmten Wellenlänge messen, sondern auch bei vielen Wellenlängen im Bereich um das Maximum.

Nach diesem kleinen Ausflug in die Physik ist uns verständlich, was mit kosmischer Hintergrundstrahlung gemeint ist: Sie ist nichts anderes als die Strahlung der Materie des frühen Universums, die sich im thermodynamischen Gleichgewicht mit der Umgebung, dem Strahlungsfeld des Universums, befindet und die sich ungestört von freien Elektronen im Kosmos nach allen Richtungen gleichmäßig ausbreitet. 300 000 Jahre nach dem Urknall war das Universum, also Materie und Strahlung, etwa 3000 Kelvin heiß, und das Maximum der Strahlung lag im infraroten Bereich des elektromagnetischen Spektrums. Mit der Expansion des Universums nahm auch die Wellenlänge zu, und zwar direkt proportional zu der nach allen Seiten erfolgenden Ausdehnung. Das entspricht dann der Strahlung eines entsprechend kälteren Schwarzen Körpers. Seit damals hat sich der Kosmos ungefähr um den Faktor 1000 ausgedehnt und ist um den gleichen Faktor kälter geworden. Folglich muss sich auch die charakteristische Kurve der Schwarzkörperstrahlung nach längeren Wellenlängen verschoben haben. Das Strahlungsmaximum sollte heute im Bereich der kurzwelligen Radiostrahlung, bei etwa zwei Millimetern, liegen. Wenn es also einen Urknall gegeben hat und das Universum in seiner Frühzeit sehr heiß war, dann müsste man gegenwärtig aus allen Richtungen des Kosmos eine gleich starke Strahlung empfangen können, die jener eines ungefähr drei Grad über dem absoluten Nullpunkt warmen Schwarzen Körpers entspricht.

In der Tat entdeckten Arno Penzias und Robert Woodrow Wilson von den Bell-Telephone-Laboratorien in Crawford Hill im Jahre 1964, eher aus Zufall, eine aus allen Richtungen einfallende Strahlung, bei der es sich um die hypothetische Schwarzkörperstrahlung handeln konnte. Weitere Untersuchungen und genauere Messungen unterschiedlicher Gruppen in den Jahren bis 1980 lieferten dann schrittweise immer mehr Messpunkte, die zu einem Schwarzkörperspektrum bei einer Temperatur von 2,7 Kevin passten.

Im November 1989 startete dann die NASA den Satelliten COBE (Cosmic Background Explorer). Mit ihm konnte, unbeeinflusst durch die irdische Atmosphäre, das Spektrum der Hintergrundstrahlung mit vier verschiedenen Messinstrumenten aufgezeichnet werden. Zwei Monate nach dem Start legte das COBE-Team das Ergebnis vor. Bei 67 unterschiedlichen Wellenlängen hatte man die Intensität der kosmischen Hintergrundstrahlung gemessen. Die Messpunkte lagen exakt auf der spektralen Verteilungskurve eines Schwarzen Körpers einer Temperatur von 2,7 Kelvin. Damit war eindeutig die Expansion des Universums bewiesen und die Urknalltheorie nicht mehr zu widerlegen.

Das Alter des Universums

Eine weitere wichtige Frage ist die nach dem Alter des Universums. Wie viel Zeit ist vergangen vom Urknall bis heute? Hier kann uns wieder das Hubble'sche Gesetz helfen. Wie wir schon erfahren haben, treffen sich alle Objekte bei einer gedachten Rückwärtsentwicklung des Universums in einem Punkt. Wie lange ein Objekt dazu braucht, bis es von heute an gerechnet diesen Punkt erreicht, kann man bestimmen. Dazu muss man den momentanen Abstand des Objekts durch seine Geschwindigkeit dividieren. Damit erhalten wir eine erste einfache Gleichung. Andererseits ermittelt man die Geschwindigkeit der einzelnen Objekte, indem man die Hubblekonstante mit der Entfernung der Objekte multipliziert. Das ergibt eine zweite

Gleichung. Wenn man jetzt die Geschwindigkeit in der zweiten Gleichung durch den Ausdruck für die Geschwindigkeit in der ersten Gleichung ersetzt, fällt die Entfernung der Objekte aus der Gleichung heraus und man gelangt zu dem Resultat, dass die Zeit, die das Universum benötigt, um wieder zusammenzuschnurren, gleich eins dividiert durch die Hubblekonstante ist. Diese Zeit, die man auch als Hubblezeit bezeichnet, ist also gleich dem Zeitpunkt, zu dem von heute an gerechnet alle Objekte des Universums, also sämtliche Galaxien, Sterne und dergleichen im selben Punkt konzentriert waren. Da umgekehrt, entsprechend der Urknalltheorie, von hier aus alles seinen Anfang nahm, ist diese Zeit natürlich identisch mit dem Alter des Universums.

Setzt man für die Hubblekonstante den genannten Wert von 75 (km/s)/Mpc ein, so errechnet sich das Alter des Universums zu rund 13 Milliarden Jahren. Das passt ganz gut zusammen mit dem Alter der ältesten Sterne, die man im Universum entdeckt hat. Jetzt zeigt sich auch, wie wichtig die Kenntnis des genauen Wertes dieser Konstanten ist. Gegenwärtig weiß man nur, dass er zwischen 50 und 100 (km/s)/Mpc liegen muss. Nimmt man den ersten Wert, so wäre das Universum rund 20 Milliarden Jahre alt, mit dem zweiten etwa zehn Milliarden Jahre. Mit dem zweiten Wert bekommt man also schon Probleme, denn das Universum kann ja nicht jünger sein als seine Sterne. Aber es wird noch ein bisschen enger. Bisher haben wir nämlich die Gravitationskraft völlig außer Acht gelassen. In Wirklichkeit ziehen sich jedoch die Massen gegenseitig an und bremsen so das Auseinanderdriften zunehmend ab. Das bedeutet, dass sich das Universum in seiner Frühphase schneller ausgedehnt haben muss als heute. Berücksichtigt man diesen Effekt, so reduziert sich das Alter des Universums auf zwei Drittel der Hubblezeit. Zwei Drittel von 10 ergäbe 6,7. Mit 6,7 Milliarden Jahren wäre das Universum aber eklatant jünger als die ältesten

Sterne. Eine genaue Bestimmung der Hubblekonstante ist somit nach wie vor eines der wichtigsten Forschungsziele der heutigen Kosmologie.

Raum und Zeit

Häufig wird auch die Frage gestellt: Wo bitte fand er denn statt, der Urknall, und wo ist heute dieser Ort im Universum zu finden? Die Antwort darauf fällt nicht leicht. Beginnen wir mit dem gegenwärtigen Universum und denken dabei an unseren Rosinenkuchen. Da es ganz egal ist, von welcher Rosine wir die Ausdehnung des Universums betrachten, müssen wir auf die Frage, wo der Urknall stattgefunden habe, zwangsläufig antworten: Überall! Wir sitzen mittendrin, und jeder andere Platz im Universum ist ebenfalls Zentrum des Urknalls. Im Prinzip hat also der Urknall allerorten im gesamten Universum stattgefunden.

Was den Ort des Urknalls zur Zeit des »Knalls« betrifft, als alles anfing, als das Universum also noch gar nicht existierte, so wird es noch komplizierter. Es gab nämlich gar keinen »Ort«, an dem sich etwas hätte ereignen können! Denn es gab auch keinen Raum! So paradox es klingt, doch der Raum wurde erst mit der Ausdehnung des Universums erschaffen. Das Universum hat sich nicht in einen bereits vorhandenen Raum hinein ausgedehnt, sondern es ist selbst Raum, und dieser Raum wächst mit der Ausdehnung des Universums. Den Raum an sich können wir nur durch die darin befindlichen Objekte erfahren. Wenn nichts da ist, verliert auch der Begriff Raum seinen Sinn. Goethe hat in seinem »Faust« Mephistoles sagen lassen, dass der Raum verhaftet an den Körpern klebe und mit den Körpern wieder zugrunde gehen werde. Noch knapper heißt es bei Christian Morgenstern: »Es war einmal

ein Lattenzaun, mit Zwischenraum, hindurchzuschaun...«
Ohne Latten also auch kein Raum. Ob die beiden Herren das im gleichen Sinne gemeint haben wie wir, sei dahingestellt, aber es charakterisiert genau das, was wir hier unter Raum verstehen wollen. Für uns ist das alles schwer fassbar, da wir ja in den bereits vorhandenen Raum hineingeboren wurden und ein »Nichtraum« außerhalb unseres Vorstellungsvermögens liegt. Man kann das eventuell vergleichen mit einem Käfer, der nicht fliegen kann und immer auf einem unendlich ausgedehnten Papier herumläuft. Dieser Käfer kennt nur zwei Dimensionen: nämlich Länge und Breite. Eine dritte Dimension, eine Höhe, vermag er sich nicht vorzustellen.

Wenn wir schon die Frage nach dem Ort des Urknalls nicht beantworten konnten, so jetzt vielleicht die Frage, was vor dem Urknall war, als das Universum noch nicht existierte. Augustinus, zu Anfang des 5. Jahrhunderts der große Politiker und Lehrer der katholischen Kirche, beginnt seine Diskussion über den Zeitpunkt der Erschaffung der Welt mit der Frage: »Was tat denn Gott, bevor er Himmel und Erde erschuf?« Die Antwort, die Augustinus hierauf selbst gab, war natürlich in erster Linie theologisch zu verstehen: »Er machte die Hölle für diejenigen, die solche Geheimnisse zu ergründen suchen.« Entsprechend der gegenwärtigen Vorstellung über die Entstehung des Universums kann diese Antwort aber auch dahingehend interpretiert werden, dass es einfach sinnlos ist, nach einer Zeit davor zu fragen. Die Zeit ist zusammen mit dem Universum erst entstanden. Prozesse laufen nicht in der Zeit ab, sondern sie definieren erst eine Zeit. Wenn es nichts gibt, das sich verändern kann, dann ist auch die Zeit keine beobachtbare Größe. Wie lange ein Vorgang dauert, lässt sich nur durch einen Vergleich mit anderen Vorgängen bestimmen, beispielsweise mit dem Vorrücken des Sekundenzeigers einer Uhr. Im Augenblick des Urknalls war das Universum unendlich heiß und unendlich dicht. Dies ist ein Zustand der vollkommenen Gestaltlosigkeit, das absolute Chaos. Man kann sich vorstellen, dass in diesem Chaos keine Information, insbesondere keine Information über ein »Vorher«, Bestand haben kann. Für die Entwicklung des Universums ist es auch gar nicht wichtig, ob man von einer Zeit vor dem Urknall sprechen kann. Eine Aussage darüber ließe sich sowieso nicht überprüfen und wäre somit auch keine wissenschaftliche Aussage.

Die klassische Urknalltheorie führt also zu der Annahme, dass das Universum aus einem extrem heißen Punkt heraus entstanden ist.

Der Vollständigkeit halber sei jedoch erwähnt, dass diese Betrachtungsweise des Urknalls die Quantentheorie nicht berücksichtigt. Im Bereich atomarer und subatomarer Größen verlangt die Quantentheorie eine gewisse Unschärfe in Raum und Zeit. Das Produkt aus den Schwankungen von Impuls und Ort beziehungsweise Energie und Zeit vermag einen bestimmten, sehr kleinen Wert nicht zu unterschreiten. Je genauer eine der beiden Größen des Produkts festgelegt wird, desto verschwommener wird die andere. Berücksichtigt man also Quanteneffekte und die Allgemeine Relativitätstheorie, so sind Raum und Zeit in der Nähe des Urknalls nicht mehr voneinander unabhängig, sondern gehen ununterscheidbar ineinander über. Anstelle eines Vorher oder Nachher in der Zeit gibt es nur noch ein Anderswo in Raum und Zeit.

Der Raum ist gekrümmt

Bei einer Sonnenfinsternis werden am Rand der Sonnenscheibe Sterne sichtbar, die eigentlich nicht zu sehen sein sollten. Der wahre Ort der Sterne liegt nämlich nicht neben der Sonne, sondern hinter ihr, knapp innerhalb des Sonnenrandes.

Licht wählt immer den kürzesten Weg von der Quelle zum Empfänger, hier also vom Stern zum »Sterngucker«. In diesem Fall scheint es aber in einem Bogen um die Sonne herumzulaufen. Weicht das Licht von der geraden Linie ab, so muss man daraus folgern, dass der Raum, in dem sich das Licht ausbreitet, »gekrümmt« ist. Was aber soll man unter einem gekrümmten Raum verstehen, und wieso ist er gekrümmt? Der Raum, in dem wir uns bewegen und in dem wir gewohnt sind zu denken, ist dreidimensional. Länge, Breite und Höhe bestimmen darin die Abmessungen eines Körpers sowie die Koordinaten X, Y und Z, den Ort, an dem sich der Körper befindet. Spricht man nun von einem gekrümmten, dreidimensionalen Raum, so müssen wir wohl alle freimütig bekennen, dass wir uns darunter leider nichts vorstellen können.

Um eine Ahnung von einem gekrümmten Raum zu bekommen, greifen wir zu einem Trick. Nehmen wir mal an, wir würden wie die schon erwähnten flachen Käfer in einer nur zweidimensionalen Welt leben. Das heißt, wir könnten nur zweidimensional denken und erfahren. Unsere Welt hätte keine Z-Koordinate, es gäbe lediglich Ausdehnungen in X- und Y-Richtung, aber keine Höhe. Die Welt wäre somit eben wie ein Blatt Papier. Denken wir uns das Papier in alle Richtungen unendlich ausgedehnt. Die Geometrie, die wir auf diesem Blatt betreiben könnten, kennen wir, man bezeichnet sie auch als euklidische Geometrie. Die wesentlichen Eigenschaften dieser Geometrie bestehen darin, dass sich zwei parallele Geraden nicht schneiden und die Winkelsumme in einem Dreieck 180 Grad beträgt. Eine solche »Welt« ist im wahrsten Sinne des Wortes flach.

Nehmen wir nun an, unsere »Welt« sei die Oberfläche einer Kugel. Wenn wir wiederum akzeptieren, dass wir nicht aus der Oberfläche herauskönnen, dann ist unsere Welt, zumindest wenn die Kugel relativ groß ist, für uns zwar nach wie vor zweidimensional, aber nicht mehr flach, sondern gekrümmt. Diese Welt hat wie unser unendlich flaches Papier keinen Rand, aber ihre Fläche ist nicht mehr unendlich, sondern entspricht der endlichen Oberfläche der Kugel. Eine derartige Krümmung, wie sie eine Kugeloberfläche aufweist, bezeichnet man auch als eine positive Krümmung und die Kugel als eine geschlossene Fläche. Natürlich ist die Geometrie auf einer Kugel eine völlig andere. Zwei parallele Geraden schneiden sich nämlich auf einer Kugel, und die Winkelsumme in einem Dreieck ist immer größer als 180 Grad. Man kann das leicht veranschaulichen. Stellen wir uns vor, wir ziehen von einem Punkt am Äquator eine Linie genau nach Norden und von einem benachbarten Punkt am Äquator eine zweite Linie ebenfalls exakt in diese Himmelsrichtung. Am Äquator und knapp darüber verlaufen die Linien zueinander parallel. Da beide Linien genau nach Norden laufen, müssen sie sich aber am Nordpol treffen und dort schneiden. Ähnlich ist es mit einem Dreieck. Nehmen wir zwei Punkte am Äquator, deren Abstand genau einem Viertel des Kugelumfangs am Äquator entspricht, und ziehen von dort wieder je eine Linie genau nach Norden bis zum Nordpol. An den Ecken des Dreiecks aus Nordpol und den beiden Punkten auf dem Äquator treffen sich die Dreiecksseiten unter einem Winkel von jeweils 90 Grad. Und 3 x 90 Grad ergibt 270 Grad. Die Geometrie, die wir jetzt betreiben müssen, ist also nicht mehr euklidisch, sondern sphärisch.

Neben der flachen und der positiv gekrümmten zweidimensionalen Welt gibt es noch eine Welt mit negativer Krümmung. Die Form einer derartigen Fläche entspricht der eines Pferdesattels, der an den beiden Flanken des Pferds nach unten und an den dem Kopf und dem Schweif des Pferdes zugewandten Enden nach oben gebogen ist. Eine derartige Fläche bezeichnet man auch als hyperbolisch. Hyperbolische Flächen können wie das flache Papier unendlich ausgedehnt sein und sind somit nicht geschlossen wie Kugelflächen, sondern offen. Die Geometrie auf Sattelflächen ist ebenfalls nicht euklidisch und die Winkelsumme in einem Dreieck stets kleiner als 180 Grad.

Damit haben wir drei Erscheinungsformen, in der unsere zweidimensionale »Welt« auftreten kann: als flache, nicht gekrümmte Welt, als geschlossene, endliche Welt mit positiver Krümmung und als offene, unendliche Welt mit negativer Raumkrümmung. Jetzt fällt es vielleicht nicht mehr ganz so schwer, das Ergebnis auf eine dreidimensionale Welt zu übertragen. Wir können uns zwar nach wie vor deren gekrümmtes Aussehen nicht vorstellen, aber wir haben eine Ahnung davon bekommen, wie sich Krümmungen auswirken. Auch unsere dreidimensionale Welt könnte somit flach, geschlossen oder offen sein. Wenn wir »Welt« sagen, dann meinen wir natürlich nicht unsere Erde, sondern das gesamte Universum. Welche Krümmung unser Universum wirklich hat, wissen wir nicht. Das hängt entscheidend davon ab, wie viel Masse das Universum enthält.

Vielleicht, liebe Leserinnen und Leser, haben Sie jetzt bemerkt, dass wir mit dem letzten Satz ganz nebenbei die Frage nach der Ursache für eine Krümmung des Raumes beantwortet haben. Verantwortlich dafür ist das Vorhandensein von Masse. Masse krümmt den Raum. Je mehr Masse, desto mehr ist auch der Raum in der Umgebung der Masse gekrümmt. Man kann sich das, zur Vereinfachung jetzt mal wieder im Zweidimensionalen, anhand eines gespannten Gummituchs, auf das ein Gitternetz aufgemalt ist, vor Augen führen. Legen wir auf das Gummituch eine Holzkugel, so wird sich das Tuch unter dem Gewicht der Kugel eindellen, und das Gitternetz wird an dieser Stelle entsprechend verzerrt. Nehmen wir anstelle der leichten Holz- eine viel schwerere Bleikugel, so sinkt diese viel tiefer in das Tuch ein, und die Krümmung der Gummimembran vergrößert sich entsprechend. Licht, das sich auf der Fläche des Gummituchs ausbreitet, muss, wenn es in die Nähe der Kugel kommt, der durch die Masse der Kugel verursachten Krümmung folgen, da es ja aufgrund der vorausgesetzten Zweidimensionalität nicht aus der Fläche herauskann. Es breitet sich also nicht mehr »geradlinig« aus, sondern folgt den durch die Masse verzerrten Gitterlinien. Dieser Weg, obwohl gekrümmt, ist aber nach wie vor die kürzeste Verbindung zwischen der Lichtquelle und einem Empfänger. Übertragen wir das Ergebnis wieder auf unser Universum, so heißt das nichts anderes, als dass die Sonne aufgrund ihrer Masse den Raum lokal krümmt. Das Licht eines dahinter liegenden Sterns, das nahe der Sonne vorbeiläuft und normalerweise gar nicht in das Auge eines Beobachters auf der Erde gelangen kann, wird durch die Krümmung des Raumes so »abgelenkt«, dass es schließlich doch zur Erde gelangt.

Flaches, geschlossenes und offenes Universum

So wie der Raum je nach Verteilung der einzelnen Massen lokale Krümmungen erfährt, so ist das Universum natürlich auch als Ganzes gekrümmt, je nachdem, wie viel Gesamtmasse es enthält: Wie wir schon gesehen haben, ziehen sich Massen aber gegenseitig an und bremsen die Ausdehnung des Universums zunehmend ab. Die Kosmologen definieren nun eine kritische Masse, die gerade so groß ist, dass die Ausdehnung zwar stetig verlangsamt wird, aber erst nach unendlich langer Zeit zum Stillstand kommt. Ein solches Universum bezeichnen die Kosmologen als flach. Ist die im Universum enthaltene Masse jedoch größer als die kritische Masse, so wird der Raum in sich zurückgekrümmt, und man hat es mit einem geschlossenen Universum zu tun. Die Ausdehnung in einem geschlossenen Universum kommt zum Stillstand, wenn die kinetische Energie, die in der Ausdehnung steckt, völlig in potenzielle Energie umgewandelt ist. Von diesem Augenblick an zieht sich das Universum wieder zusammen. Die gesamte Entwicklung vom Urknall bis zur maximalen Ausdehnung verläuft nun in umgekehrter Richtung. Letztlich wird das Universum wieder in einem Punkt vereinigt sein, mit nahezu unendlich hoher Dichte und Temperatur. Theoretisch kann jetzt das Spiel erneut beginnen und ein neues Universum sich aus einem neuen Urknall entwickeln. In einem geschlossenen Universum wäre also eine zyklische Wiederholung der Entwicklungs- und Schrumpfungsprozesse in gewissen Zeitabständen durchaus möglich. Ist schließlich die Gesamtmasse des Universums kleiner als die kritische Masse, so erhält man ein offenes Universum mit negativer Raumkrümmung. In einem derartigen Universum hört die Expansion nie auf, ja, sie kann sich sogar beschleunigen.

In welcher Art von Universum wir leben, wissen wir nicht, da wir die in ihm enthaltene Masse nicht kennen. Man kann sie nicht berechnen, sondern nur mittels Beobachtungen auf ihren Wert schließen. Zurzeit sieht es so aus, als wäre sie allemal kleiner als die für ein geschlossenes Universum nötige Masse. Wahrscheinlich ist unser Universum offen, mit einer Masse knapp unterhalb der kritischen Masse. Vielleicht ist es sogar flach. Dass wir über die Gesamtmasse so wenig wissen, hängt damit zusammen, dass der Raum, in dem sich die Masse verteilt, so riesig groß ist. Es hängt aber auch damit zusammen, dass wir keine Ahnung haben, mit welchen »Arten« von Masse das Universum angefüllt ist. Sehen können wir nur die strahlende Materie. Die Beobachtungsergebnisse legen aber nahe, dass es daneben noch eine andere Form von Materie geben muss, welche die Kosmologen als Dunkle Materie bezeichnen. Dunkle Materie kann man, wie der Name schon sagt, nicht sehen. Sie zeigt sich lediglich durch die Gravitationskraft, die sie auf die sichtbare Materie ausübt. Man glaubt heute, dass der Anteil der Dunklen Materie etwa 90 Prozent der gesamten Materie des Universums ausmacht. Wenn das richtig ist, würde das bedeuten, dass wir nur von rund einem Zehntel unseres Universums Kenntnis haben, der Rest uns aber völlig fremd ist. Wem dieser Gedanke unheimlich ist, der möge sich damit trösten, dass auch in dem verbleibenden Zehntel noch so viele Geheimnisse und Rätsel verborgen sind, dass wir das Universum wohl nie zur Gänze verstehen werden.

Die Raumzeit

Zum Schluss dieses Kapitels wollen wir nochmals kurz auf die Begriffe Raum und Zeit zu sprechen kommen. Bisher haben wir immer so getan, als ob Raum und Zeit völlig unabhängig voneinander wären. Dies gilt in erster Näherung jedoch nur, wenn die Geschwindigkeiten, mit denen wir es zu tun haben, wesentlich kleiner sind als die Lichtgeschwindigkeit und die Massenkonzentrationen gering. Dass Raum und Zeit in Wirklichkeit noch nie voneinander unabhängig waren, hat uns Einstein gezeigt. Seine Spezielle Relativitätstheorie beschreibt, wie Raum und Zeit von der relativen Bewegung der Bezugssysteme, in denen sich einerseits die Ereignisse abspielen und andererseits sich der Beobachter befindet, abhängen. Gilt die Spezielle Relativitätstheorie nur in einem idealisierten Kosmos ohne Materie, also ohne Gravitation, so konnte Einstein mit der Erweiterung seiner Theorie zur Allgemeinen Relativitätstheorie veranschaulichen, dass Raum und Zeit nicht nur von der Bewegung, sondern insbesondere auch von der Massenverteilung abhängen. Infolgedessen reicht es nicht mehr aus, den Raum als dreidimensional anzusehen. Zu den drei Raumkoordinaten X,Y und Z muss als vierte Dimension die

Zeit hinzukommen. Damit spielen sich Ereignisse nicht mehr getrennt in Raum und Zeit ab, sondern richtigerweise in einer vierdimensionalen Raumzeit. Diese Theorien sind jedoch so komplex, dass wir hier nicht näher darauf eingehen können. Lassen wir stattdessen den »Alten aus Königsberg« zu Wort kommen:

In der Tat, wenn man mit solchen Betrachtungen und mit den vorhergehenden sein Gemüt erfüllt hat, so gibt der Anblick eines gestirnten Himmels bei einer heiteren Nacht eine Art des Vergnügens, welches nur edle Seelen empfinden.

Bei der allgemeinen Stille der Natur und der Ruhe der Sinne redet das verborgene Erkenntnisvermögen des unsterblichen Geistes eine unnennbare Sprache und gibt unausgewickelte Begriffe, die sich wohl empfinden, aber nicht beschreiben lassen.

Immanuel Kant

Schwarze Löcher

Wär' nicht das Auge sonnenhaft,
Die Sonne könnt' es nie erblicken;
Läg' nicht in uns des Gottes eigne Kraft,
Wie könnt' uns Göttliches entzücken?

Johann Wolfgang von Goethe: »*Zahme Xenien III*«

Ein Auge zum Betrachten der Sterne haben wir, da hat Goethe völlig Recht, doch was ist unser Organ für Dinge, die nicht sichtbar sind, die nur einfach schwer sind? Welche Sinnesorgane braucht der Mensch, wenn er sich dem Reich des ewig Unsichtbaren nähert? Vergehen da alle Sinne, oder ist unser gesunder Menschenverstand auch hier der Götterfunke, dem wir vertrauen können? An der Grenze der erkennbaren Wirklichkeit spielen sich Dinge ab, die so ungeheuerlich sind, dass man schon einen sehr gesunden Verstand braucht, um ihn nicht zu verlieren. Wir sprechen von Schwarzen Löchern!

Kaum eine Klasse von Himmelsobjekten fasziniert sowohl Laien als auch Fachleute auf ähnliche Weise wie die so genannten Schwarzen Löcher. Offenbar hat die Kombination von Schwarz und Loch eine ganz besondere Anziehungskraft auf alle, die sich mit Himmelsangelegenheiten beschäftigen. Schwarze Löcher gelten als das ultimative Ende der Materie, sie sind Teil des dunklen Teils des Universums. Die merkwürdigsten Eigenschaften werden mit ihnen in Verbindung gebracht. Selbst als Tore für Zeittunnel sind sie im Gespräch, vielleicht sogar als Portale in andere Universen. Einige Physiker denken sogar darüber nach, ob die Entstehung von Schwarzen Löchern nicht gleichzeitig die Geburt eines neuen Universums nach sich zieht. Doch bevor wir das Pferd vom Schweif her aufzäumen, wollen wir erst einmal klären, was Schwarze Löcher eigentlich sind und wie sie entstehen.

Die Geburt Schwarzer Löcher

Im Rahmen der Entwicklung der Sterne sind Schwarze Löcher eigentlich etwas sehr Normales. Sie stehen am Ende des Lebens massereicher Sterne und sind praktisch Sternleichen, also tote, ausgebrannte Sterne. Dabei handelt es sich jedoch um Leichen ganz besonderer Art, denn man sieht sie nicht, man spürt sie nur, von ihnen kann nichts entweichen, und es gibt keine Nachrichten, keine Informationen aus dem Inneren eines Schwarzen Loches. Noch nicht mal Licht kann diese merkwürdigen Dinger verlassen, deshalb bezeichnet man sie auch als schwarz. Diese Objekte entstehen, wenn Sterne am Ende ihres Lebens keine Energie mehr durch Kernfusion freisetzen und nur noch ihr eigenes Gewicht spüren. Schwarze Löcher sind die Leichen von Sternen, die so schwer sind, dass die Materie ihrem eigenen Gewicht keine stabilisierende Kraft entgegenstellen kann. Es ist die eigene Schwerkraft, die die Sternmaterie zusammenfallen lässt.

Um dem Wesen der Schwarzen Löcher etwas näher zu kommen, müssen wir zunächst die Wirkung der Schwerkraft verstehen. Ein schwerer Körper, zum Beispiel die Erde, zieht alles zu sich heran. Ein Ball, nach oben geworfen, fällt wieder herunter. Er fliegt umso höher, je heftiger wir ihn werfen. Für jeden Körper gibt es eine bestimmte Geschwindigkeit, ab der er das Schwerkraftfeld des anziehenden Körpers verlassen kann – die Entweichgeschwindigkeit. Stellen wir uns vor, dass die Schwerkraft des Planeten auf den Ball wirkt wie Gummifäden, die am Ball ziehen. Der Ball kann die Gummistreifen nur zerreißen, und erst wenn er genügend Geschwindigkeit hat, entkommt er der Zugkraft. Genauso muss der Ball die Zugkraft der Schwerkraft überwinden, soll er den Planeten ganz verlassen. Die Entweichgeschwindigkeit hängt ab vom Verhältnis der Masse des Körpers zu seinem Radius. Je kleiner ein schwerer Körper ist, desto größer ist die Entweichgeschwindigkeit. Stellen wir eine einfache Frage: Auf welchen Durchmesser muss ein schweres Objekt, etwa ein Stern, schrumpfen, damit ein Körper auf Lichtgeschwindigkeit beschleunigt werden muss, um von dem Objekt loszukommen? Denn, wie gesagt, die Entweichgeschwindigkeit wird nicht nur durch die Masse eines Objekts, sondern auch durch seine Größe bestimmt. Von einem Asteroiden mit einem Radius von nur einigen Kilometern könnte bereits ein guter Hochspringer in das All hinaus abheben. Ein Körper wie die Erde, mit einem Radius von etwa 6000 Kilometern, hat eine Entweichgeschwindigkeit von elf Kilometern pro Sekunde. Die Sonne, 300 000-mal schwerer als die Erde und mit einem Radius von 700 000 Kilometern lässt nur Gas entweichen, das mindestens 220 Kilometer pro Sekunde schnell ist. Aber wann reicht selbst die größte physikalisch sinnvolle Geschwindigkeit, nämlich die Lichtgeschwindigkeit, nicht mehr aus, um einen Himmelskörper zu verlassen? Das lässt sich ganz einfach ausrechnen: Für einen Stern wie die Sonne, mit der Masse von rund 10^{30} Kilogramm (einer 1 mit 30 Nullen), beträgt dieser Radius nur noch drei Kilometer! Aber das ist zunächst lediglich Zahlenspielerei, die uns wenig über die Physik verrät, die hinter dem Totalzusammenbruch eines Sterns steht.

Um die physikalische Entstehungsgeschichte eines Schwarzen Loches zu verstehen, müssen wir tief in die Quantenmechanik einsteigen. Wieder einmal zeigt sich die eindrucksvolle Verknüpfung von Mikrokosmos und Makrokosmos. Die Kräfte, welche die Bewegungen und Wechselwirkungen der kleinsten Teilchen festlegen, bestimmen auch das Schicksal der großen stellaren Brutöfen, der Sterne. Das liegt daran, dass kernphysikalische Vorgänge für die Energiefreisetzung im Inneren der Sterne verantwortlich sind. Ein Stern ist ein Körper, der im

Gleichgewicht von zwei Kräften steht. Auf der einen Seite die Geburtshelferin Schwerkraft. Sie ist dafür verantwortlich, dass sich eine ausgedehnte Gaswolke mit geringer Dichte überhaupt in einen Stern verwandelt. Die Schwerkraft treibt die Teilchen zusammen. Ihre immer nur anziehende Wirkung zwingt zunehmend mehr Gasatome auf stetig kleinerem Raum zusammen.

Wenn aber die Dichte der kollabierenden Wolke groß genug geworden ist, dann spüren alle Gasteilchen die Gegenwart der anderen Teilchen, es entsteht eine Kraft, die sich der Schwerkraft entgegenstemmt: der Gasdruck. Mit zunehmender Temperatur und Gasdichte steigt dieser Druck. Interessanterweise macht die Schwerkraft ihren Gegenspieler immer stärker, denn sie erhöht durch ihre anziehende Wirkung ständig die Gasdichte. Die Teilchen stoßen immer häufiger aneinander, und das Gas wird stetig heißer. Aus dem Gas, im Universum ist das fast nur Wasserstoff, wird ein Plasma, ein Gemisch aus positiv geladenen Ionen und negativ geladenen Elektronen.

Summa summarum, möchte man meinen, wird bei dem Kollaps einer Gaswolke ein Gleichgewicht zwischen diesen beiden Kräften erreicht. Das stimmt aber nicht, denn die Schwerkraft drückt immer mehr Material zusammen, bis schließlich der nächste Gegner auftritt: der Strahlungsdruck. Ab einer bestimmten Temperatur und Dichte verschmelzen die Protonen des Wasserstoffs zu Heliumkernen. Dabei wird Energie in Form von Gammaquanten frei. Die Gammastrahlung heizt die Umgebung auf, was wiederum den Druck erhöht, der sich gegen die permanent wirkende Schwerkraft stemmt.

Für eine gewisse Zeit dominiert jetzt der Strahlungsdruck. Er stabilisiert den Stern so lange, bis durch die Verschmelzung immer größerer Atomkerne keine Energie mehr gewonnen wird. Dieser Punkt ist erreicht, wenn die Fusionskette schließlich bei Eisen angekommen ist. Die zentrale Energiequelle erlischt, und die Schwerkraft schlägt nun wieder mit voller Wucht zu. Die Materie wird weiter zusammengepresst, bis eine neue Kraft auftaucht, die sich der Schwerkraft entgegenstellt, der so genannte Fermi-Druck. Er entsteht durch ein Grundgesetz der Quantenwelt, das da lautet: In einem System können sich zwei Elektronen, Neutronen oder Protonen, niemals in ein und demselben Zustand befinden. Zwei Teilchen müssen sich mindestens in einer Eigenschaft unterscheiden. Presst die Schwerkraft eines verlöschenden Sterns die Materie zu sehr hohen Dichten zusammen, so tritt diese Regel in Kraft. Wenn zum Beispiel zwei Elektronen aneinander geraten und sich trotz der gegenseitigen elektrischen Abstoßung – beide sind ja negativ geladen – immer näher und näher kommen, dann geht das nicht beliebig weiter. Ab einer kritischen Dichte können sich die Teilchen nicht mehr frei bewegen. Sie werden in so genannten Pauli-Zellen zu Paaren gepackt. Dort stecken immer zwei Elektronen zusammen, die sich nur durch die Richtung ihrer Eigendrehung, dem Spin, unterscheiden. Durch diese Packungsregel entsteht ein Druck, da die Teilchen ja nicht mehr näher zusammenrücken können.

Der Fermi-Druck ist unabhängig von der Temperatur und hängt nur noch von der Dichte der Materie ab. Materie, die so dicht gepackt ist, dass der Fermi-Druck wirksam wird, heißt in der Physik entartet. Im Gegensatz zum Fermi-Druck hängt ein »artiger«, thermischer Druck sehr wohl von der Temperatur ab. Entartete Materie hingegen kann »eiskalt« sein und doch einen gewaltigen Druck entwickeln, wenn nur die Dichte der Teilchen so hoch geworden ist, dass der Fermi-Druck den thermischen Druck übersteigt.

Doch auch für den Fermi-Druck der Elektronen gibt es Grenzen. Er kann nur aufrechterhalten werden, solange die Masse des Objekts das 1,4-fache der Sonnenmasse nicht übersteigt. Ist jedoch der kollabierende Rest des erloschenen Sterns kleiner als diese kritische Masse, so wird der weitere Zusammenbruch des Sterns durch den Fermi-Druck der Elektronen gestoppt, und es entsteht ein Weißer Zwerg. Weiß deshalb, weil er noch ziemlich heiß ist und weiß leuchtet. Zwerg, weil ein Stern von den Ausmaßen der Sonne, deren Durchmesser rund 1,4 Millionen Kilometer beträgt, nach dem Zusammenbruch auf Erdgröße geschrumpft ist, was für einen Stern wirklich zwergenhaft ist. Noch kleinere Sternreste, nämlich nur zehn Kilometer große Kugeln, entstehen, wenn der Sternrest schwerer als 1,4 Sonnenmassen ist. Dann ist es nicht der Fermi-Druck der Elektronen wie beim Weißen Zwerg, sondern der Druck der Neutronen, der die Sternleiche stabilisiert. Solche kompakten Gebilde bezeichnet man als Neutronensterne. In ihnen sind die Elektronen in die Atomkerne hineingepresst worden und haben sich mit den Protonen zu Neutronen verbunden. Ein Neutronenstern ist praktisch ein gigantischer Atomkern, mit einer Dichte, die so hoch ist, dass ein würfelzuckergroßes Stück etwa so schwer ist wie die gesamte Menschheit. Neutronensterne sind der Rand der erkennbaren Wirklichkeit. Sie sind unsere letzte Quelle über die extremsten Materiezustände im Universum. Ihre obere Grenzmasse liegt beim etwa 2,8-fachen der Sonnenmasse. Ist die Sternleiche schwerer als dieser Wert, dann gibt es nichts mehr, was der Schwerkraft Paroli bieten kann.

Oberhalb dieser Grenzmasse hat die Schwerkraft endlich ihr Ziel erreicht und presst alle Materie zu einem stellaren Schwarzen Loch zusammen. Während von einem Neutronenstern noch Teilchen und elektromagnetische Strahlung entweichen können, kommt aus einem Schwarzen Loch überhaupt nichts mehr heraus.

Wie wir weiter oben schon erfahren haben, lässt sich für jede Masse der Radius ausrechnen, bei dem sie zum Schwarzen Loch wird. Man bezeichnet diesen Radius als Schwarzschild-

Radius, benannt nach Karl Schwarzschild, dem ersten Physiker, der aus der Allgemeinen Relativitätstheorie diese Größe ableitete. Ab diesem Radius haben wir keinerlei Möglichkeiten mehr, etwas über die weitere Entwicklung des Sternrestes zu erfahren. Der Schwarzschild-Radius ist unser Horizont, was sich dahinter verbirgt, bleibt für immer im Dunkeln und ist prinzipiell unerreichbar.

Jetzt wollen wir aber erst mal verschnaufen! Von Sternen und Quanten war die Rede und dieser permanent wirkenden Schwerkraft, der sich in verschiedenen Phasen immer neue Kräfte entgegengeworfen haben, damit wenigstens vorübergehend das Schlimmste verhindert wird. Aber offensichtlich kann keine Kraft im Universum der Schwerkraft auf lange Sicht wirklich widerstehen. Wenn das aber so ist, wieso wurde denn dann nicht schon längst alles in Schwarzen Löchern zusammengepresst? Das ist eine sehr wichtige Frage, deren Beantwortung wir aber noch etwas zurückstellen.

Schwarze Löcher sind offenbar der normale Endzustand für sehr schwere Sterne, deren Sternleichen durch nichts, aber auch gar nichts mehr vor dem totalen Zusammenbruch zu bewahren sind. Bedenkt man, wie viel schwere Sterne es im ganzen Universum gab, gibt und noch geben wird, dann muss es sehr, sehr viele stellare Schwarze Löcher geben. Immerhin enthält jede einigermaßen große Galaxie ca. 100 Millionen Sterne, die im Prinzip zu Schwarzen Löchern werden können. Nimmt man an, dass nur ein Prozent der Sterne einer Galaxie zu Schwarzen Löchern kollabieren, und multipliziert diese Zahl mit der Anzahl der Milchstraßen im Universum, also mit rund 100 Milliarden, dann könnte es Quadrillionen Schwarze Löcher im Universum geben – und jedes ist ein Rätsel, ein Mysterium, weil wir eigentlich nur darüber spekulieren können, was sich jenseits des Vorhangs, innerhalb des Schwarzschild-Radius, abspielt. Diese Dinger gehören nicht mehr zu unserem

Universum. Begriffe wie Zeit, Raum, Ursache und Wirkung lassen sich hier nicht mehr festmachen – oder doch? Kann man irgendetwas Intelligentes über die möglichen Eigenschaften von Schwarzen Löchern herausfinden? Und nicht vergessen: Warum ist nicht die ganze Materie längst in Schwarzen Löchern verschwunden?

Was passiert in einem Schwarzen Loch?

Wie soll man über etwas schreiben, das sich uns gar nicht zeigen kann, weil die Gesetze des Universums es nicht erlauben? Ein Schwarzes Loch ist das Reich der Schwerkraft, sie ist die einzige noch verbliebene Kraft. Was passiert in einer solchen Welt, in der eine Kraft wirkt, die nur anziehend ist? Erinnern wir uns, wie die Gravitationskraft seit Isaac Newton mathematisch beschrieben wird: Die Kraft ist umgekehrt proportional zum Quadrat des Abstands zwischen den sich anziehenden Massen. Was passiert aber, wenn der Abstand der Massen immer geringer wird und, mathematisch gesprochen, sich zu null reduziert, wenn die Gravitationskraft eine Masse auf einen Punkt zusammengepresst hat? Nach dem klassischen Gesetz würde die Schwerkraft unendlich groß. Doch es gibt keine unendlich großen Kräfte, weil sie eine unendliche Energiequelle erfordern. Und die ist nicht vorhanden. Also, Theorien, deren Gleichungen solche Punkte mit Unendlichkeiten liefern – man nennt solche Punkte Singularitäten –, können nicht stimmen. Mit ihnen gibt es immer Schwierigkeiten, denn eine Singularität wird gewöhnlich als ein Zeichen dafür angesehen, dass die Physiker und nicht die Natur einen Fehler begangen haben. Tja, nun haben wir also mit einem Schwarzen Loch ein Problem: eine Singularität. Kann nicht sein, was nicht sein darf? Oder ist die klassische Newton'sche Theorie der Schwerkraft nicht richtig, will man Schwarze Löcher verstehen? Was spielt sich denn da ab?

Tauchen wir für einen Moment in die Allgemeine Relativitätstheorie ein und schauen uns an, was dort Massen und Schwerkraft miteinander zu tun haben. Die Massen krümmen den Raum, die Krümmung des Raumes wiederum zwingt andere Massen dazu, ihre Bewegung zu verändern. Während bei Newton die Schwerkraft die verschiedenen Massen bewegt, die Planeten um die Sonne festhält, den Mond an die Erde bindet, findet in der Allgemeinen Relativitätstheorie alles seine Erklärung durch die Krümmung des Raumes. Versuchen wir es an einem Beispiel zu erklären: Zwei Zuschauer im fünften Stock eines Hauses sehen beim Blick aus dem Fenster auf dem Hof Kinder mit Glasmurmeln spielen. Ziel des Spiels ist, mit möglichst wenigen Anstoßversuchen die Murmeln in ein Loch zu schießen. Das Problem für die spielenden Kinder besteht nur darin, dass die Glasmurmeln sich nicht auf geraden Bahnen zum Loch bewegen, sondern ziemlich krumme Wege nehmen. Der Beobachter, den wir Isaac nennen wollen, vermutet Kräfte, die die Murmeln vom geraden Weg ablenken. Vielleicht sind sie ja magnetisch, und die anderen Kinder haben Magnete in ihren Taschen und lenken so die Kugeln ab. Der andere, nennen wir ihn Albert, geht die fünf Stockwerke hinunter und schaut im Hof nach. Er sieht, der Boden ist überhaupt nicht eben, sondern hat Beulen und Täler. Deshalb rollen die Glaskugeln nicht auf geraden Bahnen, sondern auf krummen Wegen. Die Krümmung des Untergrunds ist für die Bewegungen der Glasmurmeln verantwortlich.

Klar, der Erste sieht die Bewegung wie Newton, er nimmt zwar die Wirkung von Kräften wahr, hat aber keine Ahnung, woher die Kräfte kommen. Der Zweite erkennt den Grund für die gekrümmten Bahnen, und er schließt wie Einstein, dass die Krümmung der Oberfläche den Glasmurmeln vorschreibt, wie sie sich bewegen müssen. Wo ist der qualitative Unterschied? Einstein kann den Grund für die Kraftwirkung angeben, Newton nur die Art, wie die Kraft wirken muss, damit sich die Dinge so verhalten, wie sie es tun.

Doch zurück zu unserem gekrümmten Raum. Große Massen krümmen den Raum stärker als kleine Massen. Die Sonne hält in ihrem Schwerkrafttrichter alle Planeten und viele Kleinstkörper gefangen. Wenn aus dem Raum zwischen den Sternen ein Asteroid ins Sonnensystem eindringt, dann hängt sein weiteres Schicksal davon ab, wie schnell er ist. Die meisten sausen nur am Rand des Trichters entlang und verschwinden wieder im All, sie vollführen einen kleinen Schlenker und sind wieder weg. Die Sonne hat sie durch ihr Schwerkraftfeld aus ihrer ursprünglichen Bahn lediglich etwas abgelenkt. Manche Asteroiden aber werden von der Sonne regelrecht eingefangen. Wenn sie zu tief in das Schwerkraftnetz der Sonne hineingeraten, dann zwingt sie deren Schwerkraft und damit die Krümmung des Schwerkrafttrichters, für immer im Sonnensystem zu bleiben und die Sonne auf elliptischen Bahnen zu umkreisen. Selbst auf unserer Erde wird die Auswirkung dieses Trichters spürbar. Will man von der Erde weg, so muss man die Trichterwände hochklettern. Dafür ist eine Geschwindigkeit von elf Kilometern pro Sekunde nötig!

Auch Sterne verbiegen den Raum, wie alle schweren Massen den Raum verbiegen. Wenn aber nun ein Stern zum Schwarzen Loch wird, dann wird der Raum besonders krumm. Er krümmt sich zu einer geschlossenen Kugel zusammen, aus der nichts mehr entweichen kann. Und damit entsteht das Problem. Ohne den Stern wäre der Raum flach. Durch seine Gegenwart hat der Stern diesen ehemals flachen Raum mittels seiner Masse gekrümmt. Auf Grund seiner Schwerkraft ist der Stern dann im Todeskampf auf einen im Vergleich zu seiner Ausgangsgröße von einer Million Kilometern winzigen Radius von einigen Kilometern geschrumpft und hat den Raum komplett um sich geschlossen. Doch die Mathematik sagt: Das geht nicht! Eine Ebene kann nicht komplett auf einer Kugel abgebildet werden. Deshalb hat ein Globus immer einen Nord- und einen Südpol, an denen die Kugel aufgehängt ist. Diese Punkte »erwischt« man nicht, wenn man eine Weltkarte auf eine Kugel klebt, selbst wenn man noch so präzise ist. Auch bei der Bildung des Schwarzen Loches bleiben zunächst zwei Punkte, die sich durch den totalen Zusammenbruch in einem Punkt vereinigen würden – das ist mathematisch gesprochen wiederum eine Singularität. Hier grenzt die Natur an die Übernatur – doch was heißt »hier«, wenn hier kein Raum sein kann? Da scheint irgendetwas Grundlegendes versteckt zu sein. Besondere Eigenschaften hat das Material im Schwarzen Loch sicher nicht mehr, die einen solchen Zusammenfall verhindern könnten. Schließlich ist ein Schwarzes Loch ein perfekter »Gleichmacher«. Die Materie, die ein Schwarzes Loch bildet, wird sämtlicher Eigenschaften beraubt: Sie hat keine Farbe mehr und keine Form, sie besteht nicht einmal mehr aus Elementarteilchen– sie ist zur blanken Energie geworden. Und da nach Einstein Energie und Masse dasselbe sind, ist die Masse eines Schwarzen Loches seiner Ruheenergie gleich. Und mittendrin die Singularität.

Die Aussage der Allgemeinen Relativitätstheorie, dass Schwarze Löcher einen singulären Punkt enthalten müssen, ist nach übereinstimmender Meinung der Physiker ein Schwachpunkt dieser Theorie. Sie vermag eine Situation, in der sich die Effekte der Schwerkraft über eine sehr kleine Entfernung hinweg ändern, nicht zu meistern. Doch es besteht Hoffnung, dass diese Singularitätsprobleme gelöst werden können, wenn es gelingt, die klassische Theorie der Schwerkraft mit der Quantenmechanik, welche die Erscheinungen auf winzigen räumlichen Entfernungen sehr erfolgreich beschreibt, zu verknüpfen.

Blicken wir einmal kurz zurück auf unserem Weg von einem Stern zu einem Schwarzen Loch. Es ist schon eigenartig: Man beginnt bei einem großen Stern mit einem Durchmesser von vielen hunderttausend Kilometern, der sogar einen Planeten im Abstand von 150 Millionen Kilometern mit seiner Strahlung erwärmt und zum Leben erweckt, und landet bei der Welt der Elementarteilchen und Quanten. Die Leuchtkraft der Sterne beruht auf Prozessen zwischen den Atomkernen. Diese Art von Physik scheinen wir ja gut zu »verstehen«, schließlich sind wir bereits seit vielen Jahren in der Lage, schwere Atomkerne in Reaktoren zu spalten und die dabei gewonnene Kernenergie zur Stromerzeugung zu nutzen. Das ist zwar nicht die gleiche Methode, wie Sterne mit Kernen umgehen, aber allein die Tatsache, dass wir die Kernspaltung beherrschen, lässt uns hoffen, auch den Vorgang der Kernverschmelzung, so wie er in den Sternen stattfindet, eines Tages in einem Kraftwerk erfolgreich zur Energiegewinnung heranziehen zu können. Die Vorgänge in einem leuchtenden Stern sind uns also durchaus vertraut.

Wenn aber im Stern die Verschmelzung bereits erbrüteter Atomkerne zu noch schwereren Kernen sich nicht mehr fortsetzen lässt, weil dabei keine Energie mehr gewonnen wird, sondern von außen Energie zugeführt werden müsste, damit der Prozess in Gang kommt, dann werden wir auf die grundlegenden Gesetze der Quantenmechanik zurückgeworfen, um die weitere Entwicklung des Sterns erklären zu können. Nur mit den Regeln dieser Theorie gelingt es, Materiezustände extrem hoher Dichte zu verstehen und somit auch Größe, Masse und Zusammensetzung der Sternleichen.

Bis heute ist das Vertrauen der Physiker in die Quantentheorie noch nicht enttäuscht worden. Das lässt uns hoffen, auch jetzt, im Reich der Schwarzen Löcher, einen Ausweg zu finden, der das Universum vor Abermilliarden von Singularitäten bewahrt. Es muss etwas geben, das es uns erlaubt, die Schwerkraft zu quantisieren, eine Art Quantengravitation. Es muss ein Prinzip geben, das ähnlich wie beim Neutronenstern und beim Weißen Zwerg die Materie des Schwarzen Loches stabilisiert, und zwar bevor es zu einer Singularität kommt. Diese Probleme sind eng verwandt mit dem Ursprung des Universums. Nach der Theorie des Big Bang hat das ganze Universum ja aus einem Punkt heraus begonnen, alle Masse war in einem Punkt vereinigt. Auch hier haben wir es mit einem Singularitätsproblem zu tun. Sowohl der Tod massereicher Sterne als auch die Geburt des Universums sind über die Physik in einer Singularität miteinander verknüpft. Mit dem Singularitätsproblem stehen wir gewissermaßen im Schützengraben an der vordersten Front der Physik. Hier wird um die Lösung einer der wichtigsten Fragen der Naturwissenschaft gerungen.

Bevor wir angesichts dieser Fragen endgültig den Boden unter den Füßen verlieren, wenden wir uns lieber wieder der Singularität zu. Wie bereits angedeutet, kann sie nur vermieden werden, wenn es gelingt, die Schwerkraft innerhalb der Regeln der Quantenmechanik zu beschreiben. Eine ganz wichtige Regel der Quantenwelt vermag uns hier wenigstens ein Gefühl dafür zu vermitteln, wie die Lösung des Singularitätsproblems aussehen könnte. Es geht um die grundsätzliche Unbestimmtheit von Raum und Zeit in der Welt der Quanten, es geht um die Heisenberg'sche Unschärferelation.

Werner Heisenberg erkannte 1928, dass man entweder die Position oder die Bahn eines bestimmten Teilchens exakt bestimmen kann, aber nicht beides zugleich! Wenn wir zum Beispiel ein Proton beim Flug durch eine Nebelkammer beobachten, können wir seine Bewegungsrichtung erkennen. Aber während wir uns durch den Wasserdampf in der Nebelkammer hindurchkämpfen, hat sich das Proton verlangsamt und uns dadurch der Information darüber beraubt, wo es zu einer bestimmten Zeit war. Andererseits können wir das Proton beleuchten, sozusagen eine Blitzlichtaufnahme machen, und den genauen Ort bestimmen, an dem es sich im Moment der Aufnahme befindet. Aber das Licht, oder andere zum Fotografieren benutzte Strahlung, stößt das Proton nun aus seiner Bahn und verhindert, dass wir genau erfahren, wohin es gelaufen wäre, hätten wir es nicht gestört.

Die Information aus der Welt der Teilchen ist also sehr beschränkt. Wir können immer nur Teilantworten erhalten, die selbst wieder zum Teil durch die Fragen bestimmt sind, die wir stellen. Heisenberg vermochte aufzuzeigen, dass das Produkt von Ort und Impuls, oder von Energie und Zeit, nur bis auf eine winzige Zahl genau festgelegt ist. Diese Zahl ist das Planck'sche Wirkungsquantum. Es ist eine Zahl, die so klein ist (10^{-27}), dass sich die Effekte der Unschärfe eben nur bei sehr kleinen Längen und Zeiten bemerkbar machen. In unserer makroskopischen Welt können wir Bahn und Position immer genau bestimmen. Doch bei sehr kleinen Längen schlägt die Quantenwelt zu, und jede Messung verschleiert entweder die Position oder die Bewegung des zu messenden Teilchens. Damit haben wir etwas beschrieben, das uns die Möglichkeit eröffnet, die Singularität innerhalb eines Schwarzen Loches zu beheben. Wird das Schwarze Loch so klein, dass es die Quantenwelt erreicht, so kommt die Heisenberg'sche Unschärfe zum Einsatz. Die Singularität entsteht nicht, da die Welt eben auf sehr kleinen Längen unbestimmt ist – sie schwankt! Das ist auch der Grund, warum es keine Unendlichkeiten im Universum gibt.

Diese Möglichkeit der Bewältigung des Singularitätsproblems eröffnet sich nur deshalb, weil die Unbestimmtheit eine grundlegende Eigenschaft der Quantenwelt ist, die nicht von der jeweiligen Versuchsapparatur abhängt. Sie ist, soweit wir das sagen können, eine absolute Beschränkung, was das gleichzeitige Wissen um alle physikalischen Parameter eines

Teilchens anbelangt. Alle Lebewesen im Universum, der weiseste Zauberer einer weit entwickelten außerirdischen Kultur genauso wie die bescheidensten Physiker auf der Erde, sind der Heisenberg'schen Unbestimmtheitsrelation unterworfen. In der klassischen Physik war angenommen worden, man könnte im Prinzip Lage und Bahnen von Milliarden Teilchen, Protonen etwa, genau messen und daraus genaue Vorhersagen ableiten, wo sich die Protonen zu einem gewissen Zeitpunkt in der Zukunft befinden würden. Heisenberg wies nach, dass diese Annahme falsch war. Wir können niemals alles über das Verhalten von auch nur einem einzigen Teilchen wissen, geschweige denn von Milliarden, und deshalb sind exakte Vorhersagen über die Zukunft unmöglich. Diese Erkenntnis war ein Sprung, ein Quantensprung in der Welt der Physik. Nicht nur Masse und Energie, sondern das Wissen selbst ist quantisiert. Je detaillierter Physiker die subatomare Welt untersuchen, desto bedrohlicher lauert die Unbestimmtheit. Wenn ein Lichtquant gegen ein Atom stößt und ein Elektron in eine höhere Bahn befördert, begibt sich das Elektron augenblicklich von der niedrigeren auf die höhere Bahn, ohne den dazwischenliegenden Raum zu durchqueren! Die Bahnradien sind selbst quantisiert. Das Elektron hört einfach auf, an einem Ort zu sein, stattdessen erscheint es am anderen. Das ist der berühmte »Quantensprung«, nicht nur philosophisch eine harte Nuss. Wem solche Überlegungen sehr komplex vorkommen, der befindet sich in guter Gesellschaft. Niels Bohr bemerkte einmal: »Jemand, der sagt, er könne über Quantenprobleme nachdenken, ohne schwindlig zu werden, zeigt damit nur, dass er nicht das Geringste davon verstanden hat.«

Die Unbestimmtheit der Quantenwelt trifft auch die Schwarzen Löcher, wenn sie immer mehr zusammenschrumpfen. Sie schwanken um einen Ort herum mit der Unschärfe des Planck'schen Wirkungsquantums. Die Singularität, das heißt der exakte Punkt, ist weder für Teilchen noch für Schwarze Löcher erreichbar. Dies ist die vermutliche Lösung des Singularitätsproblems bei Schwarzen Löchern – vermutlich! Leider ist bis heute noch keine Theorie in der Lage, die Schwerkraft in die Quantenwelt zu integrieren. Wenn es aber gelingt, Relativitäts- und Quantentheorie zu einer Theorie der Quantengravitation zu vereinigen, dann können wir nicht nur das Singularitätsproblem beseitigen, dann haben wir auch ein Modell für die Physik des Urknalls!

Doch jetzt genug von diesen Quanteneffekten. Jetzt wollen wir endlich darüber reden, wie man Schwarze Löcher im Kosmos sucht, wie man sie findet und welche Auswirkungen sie auf ihre Umgebung haben.

Die Suche nach und die Entdeckung von Schwarzen Löchern

Wie soll man ein schweres Objekt finden, das nicht strahlt? Man sucht nach Zeichen der Schwerkraft, die dieses »schwarze« Objekt auf seine Umgebung ausübt, denn Schwerkraft ist nicht abschirmbar. Ginge es um ein elektrisch geladenes Objekt, wäre es möglich, dass sich in der Umgebung Teilchen mit entgegengesetzter Ladung ansammeln und das elektrische Feld abschirmen. Bei Schwerkraftfeldern geht das nicht, schwere Objekte machen sich immer bemerkbar durch ihre Schwerkraftwirkung auf die Umgebung.

Was erwartet man in der Umgebung eines Sterns, der sich zum Schwarzen Loch entwickelt hat? Normalerweise ist die Umgebung eines Sterns ziemlich leer. Ein Stern drückt kraft seiner Strahlung alle Gasteilchen aus seiner direkten Nachbarschaft weg. Da nur schwere, also massereiche Sterne zu Schwarzen Löchern werden und solche schweren Sterne viel heißer sind als die Sonne und folglich die Strahlung noch intensiver ist als die Sonnenstrahlung, ist die unmittelbare Nachbarschaft eines solchen Vorläufers eines Schwarzen Loches noch leerer als die Sonnenumgebung. Außerdem durchlaufen schwere Sterne, ehe sie zu einem Schwarzen Loch kollabieren, verschiedene Phasen enormer Aktivität, die mit gigantischen Plasmaexplosionen verbunden sind. Auch dieses Plasma verschwindet aus dem Umfeld des Vorläufersterns.

Also, die Umgebung eines Schwarzen Loches ist leer – normalerweise. Es sei denn, das Schwarze Loch ist in einem Doppelsternsystem entstanden, in dem einer der Sterne sich zu einem Schwarzen Loch entwickelt hat, der andere aber nicht. Dann lässt sich aus dem Verhalten des noch sichtbaren Begleitsterns die Masse des unsichtbaren Partners berechnen. Ist die errechnete Masse größer als etwa 2,8 Sonnenmassen, kann man sicher sein, dass es sich um ein Schwarzes Loch handelt. In der Milchstraße ist Cygnus X-1 ein solches System. Dort hat der unsichtbare Begleiter eine minimale Masse von 3,5 Sonnenmassen, eher mehr. In der Tat ist das ein Verfahren, um nach Kandidaten für Schwarze Löcher zu fahnden.

Es gibt noch eine zweite Methode, die allerdings nur indirekte Schlussfolgerungen auf ein eventuelles Schwarzes Loch zulässt. In einem Raumgebiet, in dem die Schwerkraft einer zentralen Masse alles dominiert, werden die Bewegungen von Teilchen hauptsächlich durch die Schwerkraft dieser Masse bestimmt. Unter Teilchen sind hier sowohl Planeten als auch Gas zu verstehen. So sind zum Beispiel die Bahnen der Planeten im Sonnensystem durch die Schwerkraft der Sonne festgelegt. Sie umkreisen die Sonne auf so genannten Kepler-Bahnen. Johannes Kepler war der Erste, der die Bahnbewegungen von Himmelskörpern um schwere Massen genau berechnete. Er fand heraus, dass die Geschwindigkeit, mit der Planeten ihren Stern umkreisen, direkt proportional zur Wurzel der

Sternmasse und umgekehrt proportional zur Wurzel des Abstands vom Stern ist. Ein Planet umkreist den Stern schneller, wenn er ihm sehr nah ist, und umrundet ihn bei größeren Entfernungen langsamer. Die Frequenz, mit der Planeten ihre Sterne umkreisen, ist also nicht konstant wie bei einem starren Körper, vielmehr verringert sie sich mit zunehmender Entfernung. Planeten in unterschiedlichen Entfernungen rotieren also differenziell um ihre Sterne. Das Gleiche gilt für Gasteilchen um Schwarze Löcher.

In einem Doppelsystem kann das Schwarze Loch von der Gashülle seines Begleitsterns Gas zu sich herüberziehen. Das Loch selbst ist zwar nur einige Kilometer groß, aber in Entfernungen von etlichen tausend Kilometern macht sich seine Schwerkraft bereits deutlich bemerkbar. So fließt Gas vom Begleiter auf das Schwarze Loch. Aufgrund der Eigendrehung des Sterns sammelt sich das Gas aber nicht in Form einer Kugel um das Schwarze Loch, sondern bildet eine Scheibe. Das vom Begleitstern abströmende Gas besitzt nämlich noch Drehenergie, die es in eine Scheibe um das Loch zwingt. Solange das Gas noch schnell um das Loch rotiert, kann es nicht direkt auf das Loch fallen. Erst durch Reibungsprozesse auf der immer dichter werdenden Scheibe verliert das Gas Drehenergie und rutscht sozusagen langsam in den Schwerkrafttrichter des Schwarzen Loches hinein. Bei diesem Hineinrutschen – die Experten sprechen von Akkretion – wird das Gas zunehmend heißer und dichter, bis es schließlich an der inneren Karte der Akkretionsscheibe angekommen ist und frei in das Schwarze Loch hineinfällt. Dabei wird es so stark beschleunigt, dass es intensiv zu strahlen beginnt. Die Leuchtkraft einer Scheibe hängt dann nur noch davon ab, wie schwer das Schwarze Loch ist, das die Materie zu sich zieht, mit welcher Geschwindigkeit das Scheibengas in der Scheibe zum Loch hinrutscht und wie viel Gas pro Zeiteinheit das Schwarze Loch vom Begleitstern abziehen kann. Akkretion bedeutet die Umwandlung der Schwerkraftenergie des zentralen Körpers (hier eines Schwarzen Loches) in Bewegungsenergie und letztlich in Strahlung. Während die Leuchtkraft eines Sterns von den Kernfusionsprozessen abhängt, die im Stern stattfinden, ist die Leuchtkraft einer Akkretionsscheibe direkt vom Schwerkraftfeld, das heißt der Gravitation des Schwarzen Loches, abhängig. So wandelt beispielsweise die Sonne in der Phase des Wasserstoffbrennens, das immerhin rund acht Milliarden Jahren andauert, durch die Verschmelzung von vier Wasserstoffkernen, also vier Protonen zu einem Heliumkern, nur etwa 0,7 Prozent der Ruhemasse der Protonen in Energie um. Bei Akkretionsscheiben um Schwarze Löcher sind es zwischen acht und 40 Prozent! Die Masse des in das Schwarze Loch hineinfliegenden Gases kann zu einem großen Teil in Strahlung umgesetzt werden.

Dass solche Akkretionsscheiben stärker leuchten als ein Stern, ist auch ein Beweis für die Spezielle Relativitätstheorie von Einstein, die ja den Zusammenhang von Energie und Masse vorhersagt. Dort findet sich die berühmte Formel: $E = mc^2$. Die Energie ist der Masse direkt proportional, und die Proportionalitätskonstante ist das Quadrat der Lichtgeschwindigkeit. Eine Leuchtkraft, also Energie pro Zeit, ergibt sich aus diesem Zusammenhang, indem man die Masse durch die Zeit teilt, die sie braucht, um in das Schwarze Loch hineinzufallen. Die Rate, mit der Gas in das Schwarze Loch hineinfliegt, hängt von der Masse des Loches ab und von der Geschwindigkeit des Gases. Wieso gibt es aber einen Unterschied in der Effizienz der Energiefreisetzung? Wieso ist der Wirkungsgrad dieser »Maschine« nicht immer gleich, sondern kann im Bereich von acht bis 40 Prozent schwanken?

Um diese Fragen zu beantworten, müssen wir zunächst klären, wovon die Umsetzung von Masse in Energie bei einer Akkretionsscheibe abhängt. Sie hängt davon ab, wie tief die

Scheibe in den Schwerkraftschlund des Schwarzen Loches hineinragt, ehe die Materie frei dem Schwarzen Loch entgegenfällt, um dann endgültig und unwiederbringlich aus diesem Universum zu verschwinden. Den Begriff Schwarzschild-Radius haben wir ja schon kennen gelernt. Er beschreibt die Größe des Horizonts, hinter dem sich das weitere Schicksal der Materie unseren Beobachtungsmöglichkeiten entzieht. Es zeigt sich, dass bei einem Schwarzschild-Loch die innerste stabile Kreisbahn für Materie in einer Akkretionsscheibe bei rund drei Schwarzschild-Radien liegt. Für eine Sonnenmasse beträgt der Schwarzschild-Radius drei Kilometer, eine Scheibe um dieses Schwarze Loch könnte also bis etwa zehn Kilometer an den Horizont heranreichen, ohne dass die Materie am inneren Rand der Scheibe sofort vom Loch verschlungen würde. Das Gas auf dieser innersten Bahn dreht sich so schnell, dass es sich zunächst im Gleichgewicht mit der Schwerkraft des Schwarzen Loches befindet. Verliert das Gas allerdings durch Reibung etwas von seinem Drehimpuls, so rutscht es über die Kante und saust ins Loch. Die Bewegungsenergie, die dem Gas auf dieser innersten Bahn innewohnt, ist die Energie, die es abstrahlen kann. Aufgrund der enormen Beschleunigung durch das Schwarze Loch macht die Bewegungsenergie bereits einen merklichen Prozentsatz der energieäquivalenten Ruhemasse der Materie aus. Bei einem Schwarzschild-Loch sind das etwa acht Prozent der Ruhemasse, die in Strahlungsenergie umgesetzt werden können. Gegenüber der Wasserstofffusion in der Sonne ist das eine Verbesserung um den Faktor 11. Das ist nicht schlecht. Aber es wird noch besser.

Vielleicht ist aufgefallen, dass wir soeben den Begriff Schwarzschild-Loch eingeführt haben. Warum eigentlich? Gibt es noch andere Schwarze Löcher als die von Karl Schwarzschild berechneten? Und überhaupt, was ist eigentlich ein Schwarzschild-Loch? Beantworten wir zunächst die letzte

Frage: Ein Schwarzschild-Loch ist ein nicht rotierendes Schwarzes Loch. Die Antwort auf die andere Frage lautet: Jawohl, es gibt noch andere als nicht rotierende Schwarze Löcher, nämlich rotierende Schwarze Löcher. Sie werden nach ihrem mathematischen Entdecker, dem Neuseeländer Roy Kerr, als Kerr-Löcher bezeichnet. Die Lösung, die selbst von Kerr eher als eine mathematische Kuriosität angesehen wurde, beschreibt die Verzerrung von Raum und Zeit um jedes realistische Schwarze Loch und hat allergrößte Bedeutung erlangt. Wieso?

Wenn ein Schwarzes Loch rotiert, dann dreht sich auch der Raum um das Schwarze Loch. Noch schlimmer, der Raum wird verdrillt, und zwar so, als ob er am Horizont des Schwarzen Loches festkleben würde. Je schneller das Loch sich dreht, desto kleiner wird der Horizont, er zieht sich sozusagen durch die Rotation des Loches zusammen. Für die Effizienz des Akkretionsprozesses hat das natürlich Folgen. Die Materie kann jetzt noch näher an den Horizont herankommen, ohne direkt vom Schwarzen Loch verschluckt zu werden. Näher am Horizont heißt: tiefer im Schwerkraftfeld des Schwarzen Loches. Somit kann mehr von der Ruhemasse des einfallenden Gases in Strahlung umgesetzt werden, nämlich bis zu 40 Prozent. Das ist noch einmal ein Faktor 5. Summa summarum haben wir jetzt eine rund 50-mal effizientere Energiefreisetzungsmaschine im Vergleich zu einem Stern wie unserer Sonne.

Versuchen wir nun eine Frage zu beantworten, die sich vermutlich längst im Hinterkopf gebildet hat: Woher kriegen Schwarze Löcher eigentlich Drehenergie – mit anderen Worten, warum rotieren Schwarze Löcher? Das hängt damit zusammen, dass nichts in diesem Universum perfekt ist. Auch der Totalzusammenbruch eines Sterns verläuft immer mit kleinen Unregelmäßigkeiten, man möchte fast von Unwucht sprechen. Kleinste Schwankungen der Dichte in einem der Vorläufer zum Schwarzen Loch führen zu einem nicht gleichmäßigen

Kollaps. Der Sternenrest fängt an zu taumeln und kollabiert zu einem um eine Achse sich drehenden Schwarzen Loch. Dieser Drehimpuls wird vergrößert durch das Gas, das aus der Akkretionsscheibe in das Loch hineinfällt. Das auf Spiralbahnen hereinströmende Gas übergibt dem Schwarzen Loch nicht nur seine ihm noch verbliebene Ruhemasse, sondern auch seinen Drehimpuls. Denn dieser ist eine physikalische Erhaltungsgröße, man kann ihn nicht vernichten, sondern lediglich weitergeben. In der Tat hat das Gas, das auf das Schwarze Loch fällt, einen großen Teil seines Drehimpulses durch Reibung in der Scheibe bereits verloren, aber es bleibt immer ein Rest, den das Gas nicht loswird. Dieser Restdrehimpuls bleibt an der Materie haften und wird vom Loch mit verschluckt. Somit wird praktisch aus jedem Schwarzen Loch, selbst wenn es als nicht rotierendes Schwarzschild-Loch beginnt, ein rotierendes Kerr-Loch. Aber auch hier gibt es keine Unendlichkeiten. Die höchste Geschwindigkeit im Universum, die ein massebehafteter Körper erreichen kann, ist die Lichtgeschwindigkeit, deshalb kann ein Schwarzes Loch maximal nur mit Lichtgeschwindigkeit rotieren, egal wie viel Drehimpuls auch immer auf das Loch gelegt wird. Und bei dieser maximalen Rotation beträgt seine Effizienz bei der Umwandlung von Masse in Energie etwa 40 Prozent.

Stark variable Röntgen- und Gammastrahlungsausbrüche sind deutliche Indikatoren für die Existenz Schwarzer Löcher, die Gas in einer Scheibe akkretieren. Die Leuchtkraft eines Schwarzen Loches hängt ab von der Menge an Gas, die es in einer gewissen Zeit akkretieren kann. Im fast völlig leeren Raum zwischen den Sternen sind Schwarze Löcher wirklich schwarz. Dort gibt es nicht viel Materie, die sie einem Staubsauger vergleichbar aufsaugen könnten. Hat aber das Schwarze Loch einen Begleitstern, so können erhebliche Gasmengen auf das Loch fließen, die mit bis zu 100 000 Sonnenleuchtkräften ihre Masse in Energie umwandeln. Versiegt jedoch dieser Gasstrom, so wird das Loch praktisch unsichtbar und kann nur noch durch die Bewegungen seines Begleitsterns als sehr kompakte Masse auf sehr kleinem Raum nachgewiesen werden.

Insgesamt gibt es heute sicherlich ein Dutzend Objekte in der Milchstraße, die als stellare Schwarze Löcher gelten müssen, sie wurden alle in Doppelsternsystemen entdeckt.

Die meisten Schwarzen Löcher allerdings bleiben unsichtbar, die haben selbst einem eventuellen Begleitstern längst die Hüllen abgerissen und sind somit für immer verloschen. Sie sind quasi verhungert, denn es gibt kein Gas mehr in ihrer unmittelbaren Umgebung, das sie noch akkretieren und damit zum Leuchten bringen könnten. Das heißt jetzt aber nicht, dass die Schwarzen Löcher damit von der Bühne verschwunden wären. Sie sind nach wie vor da – man kann sie nur nicht mehr beobachten.

So viel zu den stellaren Schwarzen Löchern. Diese auf ein paar Kilometer zusammengepressten quantenmechanischen Objekte, die aber nicht wirklich etwas von sich preisgegeben, sind ja schon ziemlich beeindruckend. Die Gasmengen, die diese stellaren Schwarzen Löcher »verspeisen« können, sind jedoch relativ klein im Vergleich zu den Dingen, auf die wir jetzt zu sprechen kommen. Es geht um die innersten Bereiche von Galaxien, um Quasare, sehr massereiche Schwarze Löcher mit Massen von bis zu einigen Milliarden Sonnenmassen. Es geht um Schwarze Löcher, deren Horizont so groß ist wie unser Sonnensystem und die so gewaltige Energiemengen umsetzen können, dass aus einem kleinen Zentrum bis zu einer Billion Mal die Leuchtkraft der Sonne abgestrahlt wird.

Riesige Schwarze Löcher in Quasaren

1963 fiel einem Astronomen, dem Niederländer Maarten Schmidt, eine punktförmige Quelle am Himmel auf, die ein merkwürdiges Spektrum zeigte. Dort tauchten Wasserstofflinien bei Frequenzen auf, wo sie eigentlich nicht hingehören. Sie waren ins Rote verschoben, und zwar ziemlich deutlich. Die Rotverschiebung von Spektren war ja schon seit Edwin Hubbles Entdeckungen in den Zwanzigerjahren bekannt. Wenn man aber für Schmidts Objekt die Rotverschiebung in eine Geschwindigkeit umrechnet, dann erhält man den unglaublichen Wert von mehr als 45 000 Kilometern pro Sekunde. Kein anderer damals bekannter Stern entfernte sich so schnell von der Erde. Doch was verursacht eine so hohe Geschwindigkeit?

Wenn dieses merkwürdige Gebilde, das später als Quasar, als quasistellares Objekt, bezeichnet werden sollte, tatsächlich ein Stern in unserer Milchstraße war, wie man damals gemeinhin dachte, dann musste auf dieses eine gewaltige Kraft wirken, um es auf eine so hohe Geschwindigkeit zu beschleunigen. Konnte es die Gravitationskraft eines Sterns sein, der irgendwann einmal aus dem Kern unserer Milchstraße herausgeschleudert worden war und diesem quasistellaren Objekt sehr nahe kam? Dies erschien nun sehr unwahrscheinlich, und eine nähere Untersuchung des Spektrums ergab auch keinerlei Hinweise zur Erhärtung dieser Hypothese. Die einzig vernünftige Alternative bestand in der – korrekten – Annahme, dass sich Schmidts Objekt, das als Radioquelle 3C273 1960 schon einmal Aufmerksamkeit erregt hatte, am Rande des beobachteten Universums befindet und sich auf Grund der Expansion des Weltalls mit der beobachteten Geschwindigkeit von 45 000 Kilometern pro Sekunde von der Erde wegbewegt. Mit der bekannten Hubble-Beziehung zwischen Expansionsgeschwindigkeit und Entfernung, die besagt, dass ein Objekt sich umso schneller von der Erde entfernt, je größer die Distanz zu dieser ist, konnte Schmidt die Entfernung von 3C273 bestimmen. Sie beträgt zwei Milliarden Lichtjahre! Damit zählt der Quasar 3C273 zu den entferntesten Objekten, die bis dahin beobachtet wurden.

Um ein Objekt in einer so großen Entfernung noch sehen zu können, muss es gewaltige Energiemengen abstrahlen und hundertmal heller sein als die hellsten Galaxien. 3C273 war so hell, dass, wie sich später herausstellte, dieses Objekt mit gewöhnlichen Teleskopen schon seit 1895 zusammen mit anderen bereits mehr als zweitausendmal fotografiert worden war. Als Kollegen von Schmidts Entdeckung erfuhren, untersuchten sie sehr sorgfältig diese alten Aufnahmen. Dabei stellte sich heraus, dass die Helligkeit von 3C273 während der vergangenen sieben Jahrzehnte starken Schwankungen unterworfen war. Einige Male hatte sich die Helligkeit sogar innerhalb eines Monats stark verändert. Diese Helligkeitsschwankungen haben eine bemerkenswerte Konsequenz. Da sich im Universum nichts schneller als mit Lichtgeschwindigkeit ausbreiten kann, musste die Helligkeitsschwankung von der Dauer eines Monats aus einem Gebiet herrühren, dessen Ausdehnung etwa einem Lichtmonat entspricht. Und jetzt kommt das Unglaubliche: Die Leuchtkraft dieses Quasars ist hundertmal größer als die Leuchtkraft einer ganzen Galaxie mit einer Ausdehnung von etwa 100 000 Lichtjahren, aber sie kommt aus einem Gebiet, das millionenfach kleiner ist als eine Galaxie und sogar ein um den Faktor 10^{18}-mal kleineres Volumen aufweist. Folglich musste das Licht von einem sehr massereichen, dichten Objekt stammen, dessen Energie von einem beispiellos leistungsfähigen Kraftwerk erzeugt wird. Dafür gab es nur eine Erklärung: die Akkretion von einer bis zu zehn Sonnenmassen pro Jahr durch ein Schwarzes Loch von mehreren hundert Millionen Sonnenmassen, das mit maximaler Geschwindigkeit rotiert.

Obwohl wir mit dieser Erklärung des Rätsels Lösung schon vorweggenommen haben, wollen wir die historische Entwicklung noch einmal nachvollziehen. Begonnen hatte es mit der Suche nach Prozessen zur effizienten Erzeugung von Strahlungsenergie. Wie können Billionen Sonnenleuchtkräfte in einem vergleichsweise so winzigen Raumbereich verwirklicht werden? Mehrere Möglichkeiten wurden damals durchgespielt, nämlich Kernfusion, Materie-Antimaterie-Vernichtung und die Gravitation sehr massereicher Schwarzer Löcher. Wollte man diese enorme Leuchtkraft durch Kernverschmelzung bereitstellen, so würde man dazu zehn Milliarden Sonnen benötigen, die sich alle innerhalb eines Raumgebiets von nur einem Lichtmonat befinden müssten. Bedenkt man, dass selbst in dichten Sternhaufen mit 100 000 Sternen der mittlere Abstand zwischen zwei Sternen etwa drei bis fünf Lichtmonate beträgt, so wird klar, dass dazu in Quasaren eine nicht zu realisierende Sterndichte nötig wäre. Die zehn Milliarden Sterne würden sich berühren, wenn sie im Zentrum des Quasars die beobachtete Leuchtkraft erzeugen sollten. So etwas, also sich berührende Sterne, ist natürlich gänzlich unmöglich. Die Sterne würden ineinander fallen und schließlich alle zu einem Schwarzen Loch kollabieren. Kernfusionsprozesse konnten also nicht die Energiequelle von Quasaren sein.

Wenn Materie und Antimaterie aufeinander treffen, dann wird gemäß der Einstein'schen Beziehung $E = mc^2$ ihre Masse vollständig in Strahlungsenergie umgesetzt. Antimaterie wurde 1928 von Paul Dirac theoretisch vorhergesagt und einige Jahre später auch experimentell nachgewiesen. Bei ihr handelt es sich um die Form der Materie, die der gewöhnlichen Materie

»entgegengesetzt« ist. Zu jedem Teilchen der gewöhnlichen Materie, etwa Elektron, Proton und Neutron, gibt es ein nahezu identisches Antiteilchen, nämlich Positron, Antiproton und Antineutron. Doch gab und gibt es keinerlei Anzeichen dafür, dass Antimaterie im Universum existiert, abgesehen von den winzigen Mengen, die man in Teilchenbeschleunigern künstlich herstellt und die in der Natur durch Kollision mit Materieteilchen entstehen. Zudem würde die Materie-Antimaterie-Zerstrahlung sehr starke Gammastrahlung erzeugen und nicht als Strahlung im Sichtbaren auftreten – also dort, wo ja Schmidt den Quasar entdeckt hatte.

Bleibt also nur noch die Gravitation. Ein Schwarzes Loch mit einer Masse von mehreren zehn Millionen Sonnenmassen akkretiert mindestens eine Sonnenmasse pro Jahr. Die entsprechende Leuchtkraft der Akkretionsscheibe würde die Leuchtkraft erklären, und die über hundert Millionen Jahre andauernde Akkretion von mehreren Sonnenmassen pro Jahr könnte zur heutigen riesigen Masse des Schwarzen Loches geführt haben.

Im Laufe der folgenden Jahrzehnte wurden viele neue Quasare in noch größeren Entfernungen als 3C273 entdeckt. Sie sind heute die am weitesten entfernten Objekte, die wir kennen. Auch die Galaxien, in denen die Quasare beheimatet sind, konnte man ausmachen und mit Teleskopen fotografieren. Quasare bilden nämlich die Zentren riesiger elliptischer Galaxien. Und noch etwas wurde entdeckt: Den Zentren vieler Quasare entspringen sehr stark gebündelte Gasstrahlen, die sich nahezu mit Lichtgeschwindigkeit bis zu mehreren Millionen Lichtjahre ins intergalaktische Medium hineinbohren. Diese Jets bestehen aus hochrelativistischen Elektronen und Magnetfeldern. Die Elektronen geben bei ihrer Bewegung um die magnetischen Feldlinien Synchrotronstrahlung ab, die im Radiobereich liegt. Der intergalaktische Raum, für optische

Teleskope ein völlig schwarzes Terrain, ist für Radioteleskope ein überaus helles Gebiet. Dort prallen die Gasstrahlen aus den Quasaren auf das dünne intergalaktische Medium. Diese Zonen sind als riesige Radiokeulen auf den Karten der Radioastronomen sichtbar. In diesen Millionen Lichtjahre großen Keulen wird im Radiobereich noch einmal so viel Energie freigesetzt, wie der Kern selbst abstrahlt.

Wie entstehen solche Jets, und was haben sie mit Schwarzen Löchern zu tun? Die sehr stark gebündelten Gasstrahlen sind das Resultat der schnell rotierenden Akkretionsscheiben. Diese enthalten außer ionisiertem Gas auch Magnetfelder. Wir wissen schon aus der Schule, dass die Bewegung von elektrisch geladenen Teilchen relativ zu einem Magnetfeld einen Strom erzeugt. Ein Strom seinerseits erzeugt wiederum ein Magnetfeld, das sich um den Strom herumwindet. Die geladenen Teilchen strömen dann mit annähernd Lichtgeschwindigkeit entlang der Drehachse der Scheibe nach oben und unten ab, sie bilden den elektrischen Strom. Gebündelt wird der lichtschnelle Strom durch das von ihm selbst erzeugte Magnetfeld. Das Feld bündelt den relativistischen Gasstrahl so perfekt, dass er viele Millionen Lichtjahre als vergleichsweise schlanker Strahl ins intergalaktische Medium hinausströmen kann.

Solche Jets mit Strömungsgeschwindigkeiten von Beinahelichtgeschwindigkeit können aber nur durch sehr schnell drehende Scheiben produziert werden. Sehr schnell drehende Akkretionsscheiben gibt es ausschließlich um Schwarze Löcher, denn die Drehgeschwindigkeit einer Akkretionsscheibe hängt ab von der Masse des Objektes, um das sich die Scheiben bilden. Je größer die Masse des zentralen Objektes, desto schneller drehen sich die Gasmassen. Deshalb sind die Jets ein weiteres Indiz für die Existenz sehr massereicher Schwarzer Löcher in den Kernen von Galaxien.

Bleibt noch eine letzte Frage: Wie kommt es zu sehr massereichen Schwarzen Löchern? Die Entstehung von Schwarzen Löchern mit mehreren Millionen Sonnenmassen stellt man sich heute auf zweierlei Weisen vor. Die eine Theorie geht davon aus, dass Schwarze Löcher bei der Geburt der Galaxien automatisch in deren Zentrum entstehen. Das Gas kollabiert im Zentrum am schnellsten und kann dort über eine kurze Entwicklungsphase eines sehr dichten Sternhaufens ein Schwarzes Loch mit mehreren Millionen Sonnenmassen bilden.

Gemäß dem zweiten Modell geht die Entstehung eines supermassiven Schwarzen Loches in Stufen vonstatten. Bei der Bildung einer Galaxie entwickeln sich im Zentrum viele Millionen Sterne, also ein extrem dichter Sternenhaufen. Eine Vielzahl dieser Zentrumssterne sind deutlich schwerer als die Sonne und entwickeln sich zu Supernovae, deren Explosionen Neutronensterne zurücklassen. So entsteht zunächst ein dichter Haufen von Neutronensternen. Diese sehr kompakten Objekte beeinflussen sich gegenseitig durch Gravitationswellen. Grob vereinfacht sind Gravitationswellen Schwankungen in der vierdimensionalen Raum-Zeit, angeregt durch die Bewegung schwerer Massen. Wenn nun zwei schwere Massen, wie zum Beispiel zwei Neutronensterne, auf kleinem Raum einander umkreisen, dann bremsen sie sich über die Gravitationswellen in ihrem gegenseitigen Umlauf so stark ab, dass sie aufeinander zulaufen und schließlich zusammenstoßen. Dabei entsteht ein Schwarzes Loch, denn die Masse der vereinigten Objekte ist größer als die Masse eines Neutronensterns, und alles was schwerer ist als die Grenzmasse eines Neutronensterns, wird zum Schwarzen Loch. In unserem dichten Neutronensternhaufen im Inneren einer jungen Galaxie könnten also auf diese Weise mehrere Schwarze Löcher entstehen, die sich dann ebenfalls über Gravitationswellen beeinflussen, zusammenstürzen und so endlich zu einem einzigen finalen Schwarzen Loch von mehreren hunderttausend Sonnenmassen kollabieren. Das weitere Wachstum erfolgt dann durch das Auffressen der Gasmassen in den Akkretionsscheiben im Laufe der nachfolgenden Jahrmillionen.

Entsprechend dieser Theorie sollte eigentlich im Zentrum jeder Galaxie ein schweres Schwarzes Loch stecken. Bei den meisten Galaxien sind diese sehr massereichen Schwarzen Löcher allerdings unsichtbar, denn sie haben alles Gas aus ihrer Nachbarschaft bereits »verfuttert«. Derartige Schwarze Löcher können nur noch durch extrem empfindliche optische Beobachtungsverfahren entdeckt werden, wenn sie die Sterne in ihrer Umgebung auf so hohe Geschwindigkeiten beschleunigen, dass man sie von den anderen Sternen im Zentrum unterscheiden kann. Auf diese indirekte Weise ist man tatsächlich auf etliche Dutzend sehr massereicher Schwarzer Löcher in den Zentren von Galaxien gestoßen, darunter einige mit etlichen Milliarden Sonnenmassen, aber total unsichtbar. Nur sehr schnell um das Zentrum der jeweiligen Galaxie sich bewegende Sterne verraten ihre Existenz.

Auch in unserer Milchstraße steckt ein Schwarzes Loch. Es hat »nur« zwei Millionen Sonnenmassen und macht zurzeit gerade eine verschärfte Fastenkur durch, am Rande des Verhungerns. In seiner Umgebung ist gegenwärtig fast kein Gas mehr, das es akkretieren könnte. Pro Jahr gibt es lediglich wenig mehr als ein Hundertstel Promille Sonnenmasse an Gas »zu verzehren«. Aus diesem Grund leuchtet es auch nur extrem schwach. Aber es macht sich als Sternbeschleuniger in einem Bereich von zehn Lichtjahren Durchmesser so deutlich bemerkbar, dass man seine Masse gut bestimmen konnte.

Wie schon angedeutet ist es ziemlich wahrscheinlich, dass alle Galaxien in ihrem Innersten ein Schwarzes Loch von mehreren hunderttausend bis mehreren Millionen Sonnenmassen beherbergen. Die Verfahren zur Suche nach Schwarzen Löchern waren ja schon recht erfolgreich. Neben diesen »schwarzen Riesen« existieren auch noch einige hunderttausend bis einige Millionen stellarer Schwarzer Löcher in jeder Galaxie. Und doch ist trotz dieser Vielzahl von Schwarzen Löchern und trotz ihrer enormen Gefräßigkeit bisher nur ein kleiner Teil der leuchtenden Masse des Universums in ihnen verschwunden. Warum das so ist und warum nicht schon längst alles zu Schwarzen Löchern geworden ist, das können wir jetzt endlich beantworten. Es hat damit zu tun, dass Schwarze Löcher im Vergleich zu anderen Objekten oder gar verglichen mit der Ausdehnung des Universums eben sehr klein sind. Selbst wenn sie Milliarden Sonnenmassen enthalten, so sind sie doch nicht viel größer als das Sonnensystem. Und das Sonnensystem ist nur ein winziges Raumvolumen im Vergleich zu einer Milchstraße. Die Objekte in den riesigen Raumbereichen einer Galaxie oder gar in anderen Galaxien spüren die anziehende Kraft der Schwarzen Löcher kaum und werden somit auch nicht zu ihnen hingezogen. Erst wenn das Schicksal ihre Bahn einmal in die unmittelbare Nähe eines solchen Monsters führen sollte, sind sie für immer verloren. Warum passiert das nicht? Weil sich in Galaxien alles dreht, der Drehimpuls, der in der Materie steckt und der eine nicht zu vernichtende Eigenschaft ist, hält Sterne und Gaswolken davor zurück, ins Zentrum einer Galaxie und damit ins Schwarze Loch zu stürzen. Weil sich eben alles dreht, stürzt es nicht zusammen.

Zu einem echten Abschluss dieses Kapitels fehlen uns die Worte. Es bleibt das

Ultimatum

Und so sag' ich zum letzten Male:
Natur hat weder Kern noch Schale;
Du prüfe dich nur allermeist,
Ob du Kern oder Schale seist!

Johann Wolfgang von Goethe,
»Gott und die Welt«

Wie bestimmt man Entfernungen im Universum?

Epirrhema

Müsset im Naturbetrachten
Immer eins wie alles achten;
Nichts ist drinnen, nichts ist draußen:
Denn was innen, das ist außen.
So ergreifet ohne Säumnis
Heilig öffentlich Geheimnis.

Johann Wolfgang von Goethe

In Astronomievorträgen vor breitem Publikum, in denen wie selbstverständlich von den riesigen Entfernungen zu den Sternen und Galaxien die Rede war, melden sich am Ende garantiert zwei Zuhörer. Der erste fragt: »Können Sie sich die riesigen Entfernungen eigentlich vorstellen? Sie gehen mit Milliarden und Billionen um wie ich mit Metern und Zentimetern. Für mich als Laien ist ein Lichtjahr unvorstellbar groß. Können Sie mir helfen?« Offen gesagt, können wir nicht. Für uns Astronomen sind die gigantischen Dimensionen des Universums unser tägliches Brot. Es sind nur Zahlen, und um ganz ehrlich zu sein, wir haben auch noch nie probiert, uns vorzustellen, wie lange ein Lichtjahr ist. Komisch eigentlich, aber so sind die Astronomen.

Der zweite Fragesteller ist da schon näher am astronomischen Gedankengut. Er erkundigt sich: »Woher wissen Sie denn eigentlich, wie weit es zum nächsten Stern ist? Im Universum gibt es doch keine Wegweiser, auf denen steht: Nach alpha-Centauri von hier 4,3 Lichtjahre!« Das ist eine Frage nach dem Geschmack des Astronomen. Wenn die Zuhörer für diesen Abend nichts mehr geplant haben, dann können wir gleich mit einem weiteren zweistündigen Referat beginnen. Denn was sich die Astronomen im Laufe der Zeit alles haben einfallen lassen, um Entfernungen zu messen, das kann man nicht mit ein paar Worten abtun, denn die Distanzen im Universum sind nicht nur große Zahlen, sondern auch ein großes, ein sehr großes Thema. Schließlich hängen unsere modernen Vorstellungen vom Aufbau, vom Alter und von der Entwicklung des Universums davon ab, wie groß die Distanzen zu den Himmelskörpern sind. Wüssten wir nicht, wie ungeheuer weit weg die Sterne sind, wären uns alle Möglichkeiten genommen, Astronomie zu betreiben, denn ohne die Kenntnis der Entfernungen hätten wir keine Ahnung von den Leuchtkräften der Sterne und Galaxien, wir hätten keine Ahnung von den gigantischen Energien, die von den stellaren Brutöfen freigesetzt werden, und wir wären deshalb auch nie zu der Frage vorgestoßen, woher Sterne ihre Energie beziehen. Heute wissen wir, die Energie wird aus der Verschmelzung von Atomkernen gewonnen.

Kurz und gut, ohne die Kenntnis der Distanzen zu den Himmelskörpern wären wir in der Astronomie völlig hilflos und in vielen Bereichen der irdischen Physik ahnungsloser. Deshalb ist die Bestimmung der Entfernungen und der Ausmaße des Kosmos nicht nur eines der wichtigsten Themen der Himmelskunde, sondern der Naturwissenschaften überhaupt, denn die Größe des Universums und seiner Bestandteile ist ein wesentlicher Baustein im modernen naturwissenschaftlichen Weltbild.

Seit die Menschen die Geheimnisse des Himmels zu enträtseln versuchen, gehört die Bestimmung der Entfernungen zu den diversen Objekten im Universum zu den schwierigsten Aufgaben der Astronomie. Anfangs war nicht mal klar, ob es sich bei den Sternen um ausgedehnte Körper handelt oder bloß um, warum auch immer, grell leuchtende Punkte am Himmel. Vor allem hatte man keine Ahnung, ob all diese Pünktchen gleich weit von der Erde weg waren, zum Beispiel angeheftet an einer kristallenen Sphäre, so wie es noch Ptolemäus glaubte, oder ob sie etwa in der Tiefe gestaffelt waren und folglich auch unterschiedlich hell und groß sein konnten. Am Beispiel der Entfernungsbestimmung lässt sich wunderbar erläutern, wie sich unser Weltbild mit den Beobachtungen veränderte. Es ist eine dieser beeindruckenden Erfolgsgeschichten naturwissenschaftlicher Forschung, die zwar mit einigen intellektuellen Sackgassen gespickt ist, in der sich aber letztlich der gesunde Menschenverstand gegenüber religiösem oder philosophischem Dogmatismus durchgesetzt hat. Aber wir wollen noch nicht alles verraten, sondern fangen wie üblich wieder ganz von vorne an.

Wie meistens hat alles relativ »klein« begonnen, und die Techniken zur astronomischen Entfernungsbestimmung haben sich nur langsam entwickelt. Man kann sich ja heute gar nicht mehr vorstellen, wie eng der Aktionsradius der Menschen vor rund 2000 Jahren war. Kaum einer kam jemals über seine Dorfgrenzen hinaus, und von der restlichen Welt hatten die wenigsten eine Ahnung. Wenn mal einer mehr von der Welt gesehen hatte und nach geglückter Heimkehr von anderen, weit entfernten Ländern und Ozeanen berichtete, dann glaubte ihm sowieso keiner. Da nimmt es nicht wunder, dass selbst Gestalt und Größe der Erde unbekannt waren. Pythagoras, der berühmte griechische Mathematiker (um 580–500 v. Chr.), war vermutlich als Erster davon überzeugt, dass die Erde keine Scheibe, sondern eine Kugel ist. Allerdings konnte er seine Ansicht nicht beweisen. Es mussten nochmals rund 150 Jahre vergehen, bis schließlich Aristoteles (384–322 v. Chr.) gleich mehrere Beobachtungsergebnisse vorlegen konnte, die eine kugelförmige Erde plausibel erscheinen lassen. Eines davon ist das berühmte Segelschiff, von dem man zunächst nur die Spitzen der Masten sieht, wenn es am Horizont auftaucht. Ein anderes die Beobachtung, dass bei einer Fahrt nach Norden die Sterne anscheinend am Nordhimmel aufzugehen und am Südhimmel unterzugehen scheinen. Außerdem wiesen schon die Mondfinsternisse auf eine Kugelgestalt der Erde hin. Wäre sie eine Scheibe, dann wäre es schon ein riesiger Zufall, dass diese Scheibe immer exakt so gelegen hat, dass sie den Mond verdecken konnte. Die

Hypothese einer kugelförmigen Erde hingegen konnte ganz zwanglos erklären, wie die Mondfinsternisse zustande kommen. Wie groß allerdings diese Erdkugel ist, davon konnte sich auch Aristoteles noch keine rechte Vorstellung machen.

Im Jahre 240 vor Christi Geburt befasste sich der in Alexandria lebende Grieche Eratosthenes (276–194 v. Chr.) mit diesem Problem. Dabei kam ihm allerdings ein Zufall zu Hilfe. Eines Tages hörte er von einem tiefen Brunnen in Syene, dem heutigen Assuan, in den an einem bestimmten Tag im Jahr zur Mittagszeit das Sonnenlicht bis auf den Grund fiel. Eratosthenes war sofort klar, dass dies nur dann geschehen konnte, wenn die Sonne senkrecht am Himmel stand. Wenn die Erde eine Kugel war, so war seine Überlegung, muss zu diesem Zeitpunkt an einem anderen Ort das Sonnenlicht nicht senkrecht, sondern schräg auf die Erdoberfläche fallen. Um seine Vermutung zu bestätigen, steckte er am besagten Tag in Alexandria einen Stab bekannter Länge senkrecht in den Boden. Und tatsächlich, zur Mittagszeit warf der Stab einen kurzen Schatten. Aus der Länge des Schattens und des Stabes konnte Eratosthenes nun sofort den Winkel berechnen, unter dem das Sonnenlicht in Alexandria auf die Erde fiel. Als Ergebnis erhielt er einen Wert von sieben Grad.

Damit hätte er es mit seinen Untersuchungen bewenden lassen können. Aber Eratosthenes wollte mehr wissen, und er war ein genialer Geist. Wenn die Erde eine Kugel ist, so sollte sich aus dem Einfallswinkel der Sonnenstrahlung auch der Umfang der Erde berechnen lassen. Die gemessenen sieben Grad müssten sich dann zu den 360 Grad eines vollen Kreises genauso verhalten wie die Entfernung zwischen Syene und Alexandria zum Gesamtumfang der Erde. Eratosthenes schickte jemanden los, um die Entfernung zwischen Alexandria und Syene abzumessen. Sie beträgt etwa 780 Kilometer. Als er diese Distanz in seine Gleichung einsetzte und sie nach dem Erdumfang auflöste, erhielt er einen Wert von rund 40 000 Kilometern, in bester Übereinstimmung mit dem tatsächlichen Umfang. Den meisten seiner Zeitgenossen erschien jedoch diese Strecke so unvorstellbar groß, dass sie lieber bei ihren viel kleineren Zahlen blieben. Ihnen machte offenbar die Vorstellung einer so großen Erde Angst, und Angst vor dem Unbekannten war noch nie ein guter Ratgeber. Mit der Kenntnis des Erdumfangs fiel es nun nicht mehr schwer, auch den Durchmesser der Erde zu berechnen, der, wie wir noch sehen werden, für einige Methoden zur astronomischen Entfernungsbestimmung von Bedeutung ist.

Etwa zur gleichen Zeit, als Eratosthenes mit seinen Messungen beschäftigt war, versuchte der griechische Astronom Aristarchos (310–230 v. Chr.) die Größe des Mondes und die relative Entfernung von Mond und Sonne zur Erde zu bestimmen. Da der Mond neben der Sonne der dominanteste Himmelskörper ist, war der Wunsch zu wissen, wie weit er entfernt ist, nur zu verständlich. Den ersten Wert gewann Aristarchos aus der Größe des Erdschattens auf der Mondoberfläche, wie man ihn bei einer Mondfinsternis beobachten kann. Daraus errechnete er den Durchmesser des Mondes zu rund einem Drittel des Erddurchmessers. Wie wir heute wissen, ist dieser Wert jedoch zu groß. Um das Entfernungsverhältnis zu bestimmen, bediente sich Aristarch der Tatsache, dass bei Halbmond Erde, Mond und Sonne ein rechtwinkliges Dreieck bilden. Indem er die Winkel in diesem Dreieck bestimmte, kam Aristarch zu dem Schluss, dass die Sonne etwa 20-mal so weit von der Erde entfernt sein müsse wie der Mond. Obwohl die Methode der Entfernungsbestimmung stimmte, ist auch hier das Ergebnis falsch. Das wahre Entfernungsverhältnis beträgt nämlich rund eins zu 400. Schuld daran waren nicht etwa falsche Ansätze zur Lösung der Probleme, sondern in beiden Fällen die zu dieser Zeit noch sehr ungenauen Messmittel und -methoden.

Aber die Griechen ließen nicht locker. Ihre erfolgreichen Erklärungsversuche für Vorgänge in der Natur hatten zwar inzwischen einige ihrer Götter »arbeitslos« gemacht und damit zu einer ersten Auseinandersetzung mit den Anhängern der olympischen Götterfamilie geführt, doch sie gaben ihnen auch genug Selbstbewusstsein, um weiterhin zu versuchen, der Natur mit genauen Beobachtungen und mathematischen Theorien auf die »Schliche« zu kommen. Die Erfolge griechischer Philosophen und Naturforscher bei der Erklärung der Welt bilden den Beginn moderner Naturwissenschaften. Ausgerüstet mit der Hoffnung, die Welt lasse sich »vernünftig« erklären, starteten die Griechen immer wieder neue Versuche, die Entfernung zu den Himmelskörpern zu messen.

Die Parallaxenmethode

Der Erste, der schließlich den Abstand der Erde vom Mond ziemlich genau bestimmen konnte, war der griechische Astronom Hipparchos (190–125 v. Chr.), der auch die trigonometrischen Funktionen Sinus, Cosinus und Tangens einführte. Zuerst ermittelte er von verschiedenen Beobachtungspunkten auf der Erde die Position des Mondes gegenüber den Sternen. Denn so wie sich jedes nahe Objekt scheinbar vor dem Hintergrund verschiebt, wenn man seinen Standort wechselt, so scheint sich auch die Position des Mondes vor den sehr weit entfernten Sternen zu verschieben. Mit einem einfachen Experiment kann man das sofort selbst überprüfen – mit dem Daumensprung. Betrachtet man ein nahes Objekt, zum Beispiel den Daumen der ausgestreckten Hand, abwechselnd mit dem linken und dann mit dem rechten Auge, so scheint er vor dem weiter entfernten Hintergrund hin- und herzuspringen. In dem von den beiden Augen und den Daumen aufgespannten Dreieck bildet die Strecke vom einen zum anderen Auge die Basis.

Der Winkel, unter dem vom Daumen aus gesehen diese Basis erscheint, heißt Parallaxe. Kennt man nun in diesem Dreieck die beiden Winkel an den Basisenden, so kann man mithilfe der Trigonometrie die Entfernung des Daumens von der Basis berechnen.

Bei den Messungen Hipparchs diente natürlich nicht sein Augenabstand als Basis, sondern die Strecke zwischen den beiden Orten, von wo aus er den Mond anvisierte. Indem also Hipparch diese Entfernung und die Winkel von den beiden Beobachtungsstandpunkten zum Mond bestimmte, konnte er den Abstand der Erde zum Mond mit 384 000 Kilometern berechnen. Das Ergebnis stimmt sehr gut mit dem mittleren Abstand zu unserem Trabanten überein. Ein erster Pfeiler war eingeschlagen – die Entfernung zu unserem allernächsten Nachbarn. Spätestens ab dieser Pionierleistung Hipparchs bekamen die Menschen eine Ahnung davon, welche riesigen Weiten das Universum zu bieten hatte.

Mit der »Entdeckung« der trigonometrischen Parallaxe war eine der wichtigsten Methoden zur astronomischen Entfernungsbestimmung geboren. Aber kann man damit auch beliebig große Entfernungen ermitteln? Je weiter ein Objekt entfernt ist, desto kleiner wird auch der Parallaxenwinkel. Bei gleich bleibender Basislänge verkleinert sich die Parallaxe auf die Hälfte, wenn sich die Entfernung des Objekts verdoppelt. Schließlich kommt der Moment, da der Winkel so klein ist, dass er sich auch mit den besten Instrumenten nicht mehr messen lässt. Um die Parallaxe wieder messbar zu machen, kann man jetzt nur noch die Länge der Basis vergrößern. Aber auch dem sind natürlich Grenzen gesetzt.

Die größte Basislänge, die auf der Erde existiert, entspricht dem Durchmesser unseres Planeten. Ein Punkt am Äquator ist nach zwölf Stunden, also nach einer halben Umdrehung der Erde, genau 12 756 Kilometer von seiner ursprünglichen Position entfernt. Allerdings kann man ein Objekt immer nur von einem der Endpunkte dieser Basis beobachten. Vom anderen Punkt aus müsste man teilweise durch die Erde hindurchsehen. Den Astronomen bleibt also nichts anderes übrig, als sich mit einer kürzeren Basis zu bescheiden, von deren beiden Endpunkten man freie Sicht auf das angepeilte Objekt hat. Dennoch versucht man natürlich die Länge der Basis möglichst auszudehnen, um die Genauigkeit der Winkelmessung zu erhöhen.

Üblicherweise peilt man ein Objekt von zwei festen Standpunkten auf der Erde an, deren Entfernung bekannt ist. Man könnte aber auch die Winkelmessung von nur einem Punkt aus vornehmen und sie nach einigen Stunden wiederholen. Da sich die Erde in dieser Zeit ja gedreht hat, liegen die Beobachtungspunkte eine Strecke voneinander entfernt, die man aus der geografischen Breite des Beobachtungsstandortes und der Zeit zwischen den beiden Messungen berechnen kann. Objekte, die auf diese Weise beobachtet werden, zeigen aufgrund der Erdrotation eine so genannte tägliche Parallaxe, also eine scheinbar tägliche Verschiebung vor dem Fixsternhimmel. Mit beiden Verfahren vermag man jedoch nur die Entfernung relativ naher Objekte wie des Mondes oder der Planeten zu bestimmen.

Für weit entfernte Sterne braucht man beträchtlich längere Basen als die, die auf der Erde realisiert werden können. Doch auch ohne die Erde zu verlassen, kann man die Basis auf eine maximale Länge vergrößern, die dem Durchmesser der Erdbahn entspricht. Prinzipiell geht das relativ einfach. Die erste Winkelmessung führt man in einer klaren Nacht im April durch. Dann fährt man ein halbes Jahr in Urlaub und kehrt im Oktober wieder in die Sternwarte zurück, um die zweite Messung vorzunehmen. In der Zwischenzeit hat die Erde die Sonne zur Hälfte umrundet und steht nun genau auf der anderen Seite unseres Zentralsterns. Da der Abstand der Erde zur

Sonne rund 150 Millionen Kilometer beträgt, ist man also im Oktober, obwohl immer noch am selben Ort auf der Erde, 300 Millionen Kilometer von seinem ersten Beobachtungsstandort entfernt. Sterne, die von diesen beiden Punkten aus betrachtet werden, zeigen eine so genannte jährliche Parallaxe. Die Basis ist jetzt schon so groß, dass man damit sogar die Entfernung zu nahe gelegenen Fixsternen bestimmen kann.

Der uns am nächsten gelegene Fixstern, der rötliche Begleiter von alpha-Centauri, heißt Proxima-Centauri. Er hat eine jährliche Parallaxe von 0,76 Bogensekunden. Das sind rund 0,2 Tausendstel von einem Grad. Damit beträgt seine Entfernung von der Erde 40 000 Milliarden Kilometer oder 270 000-mal die Distanz Erde–Sonne. Wenn man sich die Erdbahn (ein Radius von etwa 150 Millionen Kilometern) als einen Golfball vorstellt, dann wäre Proxima-Centauri etwa fünf Kilometer entfernt, und die Sonne hätte einen Durchmesser von 0,1 Millimeter – kein Wunder also, dass die Sterne nicht zusammenstoßen bei diesen Abständen.

Proxima-Centauri ist, wohlgemerkt, der unserem Sonnensystem am engsten benachbarte Stern! Man sieht schon, dass es die Astronomie mit fast unaussprechlichen Entfernungen zu tun hat. Um nicht immer diese langen Zahlenschwänze hinschreiben oder aussprechen zu müssen, erleichtert man sich das Leben, indem man sich einfach auf die Lichtgeschwindigkeit bezieht. Licht breitet sich ja mit 300 000 Kilometern pro Sekunde aus, das heißt: Pro Sekunde legt es eine Entfernung von 300 000 Kilometern zurück. In einem Jahr, dem so genannten Lichtjahr, sind das dann 300 000 x 3600 x 24 x 365, also rund 9,5 Billionen Kilometer! Jetzt ist die Sache schon einfacher: Die Entfernung zu alpha-Centauri entspricht 4,3 Lichtjahren. Andererseits bedeutet das, dass wir erst nach 4,3 Jahren mitbekommen, wenn jemand auf alpha-Centauri eine Taschenlampe anknipst!

Die Winkel, die man bei weit entfernten Sternen messen muss, sind winzig klein, Bruchteile von Bogensekunden, nicht selten weniger als ein Millionstel Grad. Derartig kleine Winkel lassen sich recht gut veranschaulichen durch die riesige Entfernung, aus der man eine Basis definierter Länge betrachten muss, damit sie unter diesem winzigen Winkel erscheint. Als Normbasis haben die Astronomen eine Strecke gewählt, die dem Radius der Erdbahn um die Sonne entspricht. Die Entfernung, aus der man diese Basis unter dem Winkel von einer Bogensekunde sieht, beträgt rund 30 000 Milliarden Kilometer oder mit dem soeben eingeführten Lichtjahr 3,26 Lichtjahre. Diese Entfernung bezeichnet man in der Astronomie auch als ein Parsec, abgekürzt pc.

Mit dieser Festlegung lassen sich nun wiederum Parallaxen sehr einfach in Entfernungen umrechnen. Wie wir schon wissen, verdoppelt sich die Entfernung zum Stern, wenn der Parallaxenwinkel auf die Hälfte schrumpft. Künftig muss man also nur noch die Parallaxe in Bogensekunden messen und den Kehrwert davon bilden, um die Entfernung in Parsec zu erhalten. Sei zum Beispiel die Parallaxe gleich 0,05 Bogensekunden, dann ist 1:0,05 = 20, das heißt, unser Stern ist 20 Parsec entfernt.

Die kleinsten Winkel, die man mit den heutigen Methoden von der Erde aus noch messen kann, liegen im Bereich von etwa 0,004 Bogensekunden. Das entspricht einer Entfernung von rund 800 Lichtjahren. Mithilfe des Astronomiesatelliten Hipparchos ist eine Reduzierung auf etwa 0,002 Bogensekunden möglich, sodass sich damit noch bis zu 1500 Lichtjahre entfernte Sterne vermessen lassen.

Die meisten Sterne, die wir am Nachthimmel sehen, sind dutzende, hunderte, ja tausende von Lichtjahren entfernt. Sie bilden zusammen mit der Sonne die Milchstraße, deren Durchmesser mehr als 100 000 Lichtjahre beträgt. Heute kennen wir sogar die Entfernungen von einzelnen Sternen in anderen Galaxien, die Millionen von Lichtjahren entfernt sind – doch davon später.

Alternative Methoden der Entfernungsbestimmung von Planeten

Für nahe Objekte wie die Planeten gibt es noch eine andere, sehr genaue Methode. Eigentlich ist sie ein »Abfallprodukt« aus dem Zweiten Weltkrieg. Damals wurde das Radar (radio detecting and ranging) erfunden. Mithilfe einer Richtantenne schickt man ein Radiosignal auf ein fernes Ziel und empfängt mit einer anderen Antenne das vom Ziel zurückgeworfene Echo. Radiowellen sind genau wie das sichtbare Licht elektromagnetische Wellen und breiten sich somit auch mit Lichtgeschwindigkeit aus. Man muss also nur die Zeit messen, die vergeht, bis das Radiosignal wieder zurückkommt, und diesen Wert mit der Lichtgeschwindigkeit multiplizieren, um die doppelte Entfernung zum angepeilten Objekt zu erhalten. 1946 gelang die erste Radarpeilung zum Mond, und 1958 konnte man das erste Radarecho von einem Planeten, der Venus, empfangen.

Prinzipiell lässt sich das natürlich auch mit Licht durchführen, zum Beispiel mit einem Laser. Allerdings reflektieren die Planeten Licht relativ schlecht, sodass davon kaum mehr was zurückkommt. Man müsste schon Spiegel auf dem Planeten aufstellen. Genau das aber hat man bei den verschiedenen Besuchen auf dem Mond getan. Der Grund lag nicht so sehr in der Absicht, die Entfernung des Mondes zur Erde zu bestimmen, denn die war ja schon hinreichend genau bekannt. Vielmehr wollte man die Rate vermessen, mit der sich der Mond jährlich von der Erde entfernt. Auf diese Weise hat man herausgefunden, dass sich die Entfernung der Erde zum Mond um 3,8 Zentimeter pro Jahr vergrößert. 3,8 Zentimeter entsprechen rund einem Tausendmilliardstel der Mondentfernung. Aus diesen Werten kann man schon ersehen, wie genau das eben beschriebene Messverfahren ist.

Was aber, wenn man nicht die Entfernung eines Planeten zur Erde, sondern seinen Abstand zur Sonne bestimmen will? In diesem Fall ist die Parallaxenmethode keine gute Wahl. Man kann sich ja schlecht auf einen Planeten setzen, um dort die tägliche Parallaxe der Sonne zu bestimmen. Das geht viel besser mithilfe des dritten Kepler'schen Gesetzes. Der Astronom Johannes Kepler hatte nämlich 1619 nach umfangreicher Rechenarbeit herausgefunden, dass sich die zur dritten Potenz erhobenen großen Halbachsen der Bahnellipsen der Planeten genauso verhalten wie die Quadrate ihrer Umlaufzeiten um die Sonne.

Damit jetzt keine Verwirrung auftritt, müssen wir kurz erläutern, dass Kepler bereits zehn Jahre zuvor zu seiner eigenen Überraschung beweisen konnte, dass die Planeten die Sonne nicht, wie es noch Kopernikus annahm, auf Kreisbahnen, sondern auf elliptischen Bahnen umrunden, wobei die Halbachsen der Ellipsen gleichbedeutend sind mit den mittleren Abständen der Planeten zur Sonne. Bis zu dieser Entdeckung Keplers galt der Kreis als die perfekte Bahn eines Himmelskörpers. Wenn also Gott die Planeten um die Sonne angeordnet haben sollte, dann hätte er nach damaliger Auffassung natürlich die perfekte Kreisbahn gewählt. Keplers Ergebnisse waren also ein herber Schlag ins Gesicht der Theologen.

Für die Entfernungsbestimmung der Planeten zur Sonne hatte man damit aber ein völlig neues Werkzeug zur Verfügung. Wenn man also von einem Planeten im Sonnensystem seinen Abstand zur Sonne und seine Umlaufzeit kennt, wie es ja zum Beispiel für unsere Erde der Fall ist, dann muss man nur noch messen, wie lange einer der anderen Planeten für einen vollen Umlauf um die Sonne braucht, um aus dem dritten Kepler'schen Gesetz auch dessen Distanz zur Sonne ermitteln zu können.

Stromparallaxen

Sterne kommen nicht nur einzeln vor, sondern gruppieren sich oft zu so genannten Sternhaufen. Derartige Ansammlungen sind in großer Zahl auch in anderen Galaxien zu finden. Einer der uns am nächsten liegenden Sternhaufen sind die Hyaden. Beobachtet man die Hyaden über mehrere Jahre hinweg, so fällt auf, dass sich alle Sterne dieser Gruppierung auf einen Punkt hin zu bewegen scheinen. Diese Wanderung bezeichnet man als Eigenbewegung, und erfasst wird sie in Bogensekunden pro Jahr. Der Winkel zwischen dem augenblicklichen Ort des Sternhaufens und dem Punkt, auf den alle Sterne zulaufen, ist leicht zu messen.

Um die Entfernung des Haufens zu bestimmen, pickt man sich einen Stern aus der Ansammlung heraus. Als Teil des betrachteten Sternhaufens macht dieser Stern natürlich auch die Eigenbewegung des Haufens mit. Jetzt brauchen wir nur noch die so genannte Radialgeschwindigkeit des Sterns, also die Geschwindigkeit, mit der sich der Stern direkt auf und zu- oder von uns wegbewegt. Mit Hilfe des Dopplereffekts lässt sie sich leicht bestimmen. Aus den gemessenen Werten für Eigenbewegung und Radialgeschwindigkeit lässt sich nun die Parallaxe des Sterns, ausgedrückt in Bogensekunden, berechnen. Der Kehrwert der Parallaxe liefert uns dann die Entfernung des Sterns in Parsec und damit auch den Abstand zum gesamten Sternhaufen.

Der Witz dieser Methode liegt nun nicht darin, auf diese

Weise die Entfernung der Hyaden bestimmt zu haben, denn das ließe sich mit der Parallaxenmethode viel einfacher bewältigen, sondern darin, die Entfernung zu anderen Sternhaufen außerhalb der Reichweite der Parallaxenmethode zu ermitteln und damit in diesem Haufen enthaltene, sehr leuchtkräftige Sterne hinsichtlich ihrer Entfernung zu eichen. Um zu verstehen, wie das funktioniert und wozu das gut sein soll, müssen wir zunächst noch etwas über die Helligkeiten der Sterne erfahren.

Sternhelligkeiten

Die Messung der Helligkeit beziehungsweise die Klassifikation der Sterne nach ihrer Helligkeit geht zurück auf den griechischen Astronomen Hipparchos. Er bezeichnete die hellsten Sterne (etwa Sirius, Wege, Altair) als Sterne erster Größe und Himmelskörper, die mit freiem Auge gerade noch sichtbar sind, als Sterne sechster Größe. Eine größere Zahl bedeutet eine geringere Helligkeit. Nun ist es natürlich nicht so, dass alle Sterne gleich weit von uns entfernt sind. Je größer die Entfernung zu einem Stern ist, desto schwächer scheint er zu leuchten. Könnte man einen Stern in die doppelte Entfernung verschieben, so würde sich seine Helligkeit auf ein Viertel verringern. Die Helligkeit nimmt also umgekehrt zur Entfernung im Quadrat ab. Es kann also durchaus sein, dass ein sehr heller, aber sehr weit entfernter Stern uns schwächer erscheint als ein von Natur aus schon sehr leuchtschwacher, dafür aber sehr naher Stern. Wenn man die Entfernung der Sterne nicht kennt, hat man keine Möglichkeit zu entscheiden, welcher von beiden nun wirklich heller, also größer oder heißer ist.

In der Astronomie unterscheidet man daher zwischen scheinbarer und absoluter Helligkeit. Die scheinbare Helligkeit ist die, die man auf der Erde von einem Stern misst. Die absolute Helligkeit ist eher ein Kunstprodukt der Astronomen. Sie gibt die Helligkeit an, die man auf der Erde messen würde, wenn sich der Stern in einer Entfernung von zehn Parsec befände. Noch einmal zur Erinnerung: Ein Parsec entspricht 3,26 Lichtjahren. Das Schöne an dieser Geschichte ist nun, dass es eine Gleichung gibt, welche die scheinbare und die absolute Helligkeit über die wahre Entfernung des Sterns miteinander verknüpft. Kennt man also scheinbare und absolute Helligkeit eines Sterns, so kann man die wahre Entfernung zum Stern berechnen. Umgekehrt erhält man aus der wahren Sternentfernung und der scheinbaren Helligkeit sofort die absolute Sternhelligkeit. Anhand ihrer absoluten Helligkeiten lassen sich nun die Sterne miteinander vergleichen. Sehr helle Sterne sind größer und heißer als solche mit kleiner, absoluter Helligkeit.

Die moderne Astronomie hat im Prinzip an der von Hipparchos aufgestellten Helligkeitsskala festgehalten, sie jedoch nach beiden Seiten hin erweitert. Die Helligkeit eines Sterns wird heute nicht mehr in »Größen« angegeben, sondern in »Magnituden«, kurz mag, sodass einem Stern sechster Größe jetzt eine Helligkeit von 6 mag zukommt. Unsere Sonne besitzt eine scheinbare Helligkeit von minus 27 mag, die schwächsten, gerade noch mit Teleskopen sichtbaren Sterne von bis zu 30 mag. Damit jetzt keine Verwirrung entsteht, sei nochmals daran erinnert, dass eine größere Zahl einer geringeren Helligkeit entspricht und 30 ist natürlich größer als minus 27. Die Sonne erscheint uns also wahnsinnig hell, aber nur, weil sie uns so nahe ist. Im Konzert der übrigen Sterne spielt sie mit einer absoluten Helligkeit von 4,5 mag nur eine untergeordnete Rolle.

Spektroskopische Parallaxe

Jetzt können wir wieder zu unseren Haufen zurückkehren. Wir wollten ja die Entfernung anderer Haufen aus der Entfernung der Hyaden ableiten. Dazu muss man zunächst für die Sterne im Hyadenhaufen aus der bekannten Entfernung und der gemessenen scheinbaren Helligkeit deren absolute Helligkeit berechnen. Sodann vergleicht man die absolute Helligkeit der Sterne eines bestimmten Spektraltyps in den Hyaden mit der scheinbaren Helligkeit von Sternen des gleichen Spektraltyps aus dem Haufen, dessen Entfernung wir bestimmen wollen. Da man jetzt von ein und demselben Sterntyp sowohl die absolute als auch die scheinbare Helligkeit kennt, erhält man mit der schon erwähnten Formel auch die gesuchte Entfernung des anderen Haufens. Und weil alle Sterne des Haufens gleich weit entfernt sind, hat man somit auch die Gesamtdistanz des Haufens und kann daraus wiederum die absoluten Helligkeiten der einzelnen Sterne im Haufen berechnen.

Nun, warum macht man das? Das Ziel ist klar: Man will Entfernungen bestimmen. Je weiter man in das Universum hinausschaut, desto heller muss ein Stern sein, damit er aus dieser großen Entfernung überhaupt noch zu sehen ist. Also braucht man sehr leuchtstarke und damit sehr große, massereiche Sterne mit bekannter absoluter Helligkeit. In den Hyaden gibt es aber solche Sterne nicht, wohl aber in anderen, jedoch weiter entfernten Haufen. Auf diese Sterne muss man sich konzentrieren und sie näher untersuchen, am besten spektroskopisch. Das heißt, man zerlegt deren Licht in seine einzelnen Bestandteile, so wie das Sonnenlicht in einem Prisma, und sieht sich genau an, welche Spektrallinien es enthält und welche Intensität diese Linien haben. Alle Sterne mit den gleichen spektroskopischen Fingerabdrücken verhalten sich genauso wie die, die man untersucht hat. Sie haben die gleiche Temperatur, die gleiche Masse und vor allem die gleiche absolute Helligkeit, wo auch immer sie sich im Universum befinden.

Auf diese Weise hat man sich einen »Normstern« geschaffen, eine so genannte Standardkerze, die überall mit gleicher Helligkeit strahlt. Jetzt gilt es nur noch solche Sterne weit weg von uns zu finden, zum Beispiel in einer anderen Galaxie, und man kann aus der bekannten absoluten und der gemessenen scheinbaren Helligkeit die Entfernung zu dieser Galaxie errechnen. Nun wird auch klar, warum man diese Methode als spektroskopische Parallaxe bezeichnet. Um sicher zu sein, dass man es auch mit dem gesuchten Sterntyp zu tun hat, muss man zunächst immer das Spektrum des Sterns untersuchen und mit dem des Normsterns vergleichen.

Mit dieser Methode gelingt es, die Entfernungen so ziemlich aller Objekte im Bereich unserer Milchstraße zu ermitteln. Für den Durchmesser unserer Milchstraße erhält man die beeindruckende Größe von rund 100 000 Lichtjahren.

Soeben haben wir von »unserer« Milchstraße gesprochen. Aber gibt es denn noch andere Milchstraßen? Natürlich fragt das heute niemand mehr, denn längst ist bekannt, dass unsere Milchstraße nur eine von sehr, sehr vielen Sterneninseln, den Galaxien ist. Aber dass man das weiß, das ist noch nicht so sehr lange her. An der Frage, ob unsere Milchstraße die einzige im Universum sei oder ob es noch andere gebe, entzündete sich unter den Astronomen zunächst ein heftiger Streit. Und wieder waren es die nackten Fakten, die Beobachtungen, die diese Kontroverse eindeutig entschieden. Danach gab es diesbezüglich keinen Zweifel mehr. Angefangen hatte alles mit der Entdeckung von pulsierenden Sternen, den Cepheiden.

Die Cepheidenmethode

Zu Beginn des 20. Jahrhunderts wurde der Himmel immer genauer fotografiert und spektroskopiert. Besonders ehrgeizige Sternvermessung führte Edward Pickering am Harvard College durch. Na ja, eigentlich führte er vor allem eine große Gruppe von Frauen an. Ihnen oblag die genaue Inspektion der Foto- und Spektroskopplatten – eine äußerst lästige und monotone Arbeit. Pickering heuerte Frauen an, weil sie weniger Lohn verlangten und mit größerer Sorgfalt und Geduld als Männer die Sterne zählten. Obwohl Pickering sehr viele Damen beschäftigte, wurde nur eine der astronomischen Fachwelt bekannt: Henrietta Leavitt. Sie schuf die Grundlage für eine völlig neue Methode der Entfernungsmessung.

Ihr besonderes Talent wurde sichtbar, als sie die Inspektion der Fotoplatten unternahm, die die kleine Magellan'sche Wolke zeigten. Miss Leavitt entdeckte dabei zahlreiche Cepheiden, eine Gruppe von veränderlichen Sternen, benannt nach dem Sternbild δ Cephei. Bei diesen Veränderlichen, die sich fortwährend ausdehnen und wieder zusammenziehen, kommt es zu periodischen Schwankungen der Helligkeit. Die Periode oder der Zyklus dieser Helligkeitsvariationen kann einen Tag oder auch mehrere Monate betragen. Das Wichtigste aber ist, dass sich diese Helligkeitsschwankungen mit der Präzision eines Uhrwerks sogar bis auf Sekundenbruchteile genau wiederholen.

Bevor wir jedoch mehr verraten, zunächst ein kleiner physikalischer Exkurs. Wir wollen doch wissen, warum sich die Cepheiden so präzise, aber auch so wunderlich verhalten. Hier zeigt sich wieder einmal, wie insbesondere Atom- und Kernphysik zum notwendigen Handwerkszeug der Astronomen gehören und wie damit die Vorgänge in den riesigen Himmelskörpern, den Sternen, erklärt und verstanden werden können. (Merken Sie, liebe Leserinnen und Leser, wie stolz wir Physiker auf unsere Wissenschaft sind?)

Wie schon erwähnt, beruht der periodische Helligkeitswechsel auf einem fortwährenden Zusammenziehen und erneuten Ausdehnen, also einem Pulsieren der Sterne. Grob gesprochen sind Sterne ja Gaskugeln, und die können in Schwingungen geraten. Das ist wie bei einer Spiralfeder, an der ein kleines Gewicht hängt. Zieht man ein wenig an dem Gewicht und lässt es dann wieder los, so schwingt die Feder um ihre Ruhelage, indem sie sich periodisch zusammenzieht und wieder ausdehnt. Während die Feder nur in einer Richtung schwingt, tun es die Gaskugeln der Sterne in alle drei Richtungen des Raumes. Das heißt, die Kugel schrumpft insgesamt etwas zusammen und dehnt sich dann wieder aus. Bei den Cepheiden kann sich dabei deren Radius bis zu plus/minus 50 Prozent ändern! Das muss man sich mal vorstellen: Ein Stern mit einer Ausdehnung von mindestens einer Million Kilometern dehnt sich um fast den gleichen Wert aus. Welche Kräfte müssen da am Werk sein! Für die Geschwindigkeit, mit der sich ein Punkt auf der Oberfläche des Sterns bei der Ausdehnung vom Zentrum entfernt beziehungsweise bei der Kontraktion auf das Sternzentrum zuläuft, wurden Werte von 30 Kilometern pro Sekunde gemessen.

Normalerweise kommen einmal ins Schwingen geratene Sterne nach einiger Zeit wieder zur Ruhe, weil bei der fortwährenden Kompression und Ausdehnung der Gaskugel Energie durch Reibung verloren geht. Insbesondere während des Schrumpfens wird ein Teil der beim Zusammenpressen der Gaskugel frei werdenden Energie in Form von Wärme vom Stern abgestrahlt. Dieser Bruchteil an Energie fehlt aber dem Stern bei der erneuten Ausdehnung, sodass er nicht mehr ganz seinen maximalen Durchmesser erreicht. Die Schwingung ist also gedämpft und hört schließlich ganz auf. Damit das nicht passiert, muss der Stern dafür sorgen, dass sich im richtigen Moment sein Innendruck etwas erhöht, damit er sich wieder auf den ursprünglichen Durchmesser aufblähen kann. Nun stellt sich die Frage: Wie machen das die Cepheiden?

Dazu müssen wir uns zunächst diese Sterne etwas genauer ansehen. Cepheiden haben schon einen Großteil ihres Lebens hinter sich, nämlich die Phase, in der sie über lange Zeit ruhig und gleichmäßig ihren Wasserstoffvorrat im Zentrum zu Helium verbrennen. Jetzt sind sie gerade dabei, Helium zu Kohlenstoff, Sauerstoff und Neon zu fusionieren. Im Inneren, in der Nähe der Oberfläche, lagern Schichten aus noch nicht verbranntem Wasserstoff und Helium. Diese Schichten enthalten aber keine neutralen Atome, sondern Ionen, das heißt, aufgrund der Hitze im Stern hat sich sowohl von den Wasserstoff- als auch von den Heliumatomen je ein Elektron losgelöst, das sich nun frei bewegen kann. Der Wasserstoff, der ja nur ein Elektron besitzt, ist damit bereits völlig ionisiert. Nicht so das Helium. Dieses Element hat zwei Elektronen, sodass noch immer eines an den Atomkern gebunden ist. Und auf dieses eine Elektron kommt es an!

Wenn der Stern sich gerade im Schrumpfen befindet, dann ändern sich in der Heliumschicht auch der Druck und die Temperatur: Beide steigen. Die Durchlässigkeit dieser Schicht für die Photonen, die im Zentrum des Sterns bei den Kernreaktionen zur Erzeugung von Kohlenstoff und Sauerstoff frei werden, nimmt mit wachsendem Druck ab. Dadurch wird in der Schrumpfungsphase mehr Energie im Stern absorbiert als in der »Mittellage«. Diese Energie dient hauptsächlich dazu, den Atomen in der Heliumschicht auch das zweite Elektron zu entreißen. Da die Energie auf diese Weise im Stern gespeichert wird und nicht wie gewöhnlich an die Sternoberfläche gelangen kann, um dort den Stern zu verlassen, entsteht im Sterninneren ein Überdruck, der nun den Stern wieder zum vollen Durchmesser der ungedämpften Schwingung aufbläht.

Während sich der Stern ausdehnt, nehmen aber Druck und Temperatur in seinem Inneren wieder ab. Nun kehren sich die Verhältnisse um. In der Expansionsphase ist wegen des niedrigen Druckes die Durchlässigkeit der Heliumschicht für Photonen besonders groß. Jetzt verbinden sich die in der Kompressionsphase befreiten Elektronen wieder mit den Heliumkernen, und die dabei frei werdende Strahlungsenergie kann zusammen mit den Photonen aus dem Sterninneren den Stern relativ ungehindert verlassen. Das ist der Augenblick, in dem der Stern sein Helligkeitsmaximum erreicht. Der in dieser Phase nahezu ungehinderte Abfluss von Energie aus dem Stern führt nun zu einer raschen Abkühlung, aufgrund deren der Stern wieder anfängt zu schrumpfen. Damit ist der Kreislauf geschlossen, und das Spiel kann von neuem beginnen.

Überraschenderweise ist der Stern im Helligkeitsmaximum gerade genauso groß wie im Helligkeitsminimum. Das bedeutet, dass der Helligkeitsunterschied durch eine verschieden helle Sternoberfläche und somit durch eine verschiedenartige Temperatur des Sterns zustande kommt. Bei den Cepheiden liegt die Sterntemperatur im Helligkeitsmaximum bei etwa 6100 Grad und sinkt im Helligkeitsminimum auf etwa 5300 Grad ab.

Nach diesem hoffentlich nicht zu trockenen Ausflug nun aber wieder zurück zu Miss Leavitt. 1912 veröffentlichte sie eine Arbeit, die ein neues Tor zur Entfernungsbestimmung im Universum aufstieß. Aus einer Liste von über 1000 Cepheiden hatte sie bei einigen sehr genaue Periodenbestimmungen vornehmen können und war dabei auf einen bemerkenswerten Zusammenhang zwischen der Leuchtkraft des Sterns und seiner Periode gestoßen, nämlich: Je größer die Periodenlänge, desto größer ist auch die scheinbare Helligkeit. Zu jeder Periodenlänge gehört also eine ganz bestimmte scheinbare Helligkeit des Sterns. Damit war jedoch noch nicht sehr viel gewonnen. Entscheidend ist nämlich der Zusammenhang zwischen der Periodenlänge und der absoluten Helligkeit, nicht der scheinbaren. Denn wenn man die absolute Helligkeit kennt und die scheinbare zu messen imstande ist, dann kann man darauf wieder die bereits erwähnte Formel anwenden und die Entfernung des Sterns berechnen. Um aber auf die absolute Helligkeit zu kommen, musste die Perioden-Helligkeits-Beziehung erst noch an einem Cepheiden bekannter Entfernung geeicht werden. In den Hyaden, deren Entfernung man ja kannte, gibt es leider keine Cepheiden. Also musste man in einem anderen Sternhaufen suchen. Wie man die Entfernung anderer Sternhaufen aus der Entfernung der Hyaden ableitet und daraus dann die absolute Helligkeit der Sterne in diesem Haufen, also auch der darin vorkommenden Cepheiden, bestimmt, haben wir weiter oben ja schon kennen gelernt.

Miss Leavitt hat diese vergleichenden Messungen durchgeführt und somit eine eindeutige Beziehung zwischen der absoluten Helligkeit eines Cepheiden und seiner Periodenlänge herstellen können. Damit war ein neuer Typ von Standardkerzen gefunden. Fortan war es möglich, von allen Cepheiden, wo immer man sie auch finden mochte, deren absolute Helligkeit zu ermitteln, wenn es nur gelang, die Periode ihrer Helligkeitsschwankungen zu messen. Aus dem Unterschied zwischen so bekannter absoluter und gemessener scheinbarer Helligkeit lässt sich die Entfernung des Cepheiden und somit aller Sterne, die demselben Sternverband angehören, berechnen.

Die erste Entfernungsbestimmung zur Magellan'schen Wolke unternahm 1913 Einar Hertzsprung anhand von 13 Cepheiden. Er berechnete einen Abstand von 3000 Lichtjahren. Dieser, wie wir heute wissen, falsche Wert beruhte auf mehreren Beobachtungsmängeln und einem Druckfehler. In Wirklichkeit hatte Hertzsprung nämlich 30 000 Lichtjahre ausgerechnet. Damit aber konnte der Magellan'sche Nebel immer noch ein Bestandteil unserer Milchstraße sein. Der größte Streit unter den Astronomen des beginnenden 20. Jahrhunderts hatte begonnen: Sind die Nebel Teile der Milchstraße, oder handelt es sich um eigenständige Galaxien?

Etwa zur gleichen Zeit als Hertzsprung seine Entfernungsberechnung bezüglich der Kleinen Magellan'schen Wolke bekannt gab, errechnete Harlow Shapley, dass die Kugelsternhaufen zwischen 50 000 und 220 000 Lichtjahre entfernt waren. Auch Shapley benutzte Cepheiden als Entfernungsmesser. Wenn auch die Kugelhaufen noch zur Milchstraße gehörten – und es gab für Shapley keinen Grund das Gegenteil anzunehmen –, dann mussten diese sehr viel größer sein, als man bis dahin vermutete. Shapley schätzte den Durchmesser der Milchstraße nun auf rund 300 000 Lichtjahre.

Wie die Veröffentlichung von Hertzsprung stieß auch jene von Shapley auf große Skepsis. Die Datenlage war einfach noch zu ungenau, es gab zu wenig Cepheidenperioden. Ursprünglich war Shapley zwar ein Anhänger der Welteninseln, der Idee, dass die fernen Spiralnebel eigene Galaxien darstellten. Er änderte jedoch seine Meinung, als er seine Berechnungen einer so riesigen Milchstraße publizierte. Die Spiralnebel hätten dann ja noch viel weiter entfernt sein müssen als 300 000 Lichtjahre, eine Vorstellung, die für Shapley absurd war. So prägte Shapley den Begriff der »Big-Galaxy«, die Spiralnebel gehörten seiner Meinung nach wie die Kugelsternhaufen zur großen Milchstraße und waren keine eigenen Galaxien.

Aber es gab Kontrahenten, der bedeutendste war Heber Curtis, und es gab gewichtige Indizien für den Galaxiencharakter der Spiralnebel. Nach Curtis' Ansicht, der alle Cepheidenmessungen anzweifelte, war die Milchstraße viel kleiner, und die Nebel waren eigene Galaxien. Curtis hatte dort mittlerweile

»neue« Sterne entdeckt – Novae, die zehnmal schwächer leuchteten als die Novae in der Milchstraße, ergo mussten sie auch eine hundertfache Entfernung haben!

Vesto Slipher lieferte einen weiteren Baustein zur Eigenständigkeit der mysteriösen »Nebel«. Er hatte einige Spektren der Spiralnebel aufnehmen können und dabei entdeckt, dass die Spektrallinien eine »Dopplerverschiebung« zeigten. Dieser Effekt ist aus der irdischen Physik sehr gut bekannt. Der Ton einer Schallquelle, die sich auf uns zubewegt, wird höher, und wenn sie sich von uns wegbewegt, wird er tiefer. Das Gleiche gilt für elektromagnetische Wellen, also auch für Licht und dessen Spektrallinien. Die Linien werden ins Kurzwellige verschoben, wenn die Lichtquelle sich auf uns zubewegt, und ins Längerwellige, wenn sie sich von uns entfernt. Letzteres ist bekannt geworden als Rotverschiebung, in Analogie zu der Tatsache, dass das rote Licht das langwellige Ende des sichtbaren Bereichs bildet. Bewegen sich Objekte auf uns zu, so sagt man auch: Das Licht wird blau verschoben, denn das blaue Licht stellt den kurzwelligen Teil des sichtbaren Lichtes dar.

Doch wo waren wir? Ach ja, bei Vesto Slipher. Anhand der Dopplermethode konnte er berechnen, dass sich der Andromedanebel mit 600 Kilometern pro Sekunde auf die Milchstraße zu(!)-bewegt – die höchste Geschwindigkeit, die man je für ein Objekt am Himmel gemessen hatte. In den Jahren danach entdeckte Slipher an 15 anderen Spiralnebeln jedoch etwas für ihn völlig Unverständliches: Diese entfernten sich nämlich von der Milchstraße, und zwar einige schneller, als Andromeda sich der Milchstraße näherte. Diese Rotverschiebung blieb für ihn und seine Zeitgenossen rätselhaft, und es sollten noch zehn Jahre vergehen, bis sie das Gebäude der Astronomie erschütterten. Von den Galaxienbefürwortern wurden Sliphers Erkenntnisse jedoch als wichtiger Beweis für die Richtigkeit ihres Modells gefeiert. Ihrer Ansicht nach konnten die Fluchtgeschwindigkeiten dieser Objekte niemals so hoch sein, wenn sich die Spiralnebel im Anziehungsbereich der Milchstraße befanden.

Die Lage war also recht verwickelt. Miss Leavitt hatte zwar die Cepheiden zu Standardkerzen erhoben, die es ohne Zweifel gestatteten, Entfernungen zu messen, aber in den Spiralnebeln selbst waren noch keine Cepheiden gefunden worden. Alles sprach zwar für die Selbstständigkeit der Spiralnebel als unabhängige Galaxien, aber der schlagende Beweis war nicht erbracht – noch nicht! Niemand konnte sich vorstellen, dass das Universum aus Galaxien besteht, die alle einige hunderttausend Lichtjahre groß sein sollten und Millionen Lichtjahre voneinander entfernt wären. Die Milchstraße wäre dann ja eine unter vielen. Der Mensch hätte nach der Erde und der Sonne schon wieder einen besonderen Platz im All verloren. Nach menschlichem Ermessen konnte, ja durfte das nicht so sein.

Um diesen Knoten schließlich zu entwirren, musste erst ein begeisterter Hobbyastronom die Bühne betreten. Dieser Mann war Edwin Hubble. Zunächst hatte er als examinierter Jurist seinen Lebensunterhalt verdient und wäre so beinahe der Astronomie verloren gegangen. Doch nach längerem Hin und Her entschloss er sich schließlich, an die Universität von Chicago zu gehen, um sich dort seinen Kindheitstraum zu erfüllen – nämlich Astronomie zu studieren.

Hubble entdeckte 1923 auf Fotoplatten vom Andromedanebel einen Lichtpunkt, den er zunächst für eine Nova hielt. Ein Vergleich mit älteren Fotoplatten machte jedoch deutlich: Das war keine Nova, sondern ein Stern, der sehr regelmäßig seine Helligkeit änderte. Kurz und gut, es war ein Cepheid. Aber der Stern war sehr leuchtschwach, erheblich schwächer sogar als die Shapley'schen Cepheiden in den Kugelsternhaufen. Andromeda musste also viel weiter entfernt sein als die

Kugelhaufen. Hubble berechnete die Entfernung auf 900 000 Lichtjahre.

Wie wir heute wissen, ist dieser Wert zu niedrig. Richtig wären 2,2 Millionen Lichtjahre. Entscheidend war jedoch, dass damit endlich klar wurde, dass dieser »Spiralnebel« außerhalb unserer Milchstraße liegt und es sich somit um eine eigenständige Galaxie handelt. Die Gegner der Galaxientheorie gaben sich geschlagen. Folglich sprach man auch nicht mehr vom Andromedanebel, sondern von der Andromedagalaxie. Damit erschien das Universum erneut um einiges größer, als man bis dahin geglaubt hatte. Es hatte offenbar unvorstellbar große Ausmaße.

Trotz dieses Triumphs der beobachtenden Astronomie blieben Fragen offen, vor allem die merkwürdigen Rotverschiebungen, die Slipher in etlichen Spiralnebeln gefunden hatte, waren nach wie vor rätselhaft. Wenn diese Nebel auch unabhängige Galaxien waren, was veranlasste dann solch riesige Sternansammlungen zu den beobachteten Fluchtgeschwindigkeiten? Es blieb ein merkwürdiges Gefühl bei dem Gedanken an derart unbekannte Kräfte, die Galaxien mit mehreren hundert Kilometern pro Sekunde bewegen können. Auch hier sollte Edwin Hubble die entscheidende Entdeckung gelingen.

Aber jetzt zurück zum Wesentlichen. Denn eigentlich wollen wir ja verschiedene Entfernungsmessmethoden vorstellen und nicht so sehr das viele Hin und Her und den ganzen Streit darüber ausbreiten, ob denn nun die Milchstraße die einzige große Galaxie im All wäre oder nicht. Wenden wir uns also wieder unserem Vorhaben zu. Die Cepheiden reichen nämlich nicht aus. Das Universum ist noch viel, viel größer, als selbst die größten Optimisten Anfang der Dreißigerjahre gedacht hatten. Um derartige Entfernungen zu messen, sind andere Methoden erforderlich.

Die Tully-Fisher-Korrelation

Bei sehr weit entfernten Galaxien hat man keine Möglichkeit mehr, die einzelnen Sterne aufzulösen und aus dem Gewimmel einen bestimmten Typ, zum Beispiel einen Cepheiden, herauszufischen. Hier versagt die Entfernungsbestimmung anhand der Perioden-Helligkeits-Beziehung. Aber es bietet sich etwas Neues an, eine Methode nämlich, die zwei Messungen in verschiedenen Wellenlängenbereichen des elektromagnetischen Spektrums kombiniert.

Die erste Messung wird im optischen oder infraroten Bereich durchgeführt. Mit ihr bestimmt man die scheinbare Leuchtkraft der gesamten Galaxie. Mit der zweiten Messung im Bereich der Radiowellenlängen kann man anhand des Dopplereffekts erkennen, wie schnell sich eine Spiralgalaxie um ihre eigene Achse dreht. Das Schöne an dieser Methode ist, dass, ähnlich wie bei den Cepheiden, eine eindeutige Beziehung zwischen der scheinbaren Helligkeit der Galaxie und ihrer Rotationsgeschwindigkeit besteht: Je heller die Galaxie, desto schneller dreht sie sich. Genauer gesagt: Die Helligkeit ist proportional zur vierten Potenz der Rotationsgeschwindigkeit.

Warum das so ist? Nun, beide Methoden dienen der Bestimmung der Galaxienmasse. Während die scheinbare Leuchtkraft ein Maß für die leuchtende Masse einer Galaxie ist, wird ihre Rotation durch ihre Gesamtmasse bestimmt. Die Gesamtmasse setzt sich zusammen aus leuchtender Materie und nicht leuchtender Materie. Gemäß dem alten Spruch »Wo Tauben sind, fliegen Tauben hin« sind auch leuchtende und nicht leuchtende Materie miteinander verbunden. Woher kommt denn das nun wieder? Nun, das hat mit der Entstehung von Galaxien zu tun. Normale Materie, die so genannte baryonische Materie, die in den Sternen und Gaswolken konzentriert ist, konnte sich nur deshalb entgegen der allgemeinen Expansion des Universums zu Galaxien zusammenballen, weil sich eine andere Art von Materie, die Dunkle Materie, in diesen Gebieten bereits verdichtet hatte, und zwar viel früher, als dies der normalen baryonischen Materie möglich war. Weshalb? Weil im frühen Universum, also etwa in den ersten 300 000 Jahren nach dem Urknall, die Strahlung im Universum noch so intensiv war, dass sie jede Art von Klumpung normaler Materie, das heißt von Protonen und Elektronen, durch ihren Strahlungsdruck wieder »verschmiert« hat. Die Dunkle Materie hingegen blieb von der Strahlung unbeeinflusst und konnte sich ungestört zusammenballen.

Da die Dunkle Materie nicht mit Strahlung wechselwirkt, muss sie aus nicht-baryonischer Materie bestehen, also aus irgendwelchen anderen Teilchen wie Neutrinos oder exotischen Partikeln, die aus den ganz frühen Phasen des Universums übrig geblieben sind. Das Irre an der Dunklen Materie ist nun, dass es davon ungefähr zehnmal mehr gibt als von der »normalen« baryonischen Materie. Alle leuchtenden Sterne, Galaxien und Galaxienhaufen sind nur ein »Dreckeffekt« im Meer der Dunklen Materie. Weil deren Zusammensetzung heutzutage noch völlig ungeklärt ist, wollen wir hier nur eines festhalten: Dort, wo die Dunkle, nicht-baryonische Materie zuerst unter ihrem Gewicht zusammenfiel, sackte später die baryonische Materie hinein und wandelte sich in Sterne und leuchtende Galaxien um.

Doch zurück zu Brent Tully und Richard Fisher, die 1981 die nach ihnen benannte Beziehung entdeckten. Wir haben erfahren: Die Rotationsgeschwindigkeit der Galaxie und ihre scheinbare Helligkeit können wir messen. Wenn es nun gelingt, an einer zur Milchstraße nahen Galaxie bekannter Entfernung die Galaxienhelligkeit zu eichen, hat man fortan eine Beziehung zwischen der absoluten Galaxienhelligkeit und deren

Rotationsdauer und somit auch einen neuen Typ von Standardkerzen. Beschränkt man die Untersuchungen auf einen ganz bestimmten Galaxientyp, so darf man in erster Näherung davon ausgehen, dass sich dieser Typ überall im Universum hinsichtlich Helligkeit und Rotationsgeschwindigkeit ähnlich verhält. Wiederum kann man dann das gleiche, schon bekannte Spiel der Entfernungsbestimmung durchexerzieren: Man misst die Rotationsgeschwindigkeit, liest daraus die absolute Helligkeit der Galaxie ab und errechnet die Entfernung aus der gemessenen scheinbaren und der absoluten Helligkeit.

Ganz sicher ist diese Methode jedoch nicht, denn es wurden Bedenken laut, ob es nicht doch gewisse Abweichungen in der Helligkeits-Rotations-Beziehung geben könnte, je nachdem, ob die Galaxien in losen Gruppen, dichten Haufen oder einzeln verteilt auftreten. Eine wirklich sichere Grundlage für die Tully-Fisher-Relation haben die Astronomen also noch nicht. Das liegt auch daran, dass die Anzahl der Galaxien, die sich zur Eichung eignen, gegenwärtig noch sehr gering ist.

Aber es gibt noch andere Möglichkeiten, die Entfernung sehr weit entfernter Galaxien zu bestimmen. Jetzt kommen die Supernovae und die allgemeine kosmische Expansion ins Spiel.

Supernovae als Standardkerzen

Im Prinzip können wir alle bisher zur Entfernungsbestimmung herangezogenen, leuchtenden Objekte, nachdem sie hinsichtlich ihrer absoluten Helligkeit geeicht wurden, als Standardkerzen auffassen. Einen speziellen Typ haben wir aber noch nicht erwähnt. Auf den ersten Blick scheint es sich dabei um einen rechten Mickerling zu handeln, von dem man alles andere als eine große Leuchtkraft erwartet, die ja nötig ist, um ihn in den Tiefen des Universums noch aufspüren zu können. Wir sprechen von einem Weißen Zwerg, dem Rest eines ausgebrannten Sterns mit einer Masse, die kleiner ist als das 1,4-fache der Sonne, und einer Größe, die sich mit jener der Erde vergleichen lässt. Sie bestehen im Wesentlichen aus sehr dicht gepackten Kernen von Kohlenstoff- und Sauerstoffatomen. Obwohl in ihnen keine atomaren Fusionsprozesse mehr ablaufen und deshalb auch kein innerer Strahlungsdruck vorhanden ist, kollabieren sie nicht unter ihrer eigenen Gravitationskraft. Das begründet sich darauf, dass die Elektronen aus quantenmechanischen Gründen einfach nicht weiter zusammenrücken können und so gegen die Gravitationskraft einen Druck aufbauen, der den Weißen Zwerg stabilisiert. Im Laufe der Zeit kühlen diese stellaren Aschereste immer weiter ab und haben am Ende nur noch eine absolute Helligkeit, die 100- bis 10 000-mal kleiner ist als die unserer Sonne.

Doch gelegentlich passiert etwas ganz Außergewöhnliches, das diese Objekte ein letztes Mal zum Leben erweckt. Wenn diese Zwerge keine »Einzelgänger« sind, sondern einen nahen Begleitstern haben, dann kann unter gewissen Umständen Masse vom Begleiter auf den Weißen Zwerg überströmen. Das geht so lange gut, bis der Zwerg auf eine obere Grenze von 1,44 Sonnenmassen angewachsen ist. Ist dieser Punkt erreicht, so sind Druck und Temperatur so hoch geworden, dass schlagartig der gesamte Kohlenstoff des Weißen Zwergs zündet und eine gewaltige Supernovaexplosion aufflammt. Neben Neon, Argon, Schwefel und Silizium verbrennt dabei die Materie des Weißen Zwergs auch zu schweren Elementen wie Eisen, Kobalt und Nickel, die durch die Explosion mit ungeheurer Wucht in den Raum hinausgeschleudert werden. Der Weiße Zwerg wird dabei vollständig zerstört, sodass auch kein Neutronenstern mehr übrig bleibt.

Bei dieser Explosion wird eine so ungeheure Menge an Energie freigesetzt, dass kurzfristig eine Leuchtkraft entsteht, die größer ist als die gemeinsame Leuchtkraft aller Sterne einer gesamten Galaxie. Da die Explosion immer genau bei der gleichen Masse einsetzt, ist auch die Leuchtkraft immer die gleiche. Dieses Verhalten kann man nun wieder zur Entfernungsbestimmung heranziehen. Wichtig ist nur, dass man einmal eine solche Supernova in einer Galaxie bekannter Entfernung gefunden hat, um anhand der Messung ihrer scheinbaren Helligkeit ihre absolute Helligkeit zu ermitteln. Von nun an besitzt man eine weitere Standardkerze, deren Helligkeit ausreicht, um auch noch in den entferntesten Galaxien des Universums beobachtet werden zu können.

Im Mittel leuchtet in jeder Galaxie etwa alle 300 Jahre eine Supernova dieses Typs auf. Bei der ungeheuren Zahl von einigen hundert Milliarden Galaxien im Universum blinkt es also unentwegt an allen Ecken und Enden. Die Helligkeit eines solchen Ereignisses steigt dabei zunächst abrupt an und klingt dann über Wochen langsam wieder ab. Es ist also nicht so tragisch, wenn man den ersten »Lichtblitz« nicht erwischt. Aus dem Verlauf der Helligkeitskurve kann man den Spitzenwert der Helligkeit ziemlich genau rekonstruieren. Mit einer Supernova als Standardkerze ist es möglich, Entfernungen bis zu etwa einer Milliarde Lichtjahre zu vermessen. Ob jedoch das Objekt, dessen Entfernung man da bestimmt, überhaupt noch existiert, weiß niemand. Das Licht hat ja eine Milliarde Jahre gebraucht, um zu uns zu kommen, und was wir sehen, ist nicht das Objekt, so, wie es heute ist, sondern so, wie es vor einer Milliarde Jahren war.

Die Hubblekonstante

Zum Schluss wollen wir noch auf die wohl umfassendste und vielleicht auch einfachste Methode zur Entfernungsbestimmung eingehen. Nachdem Edwin Hubble die Cepheiden in der Andromedagalaxie gefunden hatte und damit ihre Entfernung zur Milchstraße ausrechnen konnte, machte er in den Jahren danach mit dem 2,50-Meter-Teleskop am Mount Wilson die besten spektroskopischen Aufnahmen von Spiralnebeln. Dabei gelang ihm eine Entdeckung, welche die astronomische Welt erschüttern sollte.

Im Jahr 1929 konnte er anhand seiner Beobachtungen darlegen, dass sich die Galaxien von uns wegzubewegen scheinen, und zwar umso schneller, je weiter sie entfernt sind. Damit erbrachte er nicht nur den Beweis, dass sich das Universum ausdehnt, sondern er entdeckte auch ein weiteres Verfahren zur Entfernungsbestimmung, das insbesondere geeignet ist, extrem weit entfernte kosmische Objekte zu vermessen. Hubble konnte nämlich zeigen, dass das Verhältnis von Fluchtgeschwindigkeit der Objekte zu deren Entfernung eine Konstante ist. Diese Konstante hat die Dimension einer Geschwindigkeit, dividiert durch eine Entfernung, und wurde später zu Ehren Hubbles auch Hubblekonstante genannt.

Zunächst war es nicht einfach, die Größe dieser Konstanten zu bestimmen. Dazu musste man nämlich genau die Entfernung einiger Galaxien und deren Fluchtgeschwindigkeit kennen. Die Fluchtgeschwindigkeit zu bestimmen, bereitete keine besonderen Probleme. Man macht das, wie wir es bereits weiter oben bei Vesto Slipher und seinen »Spiralnebeln« kennen gelernt haben, indem man die Rotverschiebung des Lichts des betreffenden Objektes misst. Was für Hubble die Bestimmung der Konstanten jedoch anfänglich so schwierig machte, war die Tatsache, dass die Entfernungen der Galaxien, deren Rotverschiebung er gemessen hatte, nicht ausreichend genau bekannt waren. Obwohl sich auf diesem Gebiet mittlerweile vieles verbessert hat, ist die Hubblekonstante auch heute noch mit einer gewissen Unsicherheit behaftet. Zurzeit gilt ein Wert von etwa 60 Kilometern pro Sekunde pro eine Million Parsec als der wahrscheinlichste.

Hubbles erste Messungen lieferten jedoch einen wesentlich größeren Wert von etwa 500 Kilometern pro Sekunde und Megaparsec. Daraus ergab sich ein Weltalter (der Kehrwert der Hubblekonstanten) von nur zwei Milliarden Jahren. Mithilfe der Gesetze des radioaktiven Zerfalls war aber inzwischen das Alter der Erde auf wenigstens drei bis vier Milliarden Jahre festgelegt worden. Was nun? Das Universum konnte doch als Ganzes nicht jünger sein als die Erde.

Sofort setzte die Diskussion über Hubbles Ergebnisse wieder ein. Die waren nämlich nicht nur für die Entfernungsmessung von Bedeutung, sondern auch für die Beantwortung der Frage, ob sich das Universum ausdehnt oder nicht. In den Zwanzigerjahren hatte nämlich der katholische Priester Georges Lemaître herausgefunden, dass die Allgemeine Relativitätstheorie als eine Klasse von Lösungen auch ein expandierendes Universum zuließ. Eine Lösung, die Einstein jedoch nicht akzeptierte. Einstein selbst hat daher seine Gleichungen mit einem zusätzlichen Term versehen, der die Expansion exakt kompensiert und damit das von ihm und vielen anderen so heiß geliebte statische Universum sicherstellte. Die damals bereits existierende Idee einer heißen Geburt des Universums in einem so genannten Big Bang war damit erst einmal schwer beschädigt, und einige Kosmologen gingen sogar dazu über, eine Theorie der ewigen Gleichförmigkeit, die Steady-State-Theorie, zu entwickeln.

Aber an einer statischen Lösung gibt es ziemlich viel auszusetzen. Wenn man ein derartiges Universum auch nur minimal stört, das heißt, den Radius geringfügig vergrößert oder verkleinert, dann expandiert es entweder über alle Grenzen, oder es fällt in sich zusammen. Und das, wohlgemerkt, bereits bei der kleinsten Störung! Das statische Universum wäre wie ein Bleistift, der auf der Spitze balanciert, total instabil.

Einstein gab sich erst geschlagen, als er und Lemaître Hubble besuchten und mit ihm dessen Beobachtungsergebnisse diskutierten. Dann erst war allen drei Beteiligten klar: Das Universum expandiert, und es hatte einen Anfang. Denn irgendwann mussten die vielen Galaxien ja mal viel enger zusammen gewesen sein. Lemaître beschrieb diesen Zustand als extrem dicht und extrem heiß. Die Schöpfung war anscheinend gar nicht paradiesisch friedlich.

Bald darauf wurden auch Hubbles Messfehler korrigiert. Mit den neuen Ergebnissen musste das Universum mindestens zehn, eher 15 Milliarden Jahre alt sein. Von nun ab war der Weg frei für die Idee eines heißen Beginns des Universums. Heute gilt die Big-Bang-Theorie schlechthin als *das* Modell der Entstehung des Universums.

Schließen wir noch das Thema Entfernungsmessung ab. Mit der für die Astronomie außerordentlich wichtigen Hubblekonstanten lässt sich nun auf einfache Weise die Entfernung auch sehr weit entfernter Objekte bestimmen. Dazu muss man lediglich die Rotverschiebung des angepeilten Objektes messen, daraus die Fluchtgeschwindigkeit berechnen und diesen Wert durch die Hubblekonstante dividieren. Für Objekte, die uns noch relativ nahe stehen, ist die Fluchtgeschwindigkeit gleich der Rotverschiebung multipliziert mit der Lichtgeschwindigkeit. Bei fernen Objekten, bei denen die Fluchtgeschwindigkeit schon einen erheblichen Bruchteil der Lichtgeschwindigkeit aufweist, muss man jedoch relativistisch rechnen.

Resümee

Auf unserem Spaziergang durch die Geschichte der Entfernungsmessung haben wir die wichtigsten Methoden kennen gelernt, die der heutigen Astronomie zur Bestimmung von Entfernungen im Universum zur Verfügung stehen. Neben diesen gibt es noch eine Reihe anderer, sehr spezieller Verfahren, die teilweise nur auf ganz gewisse Objekte anzuwenden sind und auf die wir hier nicht näher eingehen wollen. Was jedoch immer wieder erstaunt, sind der Ideenreichtum und das Genie der Forscher, die diese Methoden entwickelt und vervollkommnet haben. Damit ist es dem Menschen auf unnachahmliche Weise gelungen, seinen Horizont weit über seinen Tellerrand hinaus in die schier unendlichen Weiten des Kosmos auszudehnen. Allerdings hat er dabei auch erkennen müssen, wie klein und vielleicht auch unbedeutend sein eigenes Ich im Rahmen dieses riesigen Universums ausfällt.

Wir haben aber auch gesehen, welche gigantischen Ausmaße die tödliche Leere des Alls besitzt. Das Universum ist leer und kalt und dunkel. Nur wenige Raumbereiche enthalten überhaupt Materie in nachweisbaren Mengen. Das Gas zwischen den Galaxien ist so dünn, dass eine Röhre von einem Zentimeter Durchmesser schon etliche tausend Lichtjahre lang sein muss, damit darin so viele Atome gefangen wären, wie in einem Kubikzentimeter Luft enthalten sind. Da draußen herrscht also wirklich das Nichts. Und doch gibt es zumindest einen Platz im All, auf dem das Universum über sich selbst nachdenkt: die Erde. Ein solcher Platz kann nicht unbedeutend sein. Er vereinigt in sich viele Milliarden Jahre der Entwicklung, er ist ein äußerst kompliziertes Ergebnis der physikalischen und auch chemischen Gesetze, die schon seit Anbeginn des Universums wirken und formen.

Diese Sicht des Universums und die Bestimmung unseres Platzes in diesem Kosmos sollte, frei nach Goethe, nicht nur den Engeln Stärke geben. Auch wenn wir sie nicht genau ergründen können, sind diese hohen Werke herrlich wie am ersten Tag.

Danksagung

Für die vielen wertvollen Anregungen und kritischen Kommentare zu den Texten, die wir vornehmlich von Mitgliedern des Instituts für Astronomie und Astrophysik der Universität München und des Max-Planck-Instituts für Astrophysik erhalten haben, möchten wir uns an dieser Stelle ganz herzlich bedanken. Insbesondere gilt unser Dank Matthias Bartelmann, Thomas Gehren, Ulrich Hopp und Lutz Wisotzki.

Gesondert bedanken möchten wir uns bei Frau Ilse Holzinger, die sich die Mühe gemacht hat, das Manuskript nochmals sorgfältig zu lesen und sprachlich zu glätten.

Register

Afrika 35 f.
Akkomodations-Makropsie 57 f.
Akkomodations-Mikropsie 57
Akkretion 197 ff., 204, 206 f., 209
Aldrin, Edwin 40, 50
Algol (Stern) 145
Algol-Paradoxon 145
Alpha-Centauri 222
Altair (Stern) 227
Aluminium 15, 20, 22, 109, 119, 126
Andromedanebel 237 ff.
Antarktis 35 f.
Antike 101
Antimaterie 205 f.
Antineutronen 206
Antiprotonen 206
Apogäum 49, 55 f.
Apollo-11 50
Appalachen 36
Argon 108, 144, 243
Aristarch von Samos 100, 218
Aristoteles 100, 150, 216 f.
Arizona 122
Armstrong, Neil 40, 50
Astenosphäre 27
Asteroide 43 f., 103, 107, 111, 114 ff., 121, 129, 136, 182, 189
Asteroidengürtel 115
Atlantik 34, 59
Atlas (Saturnmond) 112
Atome 13 f., 16, 18, 22, 75 f., 84, 97, 157, 161 f., 183, 185, 191, 194, 233
Augustinus 169
Australien 35 f.

Bahn, elliptische 104, 128, 225
Bahn, exzentrische 48

Balkan 35
Baltica 35
Bern 46
Beteigeuze (Stern) 142
Bohr, Niels 194
Bruno, Giordano 147

Calixtus III. (Papst) 117
Cassini (Raumsonde) 112
Cassini'sche Teilung 112
Cepheiden 230–240, 245
Cepheidenmethode 231 ff.
Ceres (Asteroid) 115
Charon (Plutomond) 42, 114
Chicxulub 122
Chromosphäre 85 f., 91
COBE (Cosmic Background Explorer) 166
Curtis, Heber 236
Cygnus X-1 196

Dactyl 115
Darwin, Charles 42, 82
Darwin, G.H. 42 f.
Deuterium 76 f.
Deuteriumbrennen 76 f., 79
Devon, mittlerer 64
Dinosaurier 111, 122
Dirac, Paul 205

Ebbe 59, 61 f., 66 f.
Eddington, Arthur 83
Einfanghypothese 44 f.
Einstein, Albert 79, 83, 148, 154, 161, 176, 188 ff., 198, 205, 246 f.
Eisen 16 f., 19 f., 27, 44 f., 108, 144, 183, 243

Eiszeiten 68, 89
Ekliptik 53 f.
Elektronen 14, 79 f., 84, 86, 91 f., 95 f., 119, 152, 161 ff., 165, 183 ff., 194, 206, 233 f., 241, 243
Encke (Komet) 118
Entfernungsbestimmung 213–248
Entweichgeschwindigkeit 181 f.
Epizentrum 26
Epizyklentheorie 101 f.
Eratosthenes 217 f.
Erdbeben 25 f., 32
Erde 11–37, 41, 43, 51 ff., 55 f., 59 ff., 83, 94, 97 f., 102 ff., 106 ff., 111, 116 f., 119, 121 ff., 125 ff., 131, 137, 157, 174, 181 f., 188 f., 203 f., 219 ff., 224 f., 228
– Entstehungsgeschichte der 13–23, 64
– Ur- 17, 21
– magnetfeld 27, 30 f., 33, 35
– mittelpunkt 60 f.
Eros (Asteroid) 115
Eudoxos 100
Eurasien 35
Europa (Jupitermond) 110

Fermi-Druck 184 f.
Fisher, Richard 241
Fissionshypothese 42 f.
Flares 89 f., 92
– Mikro 91
Flut 59, 62, 66 f.
Flutberge 61 ff., 65
Fotometrie 55
Frankreich 35

Galaxien 73, 110, 144, 157 f., 161, 167, 186, 202, 204, 206, 209 f., 226, 230, 236, 238 ff., 245 f., 247
Galilei, Galileo 47, 87, 110
Galilei'sche Monde 110
Galileo (Raumsonde) 115
Gamma-Quanten 76, 79 f., 162, 183
Ganymed (Jupitermond) 110
Gas 17, 20, 75, 84, 91, 95, 119, 122, 126, 135 f., 182 f., 197 ff., 207 ff., 232
Gaspra 115
Gaswolke 16, 73, 97, 124, 136, 143, 183

Geometrie 171
– euklidische 171
Gezeiten 61 f., 64 ff.
– -kraftwerke 66
– -reibung 43
– -wechsel 59, 112
Global Surveyor 109
Goethe, Johann Wolfgang von 39 f., 69, 71 f., 135, 168, 179 f., 211, 213, 248
Gogh, Vincent van 146
Gondwana 35 f.
Granulation 85
Gravitation 60, 63 f., 74 f., 77, 81 f., 94, 96 f., 110, 120, 126, 128 f., 144, 153, 176, 187, 192, 203, 208
Griechenland 35
Grönland 36, 89

Hale-Bopp (Komet) 118
Halley, Edmond 117
Halley'scher Komet 117
Hawaii 116
Heisenberg, Werner 192 ff.
Heisenberg'sche Unbestimmtheitsrelation 194
Heisenberg'sche Unschärferelation 192 f.
Helium 16 f., 21, 76, 78, 80, 83 f., 94, 96 f., 103, 109 f., 113, 135, 139, 143, 145, 162, 183, 198, 233 f.
Helium 3 21, 76
Heliumbrennen 143 f.
Helligkeit 54 f., 56, 90, 105, 139 ff., 204, 227, 231 f., 234 f., 242
– absolute 139 ff., 227 ff., 235, 242 ff.
– scheinbare 227 ff., 234 f., 241 f., 244
Helmholtz, Hermann von 82
Herakleides Pontikos 100
Hermes (Asteroid) 116
Hertzsprung, Einar 140, 235 f.
Hertzsprung-Russell-Diagramm 140 f., 143
Hill, Crawford 165
Himalaja 32
Hintergrundstrahlung, kosmische 161, 163, 165 f.
Hipparch 100 f., 219 f., 227 f.
Hipparchos (Satellit) 223
Homer 11 f.

Horizontalast 142 f.
Hubble, Edwin P. 156 ff., 203, 238 f., 244 ff.
Hubble'sche Gesetze 158, 166
Hubblekonstante 24 ff., 157 f., 166 ff.
Hubblezeit 167
Hutton, James 24 ff.
Huxley, Thomas 99
Hyaden 226 f., 229, 235
Hyperion (Saturnmond) 127

Ida 115
Impakthypothese 45 f., 50
Indien 35 f.
Indonesien 33
Inselgirlanden 32
Io (Jupitermond) 110
Ionen 80, 183, 233
Ionisation 162 f.
Irland 36
Isotope 13 ff., 21, 76, 159
Italien 35

Jahreszeitenwechsel 68
Japan 32
Jupiter (Planet) 41 f., 103 f., 109 f., 112 f., 115, 118, 120, 126 f.

Kalium 22
Kallipos 100
Kallisto (Jupitermond) 110
Kant, Immanuel 177
Kaspisches Meer 36
Kelvin-Helmholtz-Zeitskala 82 f.
Kepler, Johannes 102, 196, 225
Kepler'sche Gesetze 128, 225 f.
Kepler-Bahnen 196
Kerr, Roy 200
Kerr-Loch 200 f.
Klima 24, 68, 89
Kobalt 45, 243
Kohlendioxid 20, 22, 106 ff., 119, 126
Kohlenmonoxid 114
Kohlenstoff 14, 16, 23, 96 ff., 115, 143, 146, 233, 243
Kohlenstoffbrennen 98
Kohlenwasserstoff 21 f.
Kometen 103, 111, 114, 116 ff., 121, 129, 135 f.

– -koma 119
– -kopf 119
– kurzperiodische 118
– langperiodische 118
– -schweif 119
Kontinentalverschiebung 28 f., 31 f.
Kontinente 23, 25, 28, 31, 33, 35
Konvektion 77, 84 f., 87
Konvektionsströme 19, 33 f.
Kopernikus, Nikolaus 101 f., 158, 225
Korona 85 f., 90 ff.
Korpuskularstrahlung 92
Kuiper-Gürtel 103, 118

Lagrange, Joseph Louis de 129
Lagrange-Punkte 129
Laser 224
Laurasia 35 f.
Lava 31, 106
Leavitt, Henrietta 231, 234 f., 238
Lemaître, Georges 246 f.
Leoniden-Schauer 121
Leuchtkraft 55, 75, 94 f., 136 f., 139 ff., 191, 197 f., 201 f., 204 ff., 243 f.
Licht 53, 138, 152, 155 ff., 159 f., 162 ff., 171, 174, 181, 222, 237
Lithium 76
London 89
Luna 3 (Raumsonde) 49
Luna-Orbiter-Sonden 49

Madagaskar 35
Magellan'sche Wolke 231, 235 f.
Magnesium 15, 22, 144
Mars (Planet) 41, 103, 108, 115, 125 ff.
Materie 137, 151, 154, 162 f., 165, 175 f., 181, 184, 190, 201, 205 f., 210, 240
– baryonische 240 f.
– Dunkle 149, 175 f., 241
Maui 116
Maunder-Minimum 89
Mayer, Robert 81
McCready, Don 57
Meeresgrund 29 ff.
Meeresspiegel 34, 59
Merkur (Planet) 41, 47, 95, 103, 105 ff., 109, 125 f.
Meteore 121 ff.

Meteoride 103, 111, 121 ff.
Meteoriten 13 ff., 18 f., 21 f., 47 f., 81, 104, 106 f., 121 ff., 134
– Eisen- 122 f.
– Glas- 123
– Stein- 123
Meteorschauer 121
Methan 20, 109, 113 f., 119
Mexiko 122
Milchstraße 15, 73, 186, 196, 202 f., 209 f., 223, 230, 236 ff., 241, 245
Mimas (Saturnmond) 112
Mittelmeer 35 f.
Monat, siderischer 52
Monat, synodischer 52
Mond 39–69, 104, 107 f., 110, 116, 128 f., 131, 188, 219 f., 224 f.
– Entstehungsgeschichte des 42 ff.
– -finsternis 52 f., 216 ff.
– -gestein 40, 43 ff., 47, 50
– Halb- 51
– -illusion 56 ff.
– Neu- 51 f.
– -phasen 51 f.
– Schäferhund- 112
– Voll- 51 ff.
Morgenstern, Christian 168
Mount Wilson 245

NASA 109, 115, 166
NEAR (Raumsonde) 115 f.
NEAT (Near Earth Asteroid Tracking) 116
Neon 97, 144, 233, 243
Neptun (Planet) 42, 103 f., 113, 119, 126, 130
Neutrinos 79, 161
Neutronen 14 f., 76, 144, 161, 184 f., 206
Newton, Isaac 154, 187 ff.
Newton'sche Theorie 187
Nickel 17, 19, 45, 243
Nordamerika 35
Nördlinger Ries 122
Nordpol 190
Nordsee 59
Nukleosynthese, primordiale 76

Olbers, Heinrich Wilhelm 154 ff.
Olbers'sches Paradoxon 156 f.
Oort'sche Wolke 103, 118
Orion 142
Ostsee 59
Ozeane 21 ff., 29, 31, 34, 92

Pallas (Asteroid) 115
Pandora (Saturnmond) 112
Pangäa 28, 34 f.
Parallaxe 220 ff.
– -methode 219 ff., 225, 227
– spektroskopische 229 f.
– Strom- 226
– trognometrische 220
– -winkel 220, 223
Parmenides 150
Pauli-Zellen 184
Penzias, Arno 165
Perigäum 49, 54 ff.
Photonen 75 f., 79 f., 84, 92, 136, 152, 162 ff., 233 f.
Photosphäre 85 ff.
Pickering, Edward 231
Planck, Max 164
Planck'sches Wirkungsquantum 193 f.
Planetarischer Nebel 98, 143
Planeten 52, 75, 103 ff., 111, 113 f., 120, 122 ff., 127 ff., 134, 136, 181, 188, 196 f., 225
– Gas- 103, 105, 109, 111, 113, 126
– Proto- 17
– Roh- 106
– terrestrische 103, 105, 108 f., 125
Planetesimale 17, 125
Planetoiden 114 ff.
Plasma 83 f., 162, 183, 196
– -filamente 90
– -schweif 119 f.
– -wolken 90
Platon 150
Platten, 23, 32, 34
– Afrikanische 35
– Eurasische 32, 36
– Indische 32
– kontinentale 32
– ozeanische 32
– Pazifische 32
– -tektonik 23, 28 f., 33 f., 36, 43

Pluto (Planet) 42, 103, 113 f., 126, 130
Polarlichter 92
Ponzo-Illusion 56
Positronen 206
Primärwellen (P-Wellen) 25 f.
Prometheus (Saturnmond) 112
Protonen 14 f., 78, 91 f., 119, 123, 161, 163, 183 ff., 194, 198, 206, 241
Protuberanzen 89 f.
– aufsteigende 90
– eruptive 90
– stationäre 90
Proxima-Centauri 222
Ptolemäisches System 101
Ptolemäus 47, 101, 215
Pythagoras 216

Quantengravitationstheorie 154
Quantenmechanik 95, 190 ff.
Quantensprung 194
Quantentheorie 153, 170, 191, 195
Quarks 161
Quasare 202–210

Radarstrahlen 122, 224
Radialgeschwindigkeit 226
Radioaktivität 33, 83
Random walk 80
Raum 122, 160 f., 168 ff., 176 f., 189 f., 192, 200
Raumkrümmung 171 ff., 188 f.
– negative 175
Raumsonden 107
Raumzeit 176 f.
Regenbogen 93
Regolith 48
Reibung 62, 122, 135, 197, 199, 201, 232
Relativitätstheorie, Allgemeine 148, 170, 176, 186, 188, 190, 246
Relativitätstheorie, Spezielle 148, 176, 198
Renaissance 101
Röntgenstrahlung 136
Rotation, gebundene 107
Rotationsgeschwindigkeit 43, 62, 240 f.
Roter Fleck 110

Roter Riese 95, 97 f.
Rotverschiebung 157 f., 203, 237, 239, 245
Russell, Henry Norris 140

Salzablagerungen 35
Satelliten 92, 103
– künstliche 107
– natürliche 41, 107, 112
Saturn (Planet) 41, 103 f., 111 f., 113, 126, 128
Sauerstoff 14, 16, 21, 82, 96 ff., 108, 143 f., 233, 243
Schalen, konzentrische 27
Schmidt, Maarten 203 f., 206
Schottland 36
Schwarze Löcher 144, 179–211
Schwarzer Körper 137 f., 163 ff.
Schwarzes Meer 36
Schwarzkörperstrahlung 163 ff.
Schwarzschild, Karl 186, 199
Schwarzschild-Loch 199 ff.
Schwarzschild-Radius 185 f., 199
Schwefel 144, 243
Schwefelsäure 106
Schwerkraft 21, 48, 73, 126, 135 f., 144, 181, 183 ff., 192, 195 ff.
Sedimente 29, 31, 64, 109, 122
Sekundärwellen (S-Wellen) 25 f.
Shapley, Harlow 236
Shoemaker-Levy (Komet) 111, 120, 122
Silikate 19, 21 f.
Silizium 144, 243
Singularität 187, 190 ff.
Sirius (Stern) 227
Skandinavien 36
Slipher, Vesto 237, 239, 245
Sonne 16 f., 20, 51 ff., 59, 61 f., 65, 67, 71–98, 102, 104–111, 113 ff., 118 f., 121, 123 ff., 127 ff., 134 f., 137 f., 140, 142, 155, 158, 171, 174, 182, 184 f., 188 f., 196, 202, 208, 222 f., 225 f., 228
– -fackeln 89
– -finsternis 53, 65, 86, 90, 170
– -flecken 87 ff., 91
– -magnetfeld 87 f., 90 ff.
– -system 13 ff., 17, 21 f., 41 f., 46 f., 73,

75, 99–131, 134, 158, 189, 196, 210
– -wind 17 f., 92, 119
Spektralklassen 141
Spin 95, 184
Spiralnebel 236 ff., 245
Staubwolke 73, 124
Steady-State-Theorie 246
Sterne 74, 94, 105, 124, 126, 133–146, 152, 154 f., 158, 161, 167 f., 170 f., 174, 181 ff., 189, 191, 195 ff., 201, 203, 205, 208, 222 f., 226, 228 ff., 232 ff., 238, 241, 244
– Begleit- 197, 201 f., 243
– Doppel- 74, 126, 144 f., 196, 202
– Dreifach- 144
– -haufen 208, 226 f., 235, 238
– Hauptreihen- 141
– -leichen 181, 185 f., 191
– leuchtschwache 139
– leuchtstarke 139
– massearme 136, 138 f., 145
– massereiche 136 ff., 145, 181, 192, 195
– Neutronen- 15, 144, 185, 192, 208, 243
– Norm 230
– Proto- 74 ff.
– schnuppen 121, 134, 136
– Schweif- 135
– Wandel- 134
Stickstoff 14, 16, 22, 97, 108, 114
Strahlung 124, 136 ff., 161 ff., 183, 185, 196, 198, 200, 241
Südafrika 33
Südamerika 36
Südpol 190
Superkontinentzyklus 34 ff.
Supernova 13, 15, 18, 124, 144 ff., 208, 242, 244
Supernovaexplosion 76
Synchrotronstrahlung 92, 206

Temperatur 106 ff., 113, 126, 136, 138, 142 ff., 162 ff., 175, 183 f., 234
– Effektiv- 137 f., 142
– Oberflächen- 119 ff., 139
Temple/Tuttle (Komet) 121
Thomson, William 82
Thorium 18 f., 33

Titan (Saturnmond) 112, 128
Treibhauseffekt 107
Tully, Brent 241
Tully-Fischer-Korrelation 240 ff.
Twain, Mark 133

Uniformitarianismus 25
Universum 149–176, 180, 183, 185 ff., 191 ff., 200 f., 203 f., 206, 239, 242, 245 ff.
– ausdehnung 159 ff., 168, 175, 204
– Entstehungsgeschichte des 150 ff.
– flaches 174 f.
– geschlossenes 174 f.
Uran 18 f., 33
Uranus (Planet) 41, 103 f., 113, 126
Urknall 151 f., 154, 159 ff., 165 f., 168 ff., 175, 192, 195, 241, 246
Urknalltheorie 151, 166 f., 170, 247
Urnebel, solarer 17
USA 116

Venedig 89
Venus (Planet) 41, 47, 94, 97, 103, 106 f., 109, 125 f., 134, 224
Vesta (Asteroid) 115
Viking-Sonde 108
Vulkane 19 f., 32, 106

Wasser 20 f., 59, 61, 67, 109, 119
Wasserdampf 20 f., 108
Wassereis 114, 126, 135
Wasserstoff 16 f., 21 f., 76, 78, 82 ff., 93 f., 96, 103, 109 f., 113, 135, 139, 141, 143, 145, 162 f., 183, 198 f., 203, 233
Wasserstoffbrennen 80 f., 85, 94, 96 ff., 141, 143, 198
Wega (Stern) 140, 227
Wegener, Alfred 28 f., 31, 43
Weimar 40
Weißer Zwerg 98, 143, 145 f., 185, 192, 243
Wilson, Robert Woodrow 165

Yucatan 122

Zeit 168 ff., 176 f., 192 f., 200
Zentrifugalkraft 60, 74, 112, 129